はじめに

　今日、私たちの日常生活で、スマートフォンの顔認証や、写真の自動分別、工場生産ラインでの不良部品の検出、農業での果実の収穫ロボット、野菜、果実の分類機器、医療分野での病気の早期検出、また、自動運転技術、AppleのSiri、Amazon Alexa、Google AssistantなどのようなAI音声アシスタントなど、人工知能が実用の段階に入ったものが多数あります。

　これからは、それら人工知能を支える機械学習、深層学習の知識も基本教養になるかもしれません。

　しかし、人工知能や機械学習の分野は広く、自然言語の処理、音声認識、画像認識などと様々です。どこから学んでいけばいいのかと迷う方も多いかもしれません。

　本書では、そういった中で、顔認識や自動運転などにおいて、最も重要な"画像認識"の分野に重点をおいて説明をしていきます。

　機械学習や深層学習は難しい数学的なイメージもありますが、本書では難しい解説も、難しい数学の公式も登場しません。

　「簡単に、わかりやすく」を意識し、図や写真も多用し、可能な限り機械学習、深層学習の必要な概念、用語、キーワードについても網羅的に説明しています。

　実際に手を動かして、サンプルのPythonプログラムとレシピを実行していくことで、機械学習、深層学習の基本概念やキーワードの理解ができるでしょう。

　機械学習と深層学習でよく使う定番のPythonライブラリから各深層学習フレームワークを使うレシピ、これらをバランスを考慮して紹介しています。

　レシピのソースコード等はGitHubに公開していますので、すぐにプログラムの動作確認ができ、効率的に勉強が進められます。配布ソースコード等の入手方法については「本書の実行環境について」を参照してください。

　初心者エンジニアでも、文系の方でも、プログラミングの愛好家でも、本書は機械学習と深層学習の概要を身につけられる入門書として利用していただければと考えています。

川島　賢

▶ 本書の実行環境の概要について

■ Pythonのバージョンについて

本書のサンプルプログラムはPythonで作成しています。

PythonはとてもPythonで作成しています。プログラミング言語の1つです。長い間、Pythonはバージョン2で開発されていましたが、Python 2は2020年いっぱいでサポートが終了する予定です（最新バージョンの2.7が2系の最後のバージョンとなります。https://www.python.org/dev/peps/pep-0373/）。

また、機械学習や深層学習に欠かせない重要なライブラリの1つ「NumPy」も、GitHub上でPython 2へのサポートを終了すると発表しました。「Starting on January 1, 2019, any new feature releases will support only Python 3.(2019年1月1日以降は、NumPyの新しい機能等はPython 3のみサポートします。)」と記述しています。

みなさんが本書を手にした時は、すでにNumPyはPython 2のサポートを打ち切っています。

こんな状況を踏まえて、本書では原則として、全てのプログラムはPython 3で動作することを前提で説明をしています。

機械学習、深層学習がまた活発に研究が進められており、特に深層学習は新しい手法が研究され、進化し続けています。そのため、深層学習関連のツールやフレームワークも頻繁にバージョンアップしています。本書に記載しているインストールの方法や実装方法が変わる可能性があることをご了承ください。

Python環境の構築については、第2章の02-01節を参照してPythonの実行環境を準備してください。第2章の02-04節でPythonのいくつか重要な概念と基本的な使い方も説明しています。

■ 動作確認の環境について

本書の動作確認の環境は次のようになります。

- PCはmacOS上で、Jupyter Notebookを使用
- GoogleのColaboratoryを使用
- Raspberry Pi 3 Model B+

■配布プログラムについて

次のURLからダウンロードしてください。

https://github.com/Kokensha/book-ml

ファイルは次のようなディレクトリに収録されています。ファイルの使用方法については本書で説明しています。

▼ディレクトリ

```
Colaboratory
docker-python3-flask-ml-app
python
scripts
```

Jupyter Notebook形式になっているソースコードはみなさんのPC環境で実行できます。GoogleのColaboratoryにインポートして、実行することもできます。

またRaspberry Piをお持ちの方は、Raspberry Piでも実行することも可能です。それに関連する設定方法は第2章の02-01節を参照してください。

一部、Raspberry Piのみ想定するPythonプログラムについては、pythonフォルダに格納されています。ソースコードとデータの詳細説明や使い方に関しては、それぞれ第4章、第5章のレシピ内容を参照してください。

Jupyter Notebookの設定については、第2章の02-02節を参照してください。

また本書が配布しているJupyter Notebook形式のファイルはColaboratoryにインポートして使うこともできます。その方法については第2章の02-03節を参照して準備してください。本書のレシピは特に学習の部分のほとんどをGoogle Colaboratoryを利用しています。

目次

本書の実行環境の概要について 4
    Pythonのバージョンについて 4
    動作確認の環境について 4
    配布プログラムについて 5

第1部　人工知能・機械学習・深層学習の基礎知識

第1章　人工知能・機械学習・深層学習の基本　　19

01-01　人工知能概要 20
    人工知能の歴史 20
    人工知能とは 22
    機械学習 23
    人工ニューラルネットワーク 24
    深層学習（ディープラーニング） 24
    今注目される理由 25

01-02　機械学習とは 26
    機械学習とは 26
    機械学習のタイプ（分類） 27
    教師あり学習 28
        教師あり学習の用途 29
        教師あり学習の重要アルゴリズム 30
    教師なし学習 30
        教師なし学習の用途 30
        教師なし学習の重要アルゴリズム 31
    強化学習 32
    機械学習のためのデータ 33
        データの重要性 33
        学習用データと検証データ 33
        過学習（over fitting） 34
        次元の呪い（the curse of dimensionality） 34
        データの入手 34
    機械学習（教師あり）の流れ 35
        課題の定義 35
        データの準備 36
        学習フェーズ 37
        検証・評価フェーズ 38
        応用フェーズ 38

01-03　深層学習とは 40

視覚情報の重要性 40
生物学ニューロンから人工ニューロンへ 41
  生物学ニューロンとは 41
  生物学ニューロンのモデル化 42
パーセプトロン (perceptron) 42
  パーセプトロンの限界 43
ニューラルネットワーク 44
  活性化関数 45
  ニューラルネットワークの学習 46
深層学習 (ディープラーニング) とは 50
  深層学習の応用 51
  3つの代表的な深層学習アルゴリズム 51
畳み込みニューラルネットワーク詳説 51
  入力層 (input layer) 52
  畳み込み層 (convolutional layer) 53
  プーリング層 (pooling layer) 58
  全結合層 (fully connected layer) 60
深層学習のフレームワーク 60
機械学習、深層学習に必要な数学 61

第2章　Pythonと重要なツール・ライブラリ　63

02-01　本書の実行環境の概要について 64
Pythonの開発環境 64
Pythonの環境を用意する 65
  PCにPythonをインストールする場合 65
  Anacondaのダウンロード 66
  Anacondaのインストール 66
  Anaconda Navigatorの起動 69
  Anacondaで環境の管理 69
  まずはChannelを追加しよう 72
  仮想環境にパッケージをインストールしよう 73
  Raspberry Piの場合 74
  pip3のインストール 74
  共通の必要なパッケージ等をインストールする 76
  Kerasが利用するパッケージのインストール 77
本書のサンプルコードをダウンロードする 78

02-02　Jupyter Notebookを使おう 80
Jupyter Notebookの起動 80
Jupyter Notebookの基本操作 81
Notebookを作る 81
新しいNotebookを作る 82
メモを追加する 83

　　　　　　Raspberry PiでJupyter Notebookを使う場合..............................84

02-03　Colaboratoryノートブックを使おう 87
　　動かそう！...87
　　　　Googleアカウントにログインしてグーグルドライブを起動..........87
　　　　Colaboratoryノートブックを作成する...................................90
　　　　Pythonのバージョンの設定...91
　　Colaboratoryでの操作...92
　　　　ハードディスクの容量の確認...92
　　　　メモリ使用量の確認..93
　　　　OS情報の出力...93
　　　　CPU情報の出力...93
　　　　ファイルのアップロード..94
　　　　パッケージのインストール...94
　　　　使用中のパッケージのバージョンの確認................................95
　　本書のNotebookをインポートする..96

02-04　Pythonの基礎と文法 97
　　Pythonの基本..97
　　　　Pythonのバージョンを確認しよう..97
　　　　インストールされているパッケージを確認しよう......................98
　　　　Hello Worldと表示してみよう...98
　　　　日本語の出力..99
　　　　コメントの書き方...99
　　　　演算...99
　　変数..100
　　　　変数とは...100
　　　　文字列の変数...101
　　　　文字列の連結...101
　　Pythonの型..101
　　　　型の出力...101
　　　　型の変換...102
　　　　リストの作り方...103
　　　　二次元配列..104
　　　　三次元配列..104
　　　　文字の多次元配列...104
　　　　リストからの値の出し方...105
　　　　リストのスライス...105
　　　　リスト要素の更新...106
　　　　リスト要素の追加...106
　　　　リスト要素の削除...107
　　　　リストの代入...107
　　条件分岐..107
　　　　if文と条件式..108
　　　　else..108
　　　　elif...109

　　　　条件式の and、not、or 109
　　　　for文 110
　　　　range()による数値シーケンスの生成 112
　　　　while文 114
　　関数 115
　　import 116
　　　　ファイルをimportする 117

第3章　NumPyとMatplotlibの使い方　　　119

03-01　NumPyの使い方 120
　　NumPyの基本操作 120
　　　　配列の作成 120
　　　　掛け算 121
　　　　足し算 121
　　　　配列の要素同士の四則演算 121
　　　　ベクトルの内積 123
　　　　二次元ベクトルの内積 123
　　　　ndarrayの形状変換 124
　　　　要素がゼロの配列生成 125
　　　　要素が1の配列を生成する 126
　　　　未初期化の配列を生成する 126
　　　　matrixで二次元配列の作成 126
　　　　shapeで次元ごとの要素数を取得する 127
　　　　ndimで次元構造を取得する 127
　　　　配列要素のデータ型dtype 128
　　　　1要素のバイト数itemsize 128
　　　　配列の要素数size 128
　　　　arangeで配列を生成する 129
　　　　配列要素データ型の変換astype 130

03-02　Matplotlibの使い方 131
　　簡単なグラフを作ってみよう 131
　　グラフの要素に名前を設定する 137
　　グラフのグリッドを非表示にする 138
　　グラフの目盛を設定する 139
　　グラフのサイズ 140
　　散布図 141
　　複数グラフのグリッド表示 143
　　三次元散布図 147
　　色とマーカーを変える 148

第2部　今すぐ試してみたい16のレシピ！

第4章　機械学習・深層学習のレシピ（初級・中級）151

04-01　OpenCVでの画像処理の基本................................152
OpenCVとは..152
- OpenCVのバージョン...................................152
- OpenCVのインストール.................................153
- バージョンの確認.....................................153
- サンプル画像のダウンロード...........................154

調理手順..156
- 画像の取込み...156
- 画像の保存...160
- トリミング...161
- リサイズ...163
- 画像の回転...164
- 色調変換...166
- 2値化..167
- ぼかし...169
- ノイズの除去...170
- 膨張・収縮...171
- 輪郭抽出...173
- 画像データの水増し...................................174

まとめ..178

04-02　Raspberry PiでOpenCVを利用した顔認識..........179
Raspberry PiでOpenCVを使えるようにする..................179
- OpenCVのコンパイルとインストール.....................179
- Raspbianの用意.......................................180
- Expand Filesystem....................................180
- システムを更新する...................................182
- swapfileサイズを大きくする...........................183
- 必要なパッケージのインストール.......................185
- OpenCVのソースコードを用意する.......................186
- コンパイルの準備.....................................186
- いざコンパイル.......................................187
- インストール...188
- OpenCVのsoファイルを参照できるようにする.............189
- 最後にswapfileサイズを戻す...........................191
- インストール後の確認.................................191

調理手順..192
- Raspberry Piカメラモジュールの用意...................192
- PiCameraパッケージのインストール.....................193
- PiCameraを使えるようにRaspberry Piを設定する.........193
- カメラの動作確認.....................................195

	OpenCVのサンプルコードを実行しよう	196
	分類器のダウンロード	198
	実行と結果	198
	検出方法	199
まとめ		199

04-03　アヤメ分類チャレンジレシピ　　200

scikit-learnとは　　200
　　scikit-learnとはPython向けの機械学習フレームワーク　　200
　　scikit-learnの特徴　　201
　　scikit-learnのdatasetsの種類　　201
　　scikit-learnのインストール　　202
　　scikit-learnのバージョンの確認　　202
　　課題を理解する　　202
　　データに慣れる　　203
　　表形式でデータを見る　　205
　　データ全件を見る　　205
　　1つの特徴量を見てみる　　206
　　1列目、2列目のデータを使う場合　　209
　　3列目、4列目のデータを使う場合　　210

調理手順　　213
　　必要なパッケージのインポート　　213
　　分類と回帰　　214
　　サポートベクターマシン（SVM：Support Vector Machine）　　214
　　回帰係数と誤差　　215
　　超平面（hyper-plane）とは？　　217
　　交差検証　　218
　　最後に一番シンプルな学習と検証　　222
　　分類（predict）してもらう　　223

まとめ　　224

04-04　scikit-learnで機械学習手書き数字認識レシピ　　225

手書き数字の画像データの特徴量を調べる　　225
　　データセットモジュールのインポート　　225
　　データを表示する　　226
　　データを画像として描画する　　228
　　複数データを描画してみよう　　230
　　手書き数字データセットを三次元の空間で見る　　231

調理手順　　235
　　分類器をインポートする　　235
　　データを再構成　　236
　　分類器（SVC）の作成　　237
　　検証とグラフ　　240
　　一回整理しよう　　240

まとめ　　241

04-05　Chainer + MNIST 手書き数字分類レシピ 242
Colaboratoryで学習、Raspberry Piで
手書き認識ウェブアプリケーションを作成 242
- Chainerとは 242
- MNISTとは 243
- Chainer のインストール 243
- Chainerのバージョンの確認 243
- Chainer の基本部品のインポート 244
- MNISTのデータをロードする 244
- 数字の画像を見る 245
- 学習用データセットと検証用データセットの数 248

調理手順 248
- 必要なパッケージをインポートする 248
- ニューラルネットワークの定義 249
- iteratorsとは 251
- Optimizerの設定 252
- 検証の処理ブロック 252
- 学習と検証 254
- 学習済モデルの保存 256
- 学習済モデルのダウンロード 257
- 学習済のモデルを使う 257
- Raspberry Pi側の作業 259
- 手書き数字の認識 261
- 画像データの送信 263
- 画像データの受け取り 263

まとめ 267

04-06　Chainerで作る犬と猫認識ウェブアプリ 270
データの準備 270
- ChainerとCuPyの用意 270
- データセットのダウンロード 271
- ダウンロードしたファイルを確認する 271
- データセットを解凍する 271

調理手順 272
- 学習データを確認する（任意画像） 272
- 検証データを確認する（任意画像） 272
- 学習データと検証データを分ける 273
- 関数get_image_teacher_label_list()の定義 273
- 学習データと検証データをリストにする 274
- 画像データ形式の整備 275
- データ形状変換の結果確認 275
- 画像の前処理関数　adapt_data_to_convolution2d_format() ... 276
- データセットの作成 277
- 学習データと検証データを分ける 278
- CNNを設定する 280
- 反復子 281

　　　　Optimizerの設定 282
　　　　updaterの設定 282
　　　　trainerの設定 282
　　　　extensionsの設定 283
　　　　学習の実行 284
　　　　学習結果の確認 284
　　　　検証する（学習済モデルを使う） 286
　　　　モデルを書き出す 286
　　　　関数の定義　convert_test_data() 287
　　　　検証用の写真を選ぶ 287
　　　　画像サイズの設定 288
　　　　Google Driveにドキュメントとして保存する 289
　　　　ファイルの作成 291
　　　　保存（Google Driveへのアップロード） 291
　　　　手書き犬と猫の判別 291
　　　　写真をアップロードして認識させる 293
　　　　写真を判定する処理 293
　　まとめ 298

04-07　PyTorchでMNIST手書き数字学習レシピ 299

　　PyTorchとは 299
　　　　PyTorchのインストール 299
　　調理手順 300
　　　　必要なパッケージのインストール 300
　　　　データセットのダウンロード 300
　　　　データの中身を見てみる 301
　　　　データを可視化してみる 301
　　　　学習データと検証データを用意する 302
　　　　ニューラルネットワークの定義 303
　　　　モデル 303
　　　　コスト関数と最適化手法を定義する 304
　　　　学習 305
　　　　検証 306
　　　　個別データで検証 307
　　まとめ 308

04-08　PyTorchでCIFAR-10の画像学習レシピ 309

　　CIFAR-10とは 309
　　　　PyTorchのインストール 310
　　　　必要なパッケージのインポート 310
　　　　transformを定義する 310
　　　　学習データと検証データの用意 311
　　　　クラスの中身を設定する 311
　　調理手順 312
　　　　必要なパッケージのインポート 312
　　　　画像を表示する関数 312
　　　　CIFAR-10の中身を見る 312

　　　　学習のニューラルネットワークの定義..........................313
　　　　optimizerの設定..314
　　　　学習..314
　　　　個別データで検証..316
　　　　テスト..316
　　　　検証..317
　　　　クラス毎の検証結果..318
　　まとめ..319

第5章　機械学習・深層学習のレシピ（中級・上級）321

05-01　TensorFlow + Keras + MNIST 手書き数字認識ウェブアプリ..........322
　　Kerasとは..322
　　　　Kerasのバックエンドとは？..................................322
　　　　なぜKerasを使うのか......................................323
　　　　TensorFlowとは..324
　　　　Kerasを用いた処理フロー..................................324
　　調理手順..325
　　　　TensorFlowのインストール..................................325
　　　　TensorFlowのバージョンの確認..............................325
　　　　Kerasのインストール......................................325
　　　　設定..326
　　　　MNISTデータセットのローディング..........................327
　　　　学習モデルに合わせたデータ配列の形状変換....................327
　　　　学習モデルに合わせてデータ調整............................329
　　　　教師ラベルデータの変換....................................330
　　　　シーケンシャルモデル指定..................................332
　　　　学習モデルの構築..333
　　　　ニューラルネットワークの構築..............................333
　　　　モデルのコンパイル......................................335
　　　　学習..336
　　　　学習プロセスのグラフ....................................338
　　　　検証..340
　　　　予測..340
　　　　学習済モデルの保存..347
　　　　保存後ファイルの確認......................................348
　　　　学習済モデルのダウンロード................................348
　　　　Raspberry Piで手書き数字の認識、文字認識....................348
　　まとめ..350

05-02　TensorFlow + FashionMNISTでFashion認識..........351
　　Fashion MNISTとは..351
　　　　TensorFlowのバージョン..................................351
　　　　Fashion MNISTデータの取得................................352
　　　　データセットを見る......................................353

	検証データの確認	353
	データセットの一部を描画する	355
	調理手順	356
	設定	356
	学習モデルに合わせてデータ調整	356
	学習モデルの構築	357
	モデルのコンパイル	360
	学習	361
	学習プロセスのグラフ	362
	検証	363
	予測	363
	学習済モデルの保存	365
	まとめ	365

05-03　TensorFlowで花認識ウェブアプリ　366

retrain（転移学習）とは	366
花のデータセットをダウンロードする	366
花のデータセットを解凍する	367
学習（retrain）プログラムを入手する	367
フォルダの内容を確認する	367
調理手順	368
転移学習開始	368
学習の結果を確認する	369
予測用のプログラムをダウンロードする	370
テストを実施する	371
アップロードした花の写真でテストする	373
学習済のファイルをダウンロードする	374
Raspberry Piで手書き入力の部分を用意する	375
まとめ	378

05-04　TensorFlowでペットボトルと空き缶分別　379

データの収集をする	379
ペットボトルの画像を用意する	380
空き缶の画像を用意する	381
ペットボトル写真の処理	382
ペットボトル画像を確認するために表示する	383
意図しない写真ファイルを削除する（クレンジング処理）	384
ペットボトル画像の水増し	385
水増ししたペットボトルの画像を確認する	387
調理手順	388
学習プログラムをダウンロードする	388
用意したデータをtarget_folderにコピーする	389
ペットボトルのデータをコピーする	389
空き缶のデータをコピーする	390
転移学習開始	390
予測するプログラムをダウンロードする	391

	学習済モデルを使う	391
	学習済のモデルファイルをダウンロードする	393
	まとめ	395

05-05　YOLOで物体検出 ... 396

- 物体検出とは ... 396
  - YOLOとは ... 397
- 調理手順 ... 397
  - daskのインストール ... 397
  - CPythonのインストール ... 398
  - darknetのclone ... 398
  - 作業の場所を移動する ... 398
  - YOLOをコンパイルする ... 399
  - YOLO3のモデルをダウンロードする ... 399
  - 物体検出を試してみよう ... 400
  - もう1枚テストする ... 402
- まとめ ... 406

05-06　ハードウェアの拡張による人物検出 ... 407

- Movidius NCSとは ... 407
- 調理手順 ... 408
  - システムを最新の状態にする ... 408
  - swapfileサイズを大きくする ... 408
  - ncsdkのインストール ... 409
  - TensorFlowのインストール ... 410
  - OpenCVのインストール ... 411
  - サンプルコードの実行 ... 411
- まとめ ... 412

05-07　Google AIY Vision Kitで笑顔認識 ... 413

- Google AIY Vision Kitの組み立て ... 413
  - まずGoogle AIY Vision Kitの中身を見てみよう ... 414
  - Google AIY Vision Kitを組み立てる ... 416
- 調理手順 ... 418
  - Google AIT Vision Kitの最初の起動 ... 418
- まとめ ... 421

05-08　人工知能Cloud APIを利用してキャプション作成 ... 423

- クラウド上のAPIを利用して分類、検出 ... 423
  - Azureアカウントの取得 ... 424
  - Computer Visionプロジェクトの作成 ... 424
- 調理手順 ... 430
  - 必要なパッケージをインポートする ... 430
  - 初期設定 ... 430
  - 画像のキャプションを取得する関数 ... 431
  - 写真の指定 ... 431

第3部　Pythonとオブジェクト指向・Pythonでできるウェブサーバ

第6章　Pythonとオブジェクト指向　　437

06-01　オブジェクト指向プログラミングとは 438
なぜオブジェクト指向プログラミングなのか 438
オブジェクトとは..439
クラスとは..441

06-02　クラスを実際に作ってみよう 442
ロボットのクラスを作ってみよう 442
クラスの定義...443
コンストラクタ（constructor）..................................443
メソッド（method）...443
属性（property）...444
インスタンス（instance）.......................................444
メソッドの呼び出し...444
クラスの継承...445
親クラス（parent class）.......................................446
拡張（メソッドの追加）...446
メソッドのオーバーライド（method override）....................447
まとめ...449

第7章　Pythonでできるウェブサーバ　　451

07-01　Flaskアプリケーション開発の準備 452
Flaskウェブアプリケーションフレームワーク 452
Flaskのインストール 452

07-02　アプリケーションの設置 453
フォルダの作成とapp.pyの設置 453
ウェブアプリケーションを立ち上げる 453
まとめ...455

おわりに...456
索引...457

第1部

人工知能・機械学習・深層学習の基礎知識

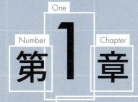

第1章

人工知能・機械学習・深層学習の基本

　本書では、GoogleのColaboratoryや小型コンピュータRaspberry Piを使って機械学習や深層学習（ディープラーニング）のプログラミング体験レシピを紹介していきますが、その前提知識として、そもそも人工知能とは何か、機械学習と深層学習（ディープラーニング）はどういう関係なのかという基礎と背景から、説明していきたいと思います。
　機械学習や深層学習（ディープラーニング）において、重要な概念やキーワードをここで押さえておけば、第2部のレシピのみならず、今後の機械学習や深層学習の理解を深める一助になるのではと考えています。
　特に、機械学習や人工ニューラルネットワーク、深層学習において、機械の「学習」とは具体的にどういうことかに注目して、その概念を理解していただきたいと思います。人工知能、機械学習、人工ニューラルネットワーク、深層学習の順番で見ていきましょう。

01 01

人工知能概要

　人工知能という言葉だけでも、とても夢と未来を感じます。しかし、最近は、その「夢」が急速に「現実」になりつつあります。一部すでに私たちの生活に入り込んで「現実」となっています。
　日々、人工知能に関するニュースや、報道も多くなっている中、ロボットや、自動運転などもどんどん身近な存在になってきます。一時期冷え込んだ人工知能の分野ですが、最近、様々な進展が見られ、人工知能関連業界も様々な活発な動きを見せています。
　本書で紹介していくレシピを理解するために、人工知能分野の全体像を把握するために、人工知能やその発展段階および今の先端の深層学習の部分との関係性も明らかにしながら、その裏で動いている人工知能の技術について、解説していきたいと思います。

▶ 人工知能の歴史

　人工知能（AI：Artificial Intelligence）とは、一つの定まった定義はありませんが、「どのようなアルゴリズムでどのようなデータを用意すれば、人間の知的な能力（言語、認知、推論など）をコンピュータで実現できるか」を研究する分野と考えていいでしょう。

　機械翻訳のための**自然言語処理**（NPL：Natural Language Processing）、自動運転を実現するための**画像認識**、音声入力のための**音声認識**といった技術は、人工知能の研究から生まれたものです。
　人工知能はこの数年で突然発生した学問ではありません、長い歴史を持つ学問です。人工知能は、その時間軸上も最初に登場した言葉です。概念的にも一番広い意味を持つ言葉となります。
　人工知能の今日の発展を理解するには、少し歴史の話をする必要があります。歴史的の軌跡を辿っていくと、機械学習、人工ニューラルネットワークとその後の深層学習が順次登場します。その歴史をまとめると図1となります。

▼図1　人工知能の歴史

年代	ブーム/期	内容
1950年代	第1次AIブーム	人工知能(AI)言葉の誕生
1960年代	第1次AIブーム	初期の人工知能
1970年代	停滞期	AIの冬
1980年代	第2次AIブーム	機械学習：エキスパートシステム商用化
1990年代	機械学習成長期	人工ニューラルネットワークなどの開発
2000年代	第3次AIブーム	ディープラーニングの登場
2010年代	実用	注目され実用化が進んでいる

　図1の通り、人工知能という言葉の誕生は1950年代に遡ります。その次に第1次AIブームが訪れて、停滞期とブームが繰り返して、今日に至ります。長い時を経て2000年に入り、第3次AIブームに突入し、今日のディープラーニングの手法が確立されました。

　特にIBMのAI「ワトソン」がクイズ番組で優勝したり、Alpha Goはトップ棋士に勝利したり、といったことで、再び、人工知能が世間の注目を集めるようになりました。

　本書を執筆中の2018年の12月6日に、Google傘下のDeepMind社が開発しているAlphaZeroがデータなしでルールの強化学習のみで、チェス、将棋、囲碁のそれぞれの世界最強AIを打ち負かしたと発表しました。既に驚異的なレベルに来ています。

　これから人工知能分野の進歩がますます加速化していくでしょう。また、各産業も人工知能の最新の技術の成果を導入して、その恩恵を受けることで、私たちのワークスタイル、ライフスタイルをさらに大きく変革させていくことになるでしょう。

　これから説明する人工知能、機械学習、人工ニューラルネットワーク、深層学習という概念は図2のように、内包されている概念になり、新しく登場した概念となります。順にその時の歴史的人工知能の代表的な実装手法を見ていきましょう。

▼図2　人工知能・機械学習・人工ニューラルネットワーク・深層学習の関係

▶人工知能とは

　初期の代表的な人工知能の実装は**ルールベース**でした。コンピュータを人工知能のように動作をさせるには、事前に、その課題の対象を研究して、人間がその課題を解決するためのルールをあらかじめ用意しなければなりません。

　図3のように、リンゴの画像に対して、事前のルールに則って判断するわけですが、「丸い」、「赤い」という特徴を把握すればリンゴとして、判別して認識は成功します。

　その後、緑のリンゴを入力するときに、この認識は成功しません。そうすると、今度は、「丸い、赤いあるいは緑」といったようにルールを追加していきます。しかし、すべてのパターンを網羅的にカバーするのは限界がありますし、ルールベースで実装されているシステムはここで限界にぶつかります。人間もこのルールの作成作業から解放されません（図3中の「モデル」は「ルールの集合」といったように理解して良いでしょう）。

▼図3　従来のルールベース人工知能の学習概念図

▶ 機械学習

　機械学習では人間が特徴量の抽出するまで、データセットの整備します。機械学習においての"データセット"とは、特定の課題のための"学習"に必要な正規化済みでフォーマットを整えた複数のデータの集まりのことです。あとは機械がその特徴量に対して「学習」をします。学習した結果、判定用の「モデル」を自動的に作成します（「モデル」は分類器とも言います。詳しくは次の節で説明します）。「モデル」の検証を経て、実際にこの「モデル」を使って、未知のデータを判定します。

　図3と同じリンゴを認識する課題ですが、今度は、大量のリンゴの特徴を用意します。リンゴの色、リンゴの重さ（重量）、リンゴの大きさい（サイズ、体積）という特徴を数値化して、機械学習を通して、それらの関連性を見つけ出します（図4）。本書では第2部（04-03節）でアヤメの分類で機械学習にチャレンジしていきます。同じアヤメでも、特徴によってはさらに分類することができます。機械学習ではルールベースを作らなくても済むことで人間が行う作業量を減らすことができます。

▼図4　機械学習の概念図

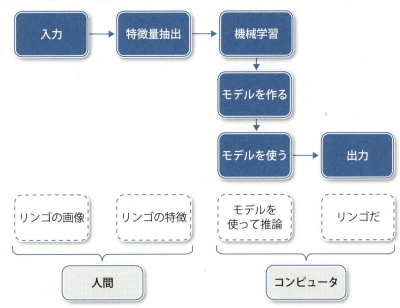

　ただ、特徴量を抽出して用意する作業はまだ人間の手で実現しなければいけません。リンゴを認識するのが簡単になっても、例えば、機械学習で猫と犬を認識させるために特徴量を集めるのも相当な作業量になります。猫と犬を認識させるのはリンゴを認識するのと比べて、何を特徴量として用意するかが問題になります。

▶ 人工ニューラルネットワーク

　人工ニューラルネットワークを使って学習するのも機械学習の1つです。一番の大きな特徴は、特徴量の抽出も人間の手を介せず、実現できるところです（図5）。

　最初は、どういう特徴なのかももちろん、コンピュータもわかりません。しかし、学習の結果と実際の正解と比べて、その結果をフィードバックして反映するように再度学習させるというループを大量のデータを使って繰り返し、結果として特徴量を見つけることができます。

　人工ニューラルネットワークという手法を使う場合、特徴量の抽出もコンピュータに任せられ、人間は学習に必要なデータを用意するだけで良くなります。犬と猫を認識させる課題も、どんな特徴量を抽出して整備すれば良いかということを考えなくても良いのです。人工ニューラルネットワークでは学習のプロセスで、猫か犬かを一番表現できる「特徴」を自動的に見つけることができます（もちろん精度が100％ではありませんが）。

　本書では、便宜上機械学習の意味合いで使う「人工ニューラルネットワーク」を「ニューラルネットワーク」と記述することもあります。

▼図5　人工ニューラルネットワーク学習の概念図

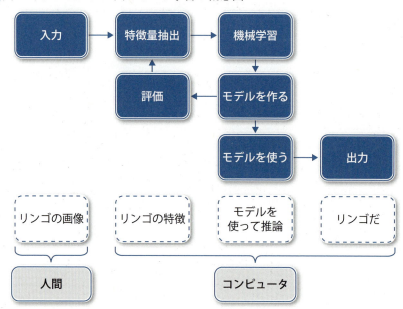

▶ 深層学習（ディープラーニング）

　深層学習は、学習の原理は基本的に人工ニューラルネットワークと同じですが、人工ニューラルネットワークの層を複数重ねることによって、学習の精度を上げる試みになります。層の多い人工ニューラルネットワークです（図6）。

深層学習は、人工ニューラルネットワークの階層数を増やすことで、より複雑な計算と、膨大な計算量になりますが、よりたくさんの「特徴」を見つけることができて、精度の向上につながります。

ここまで来ると、人間が用意する必要なものはたったの2つです。1つは学習させたい大量のデータ、もう1つはパワフルな計算機器です。

▼図6　深層学習（ディープラーニング）の概念図

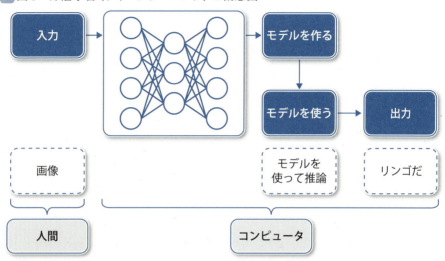

▶今注目される理由

機械学習や深層学習のいくつかの概念やアルゴリズムが実は1990年代もうすでに考案されていましたが、なぜ今になって、それが新しい成果を出して注目を集めたかというと、次の2つの要素が大きく寄与していると言えます。

- データの量：インターネットの発達によって集められる画像データの量の増加
- 計算能力の向上：GPUなどの性能の向上

こうした背景で、機械学習や深層学習が飛躍的に、学習の効率と精度を上げることが実現でき、再び注目されるようになりました。

図6に示したように、人間が担当する領域が縮小し、コンピュータが特徴量の抽出から、学習、モデルの作成まで、その担当領域が拡大してきています。深層学習のアルゴリズムとコンピュータの得意な計算能力を発揮して、学習の認識精度を上げてきています。

次の節では、機械学習と深層学習について、もうすこし掘り下げてみていきましょう。

機械学習とは

この節では、機械学習に関する重要な概念やキーワードを紹介していきます。

前の節で説明した通り、深層学習も機械学習に内包されており、機械学習に出てくる重要な用語や考え方も深層学習を理解する前提となっています。ぜひ機械学習の基礎も押さえておきましょう。

機械学習はすでに広く使われている技術でもあります。例えば、一番早く登場して、広く応用されている機械学習はスパムメールのフィルタです。現在でも、課題によっては深層学習ではなく、解決方法として機械学習が適している場合もあります。

早速機械学習の概念を見ていきましょう。

▶機械学習とは

機械学習は人工知能の1つの分野です。また、深層学習は機械学習の一種で、機械学習のいくつかの重要概念や考え方は深層学習の理解にも役に立ちますので、ぜひここで理解しておきましょう。

機械学習（ML：Machine Learning）とは、人間が明示的にプログラミングせずに、コンピュータがデータから学習できるためのプログラミングの手法です。

抽象的な表現ですが、機械学習においては**分類器（classifier）**を作ることが目標の1つです。図1のように、リンゴとミカンの写真を見せたら、それがリンゴかミカンかを「分類」してくれるものです。機械学習では、この「分類器」を作るのは人間ではなく、学習でコンピュータが作ります。

▼図1　分類器-リンゴとして認識（①）、分類器-ミカンとして認識（②）

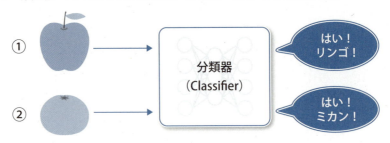

人工知能の研究では長い間、ルールベースのアプローチを取ってきました。その中で一番重要な処理は人間が担当していました。分類器を自動的に作れなかったのです。機

械学習では、人間が担当しているところを可能な限りコンピュータが実行できるようになりました。

例えば、ルールベースのシステムで手書きの「あ」と「い」を認識する課題があるとします。ある人Aさんの癖のある文字の特徴（どこで、曲がるか、曲がり具合、線の傾きなど）を人間が頑張って抽出して、まとめてルールの形式でプログラミングして認識させることは実現可能です。しかし、同じAさんでも毎回「あ」と「い」の書き方が少しずつ変化しますし、その上汎用化するためBさんもCさんもの手書き文字も対応しなければいけなくなった時は、ルールの書き換えと拡張が必要になります。そして認識する対象が増えるたびに、このルールベースの修正が必要になります。容易に想像できるように、このシステムの対応とメンテナンスはとても現実的ではありません。

こういった難しい課題が、機械学習の得意とする分野になります。上に述べたように、学習をすることによって「分類器」が訓練され、入力された写真を高い精度で「分類」してくれるようになったら、この「分類器」を使って、正確に高速で「分類」することができるようになります。

▶ 機械学習のタイプ（分類）

機械学習のタイプは主に3つあります（図2）。

- 教師あり学習（supervised learning）
- 教師なし学習（unsupervised learning）
- 強化学習（reinforcement learning）

▼図2　機械学習の分類図解

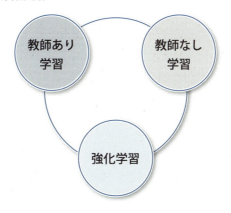

これ以外にも様々な機械学習タイプの分類があります。例えば、**半教師あり学習**（semi supervised learning）、**バッチ学習**（batch learning）、**オンライン学習**（online learning）、**インスタンスベース学習**（instance-based learning）、**モデルベース学習**（model-based learning）と機械学習のタイプも分類によって様々ありますが、本書

では、教師あり学習と教師なし学習中心に解説と体験レシピを紹介していきます。これらの分類は排他的ではありません。組み合わせて使うことができます。

それぞれ、特徴を見ていきましょう。

▶教師あり学習

機械学習でいう「**教師**」は、データに付随している正解となるラベルのことです（図3）。本書は教師あり学習の内容がほとんどです。

▼図3　教師あり学習の「教師」はデータのラベルのようなもの

例えば、犬と猫の写真のデータであれば、その写真に写っているのは猫なのか、犬なのかというラベルです。

また、手書きの数字データであれば、そのデータの意味する数字が「7」であれば、「教師」は「7」というラベルになります。教師あり機械学習で分類器を訓練するためにはこのラベルが必要です。

図4のように、便宜上同じラベルの写真データを同じフォルダに入れて、そのフォルダ名がラベルになっているケースもあります。

▼図4　フォルダがラベル（教師）になる

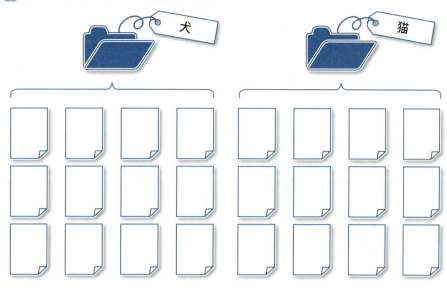

続いて、教師あり学習は何をするものなのか、何ができるかについて見ていきましょう。

■教師あり学習の用途

- **分類（classification）とは**

上述したスパムフィルタが「分類」という処理になります。処理の結果はスパムかどうかという2つの**クラス**（class）に分けることになります。リンゴかミカンの写真を見せて、どっちなのかを教えてくれるのも分類です。例えば、リンゴは「0」、ミカンは「1」というクラスに分けるという具合です。

- **回帰（regression）とは**

分析対象の一連の**特徴量**（feature）（例えば、アパート・住宅の築年数、立地、家賃の金額など）からターゲットの数値（例えば、ある場所のある中古アパートの家賃）を予測することは回帰と言います。図5のように、対象データの分布から、そのデータを「表現」できる直線を見つけ、予測したいデータに対して、この直線を使って計算ができます（XからYを計算できます。あるいはYからXを計算できます）。

▼図5　線型回帰の例

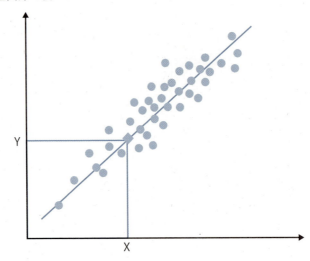

■教師あり学習の重要アルゴリズム

　教師あり学習に分類される重要なアルゴリズムはロジスティック回帰（logistic regression）、サポートベクトルマシン（SVM：Support Vector Machine）、決定木（decision tree）、ランダムフォレスト（random forest）などが挙げられます。その中で、SVMが機械学習の重要なアルゴリズムの1つで、本書では第4章で登場します。サポートベクトルマシン（SVM）についての説明は04-03節を参照してください。

▶教師なし学習

　教師なし学習は「教師あり学習」と対照的で、正解となる**ラベルはない**です。
　例えば、写真が大量にありますが、その中に、写っているのは、犬なのか猫なのかというラベルが持っていません。
　教師なし学習では、こういったデータから規則性とパターンを発見するのが目的となります。
　教師なし学習は何をするものなのか、何ができるかについて見ていきましょう。

■教師なし学習の用途

- クラスタリング（clustering）

　クラスタリングは、図6のように、データの属性によってグループになる傾向を見つけ出すことです。

▼図6　データのクラスタリング（グループ分け）

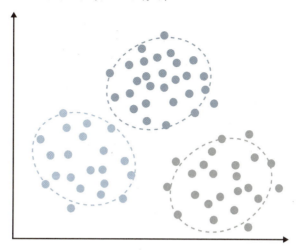

　図6を人間の目で見ると、なんとなくデータを3つのグループに分けられるのがわかりますが、平面上にこのように表現できない場合もあります。しかし、コンピュータでは、二次元以外でもクラスタリング処理ができます。

- 可視化（visualization）と次元削減（dimension reduction）
　次元削減は教師あり学習のために前処理として、よく使われます。

- 相関ルール学習
　大量のデータから、相関関係を見つけ出す学習です。例えば、スーパーマーケットからAという商品を購入した顧客は、商品Bを購入する傾向があるという相関関係を学習して発見できます。

- 異常検知（anomaly detection）
　異常なデータを検出することです。異常は正常に対して使う言葉で、異常を検出するために、まず正常なデータのパターンを把握する必要があります。教師なし学習では、正常なデータの「特徴」などを把握して上で、その「正常な特徴」を参考にして著しく「乖離」しているデータを「異常データ」として検出することができます。

■教師なし学習の重要アルゴリズム

　教師なし学習に分類されるアルゴリズムも多数ありますが、その中でよく使われる優秀な次元削減アルゴリズムが**PCA**（Principal Component Analysis）主成分分析です。特徴量が多い時に特徴量の圧縮に使います。教師あり学習の前処理として役に立ちます。本書のレシピでPCAを利用する場面もあります（04-03節と04-04節参照）。

▶ 強化学習

　強化学習は最近注目されている機械学習の1つです（図7）。強化学習は「教師」はいません。ある環境にエージェントを置いて、エージェントは行動の選択ができます（ここのエージェントは、自動的に入力、出力などの行動をするソフトウェア部品だとイメージすれば良いです）。エージェントが選択した行動に対して、その環境から、プラスあるいはマイナスの報酬をエージェントに与えます。エージェントは学習の過程を通じて最も報酬が得られる方向に調整していきます。その結果、問題を解決できるようになります。

　例えば、前の節で話しましたDeepMind社のAlphaZeroも強化学習を採用しています。強化学習は将棋などのようなルールのあるものが多いです。

▼図7　強化学習の図解

　3つの学習の特徴を説明してきました。さらに3つの学習の特徴を比較してみると図8となります。

▼図8　三種類の機械学習の比較図解

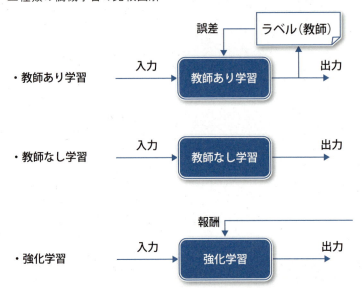

▶ 機械学習のためのデータ

　言うまでもないですが、機械学習にとってデータがとても大事です。
　機械学習も、深層学習（ディープラーニング）も、データがなければ、何もできません。そのデータを用意することもデータサイエンティストの仕事の重要な部分です。データサイエンティストの仕事の８０％が機械学習のデータの用意に費やされていると言われています。

■ データの重要性

　機械学習のために用意された**学習データ**（**訓練データ**とも言います）の質が、学習の結果に大きく影響します。ほとんどの機械学習のアルゴリズムは大量のデータを与えなければ正しく動作しないことがよくあります。正確な画像認識や音声認識を実現するには、数千、数万の学習データが必要です。最近の優秀な改良されたアルゴリズムでは、少ない学習データでも高い認識率を達成するものも開発されています。

■ 学習用データと検証データ

　機械学習において、検証データを用意して、学習の結果を検証するのもとても大切です。一般的には、データセットを用意した上で、学習データをそのうちの８割にして、残りの２割を検証データとする方法があります（図9）。この割合にしなければいけないというものではありません。学習データが少なくなると結果が悪くなります。

▼図9　データセットにおいての学習データと検証データの分け方

　機械学習のみならず、深層学習も同様の手法で、学習データと検証データに分けます。フレームワークによって、自動的に分けてくれる機能も用意されています。具体例は、第４章、第５章のレシピで説明します。

■過学習（over fitting）

　過学習とは、学習データだけが持つ特徴に対して過剰な学習が行われることにより、実際に予測するデータに対する正解率が下がるということです。過学習を防ぐためには、**ドロップアウト**という手法があります。

　ニューラルネットワークに**ドロップアウト層**を設けることで、全結合層のノード群と出力層の間の接続の一部をランダムに切断することで過学習を防ぐことができます。

■次元の呪い（the curse of dimensionality）

　機械学習用のデータの次元が多ければいいというわけではありません。ここで言う次元はデータの特徴量のことです。データが表形式になる場合の表の一列をイメージするとわかりやすいかもしれません。例えば、車のデータでしたら、メーカー、製造年月日、走行距離、重量、排気量、使用年数など、一個一個特徴量であり、データの1つの「次元」と考えられます。**次元の呪い**と言うのはデータの次元数が大きくなり過ぎると、そのデータで表現できる組み合わせが飛躍的に多くなってしまい、その結果、十分な学習結果が得られなくなることを指しています。

　次元の呪いに気をつけないと、無駄な計算が発生するだけでなく、有効な学習結果が得られないことになります。特に関係性のない特徴量を学習させてもそもそも意味がありませんので、学習する前のデータの特徴量を吟味して次元削減も必要です。

■データの入手

　機械学習のためにデータはどう用意するかが意外と難しい場合があります。
　参考として、次のデータの用意の方法が考えられます。

- **自分でデータを作る**

　趣味や研究であれば、データは自作することができます。もちろん、時間はかかります。会社の業務用でしたら、今まで自社で蓄積したデータを利用することができます。

- **インターネットスクレイピング**

　例えば、Google Image Download（https://github.com/hardikvasa/google-images-download）などのツールがあります。

- **公開されているデータ（有償・無償）を活用する**

　コンペサイトのデータを使います。Kaggle（https://www.kaggle.com/）や、日本ではSIGNATE（https://signate.jp/）が有名です。
　また公開しているサービスのAPIを利用してデータを収集するのも1つの方法です。

　本書の多くのレシピは、すでに公開されている無料のデータセットを利用します。例えばscikit-learnの手書き数字のデータセット、アヤメのデータセット、CIFAR-10のデー

タセット、MNISTの手書き数字データセットなどが定番です。
もう少し教師あり学習についてその作業の流れを見ていきましょう。

▶ 機械学習（教師あり）の流れ

　機械学習（教師あり）の非常に単純化した流れは図10のようになります。大きく学習フェーズと評価・応用フェーズに分けることができます。

▼図10　機械学習（教師あり）の流れの図解

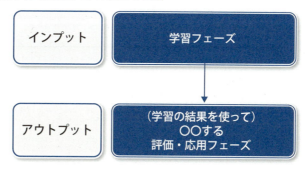

　「学習のフェーズ」では、大量のデータを学習させて、その結果として学習済のモデルができあがります。

　できあがった学習済モデルを「評価・応用フェーズ」で実際に分類などの作業をします。例えば、顔認識であれば、その顔を特定して、入力した写真やビデオからその顔を見つけます。手書き文字であれば、その手書き文字を実際に認識して目的とする処理をしていくフェーズです。

　もちろん、実際はもうすこし複雑なプロセスと手順が必要です。さらに細分化した手順を見ていきましょう。

■ 課題の定義

　まずは課題の定義からスタートします。

①課題の定義

　どんなことを実現したいか、何を学習させて、何を達成したいかという課題を明確にしなければいけません。研究プロジェクトであれば、プロジェクトの終了の判定を考えなければいけません。会社の企画であれば、それをどんな課題を解決して、何を達成したいかを明確に定義しないと失敗する可能性が高くなります。

②データの定義

上記の課題を解決するためにどんなデータが必要になるのか、その必要となるデータに合わせて、データにつけるラベルや、その後の評価方法も一緒に検討しておくとよいでしょう。

■データの準備

ここまでで説明したように、機械学習の中でデータはとても重要な意味を持ちます。次のようにデータセットを作成し、データの収集と前処理整形を行います（図11）。

①自分でデータを収集・作成

独自の課題で、独自の研究開発であれば、自分で学習用のデータセットを作成する必要があります。

学習データを収集し、学習データの特徴を抽出しておきます。機械学習において、効果的学習を実現するための特徴量を抽出、整備することを特徴量エンジニアリングと言います。この段階が一番時間がかかります。画像認識分野では、数万枚写真のデータを用意しなければいけない場合もあり、それらの大量のデータの処理やラベリングには膨大な処理時間が必要です。

②他人が用意したデータを入手

学習研究のための共通のテーマであれば（花の認識、手書き数字の認識）、他の人があらかじめ用意してくれたデータセットを活用します（本書は主にこちらの方法でレシピを紹介していきます）。データの前処理が不要な場合が多いです。

▼図11　機械学習(教師あり)の流れの詳細図解

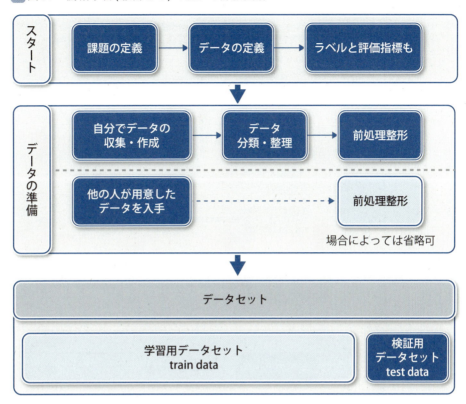

■ 学習フェーズ

学習フェーズでは、学習アルゴリズムで、データを学習させます(図12)。
機械学習や深層学習のほとんどの理論の部分はここに詰まっています。

▼図12　学習フェーズと応用フェーズ

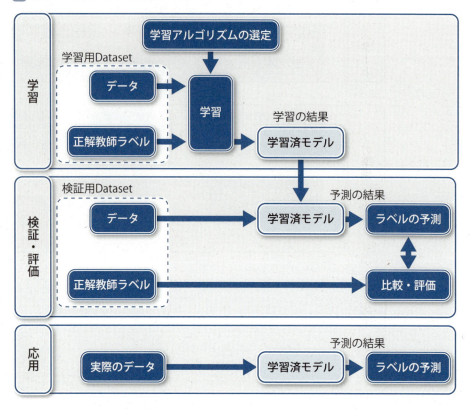

■検証・評価フェーズ

　評価では、学習フェーズで学習した結果としてのモデルを用いて、予測させて評価します（ここまでは、図10で示した「インプット」の「学習フェーズ」になります）。

■応用フェーズ

　本書ではRaspberry Piが担当する部分は、学習済のモデルを利用した応用の部分がメインになっています。
　本書の一部の内容の実施は学習のフェーズにおいては、PCやクラウドの環境も必要になります。
　図13に示す機械学習においての処理フローはこれからのすべてのレシピにおいて、適用できるフローです。この図を理解しておけば、これからのレシピを試してみるときに、「今、どの段階の何をやっているのか」がわかり、戸惑わずに作業がスムーズに進められるかと思います。

▼図13　各フェーズの実施箇所

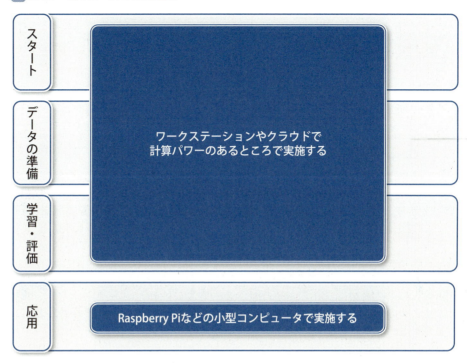

ここまでは機械学習の話でした。次は深層学習（deep learning）について基本概念と用語を見ていきましょう。

01│03

深層学習とは

　この節では深層学習の話をしていきたいと思います。本書はコンピュータビジョン（computer vision）の分野にフォーカスして第4章、第5章で様々なレシピを紹介していきます。コンピュータビジョンはコンピュータにいかに画像や映像を認識させるかを研究する分野です。

　深層学習の応用は様々ですが、その中に非常に重要なのは、画像や映像の認識となります。人間の外界から取り込む情報の約90%が視覚情報だと言われています。画像や映像の情報をいかに効率よく処理するのが非常な重要な意味を持ちます。

　この節では、深層学習（ディープラーニング）において、数多くの重要なキーワードが登場します。第2部のレシピの中でも繰り返して出てきます。これらの重要なキーワードの意味をぜひここで把握しましょう。

　特に、パーセプトロン、多層パーセプトロン、損失関数、交差エントロピー、活性化関数、ReLU関数について、その概念を押さえましょう。

　第2部のレシピを実際に動かして、体験した際にも、本節を読み返すことでより理解を深めることができるでしょう。

▶ 視覚情報の重要性

　私たちが外界から得る情報の約90%は目から得るいわゆる「視覚情報」だそうです（それ以外は聴覚、触覚から来た情報で構成されているそうです）。

　脳がいかにこの視覚情報を処理するか、視覚情報の処理をいかにコンピュータにシミュレーションさせるかが、人工知能の研究においては、重要な意味を持ちます。このあとの話に出ますが、実際に生物学ニューロン（脳神経細胞）の研究も今日のディープラーニングの成果に大きく寄与しています。

　これから深層学習の話をしますが、その中心になるのは視覚情報の処理の中の、画像認識、画像分類、物体検出などになります。

　しばらく概念的な話が続きますが、画像処理、画像認識では特に「画像の分類（image classification）」、例えば図1のようにある画像や写真を見て、それは「〇〇」ですといったイメージを持って読み進めるとわかりやすいかと思います。

▼図1　画像の分類

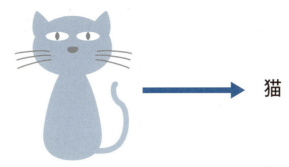

▶生物学ニューロンから人工ニューロンへ

　人工知能の研究分野で大躍進をもたらした深層学習は、それの最小「単位」は人工ニューロンです。人工ニューロンはもちろん、生物学ニューロンからヒントを得て、考案されたものです。生物学ニューロンから人工ニューロンへたどり着いたのは、新しい時代の幕開けを意味します。しかし人工ニューロンの研究は開花したのは、ほんの最近で十年ほど前のことです。

■生物学ニューロンとは

　生物学ニューロンはみなさんがよく知っている脳神経細胞のことです（生体ニューロンとも言います。略してニューロンと言います）。ニューロンを簡単に示すと図2のようになります。樹状突起が他の神経細胞と複雑に絡み合って脳内の神経細胞のネットワークを形成しています。

▼図2　脳細胞の概念図

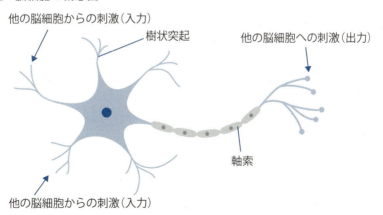

　他の脳細胞からの刺激を受けて、その刺激がシナプスを通って次の脳細胞へ伝播（出

力)していきます。人間の脳細胞が機能することで、ものを認識したり、状況を理解したり、様々な日常活動をしているわけです。

学習する機能を実現するには、この仕組みを模倣すれば実現できるのではと考える流れになります。そこで考案されたのは形式ニューロンです。

■生物学ニューロンのモデル化

生物学ニューロンを参考にして考案されたのが、神経生理学者のウォーレン・マカロック氏と数学者のウォルター・ピッツ氏のマカロック・ピッツモデルです。形式ニューロン (formal neuron) とも言います。

形式ニューロンは非常にシンプルで、ニューロンの動きをそのまま数学的にも表現しています。数学的に表現できるものは、コンピュータでシミュレーションして動作させるのも簡単です(図3)。

▼図3　ニューロンの概念図

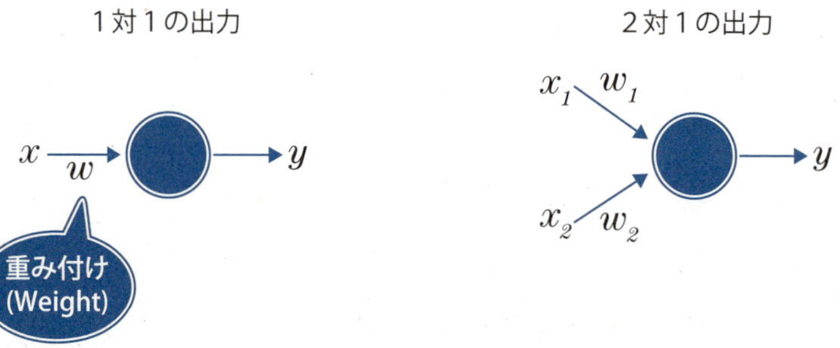

1対1の出力　　　　　　　　2対1の出力

重み付け(Weight)

図3のように、入力は1つでも2つでも複数でも良いです(図の中にある丸は「ニューロン」です)。

図3の左側のように入力と出力が1対1の場合は、x=1、w=0.5（wは重み付け）の場合はy=0.5のように、出力は「w」で決めるようなものになります。それに対して、図3の右側のように入力が2つ、出力が1つの2対1の場合は、それぞれの「w」の値が反映され、「y」の値になります。さらに入力が増えた場合は、それぞれの「w」が最終の出力「y」を決めます。

また、マカロック・ピッツモデルは、論理演算（AND、NOT、NAND、OR、XOR）を表現することもできます。

マカロック・ピッツモデルは、設計によってニューロンの役割を決めて事前に重み付け（weight）を決めておく必要があります。

▶パーセプトロン（perceptron）

パーセプトロンは1957年にアメリカの心理学研究者フランク・ローゼンブラット氏に考案された形式ニューロンに基づいたアルゴリズムです。パーセプトロンは形式ニューロ

ンの実装となります。人工ニューラルネットワークと、ディープラーニングの起源と基礎になっています。

パーセプトロンは、何かの入力を受けて、それに反応して、何かを出力する構造です。ただし、ここでは、重み付け「w」は人間が事前に決めるのではなく、学習の結果と教師データと合わせて、その誤差をフィードバックして重み付け「w」を更新していく仕組みになっています。

パーセプトロンの学習は図4のようになります。それぞれの入力「x」とそれぞれの重み付け「w」と掛け算した上、すべての合計がパーセプトロンの入力となります。

▼図4　パーセプトロンの学習

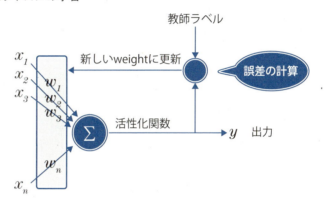

その後、**活性化関数**（**activation function**）を通して、出力が決められます。そこで、終わりではなく、一旦出力を教師のラベルと比べます。教師ラベルに近ければ、重み付け「w」はそのまま、教師ラベルと離れた場合は、重み付け「w」を大きく調整するという具合に、フィードバックして、それぞれの重み付け「w」を調整します。この処理を複数回繰り返して行って、その過程を「学習」と言います。

そうすると、最初はそれぞれの入力の重み付けはどうやって決めるかという疑問が出ると思います。

最初は、重み付け「w」は乱数でランダムに値を与えます。学習を経て、重み付け「w」がそれぞれ自動的に調整されて、高い確率で正解を出せるような重み付けの配列になります。学習が終わって、この重み付け「w」の配列を使えば、未知のデータに対して「認識」、「分類」ができます。

活性化関数についてはまたこの後詳しく説明します。

■パーセプトロンの限界

パーセプトロンの学習アルゴリズムでは、自動的にパラメータを調整、weightを獲得することができるようになりました。機械学習において重要な革新を与えました。ただし、この手法は線形分離可能な課題に限られています。

線形分離可能と言うのは、二次元のデータを例として、平面上分布しているデータに対して、1本の直線によって2つのデータのグループを分離することができるというのが一番近いイメージです（図5）。

▼図5　線形分離不可能の例

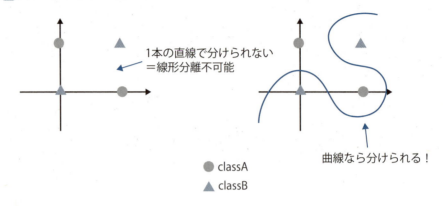

線形分離不可能な問題を解くためには複数のパーセプトロンを階層的に構成する必要があります。

ニューラルネットワーク

パーセプトロンの限界を対応する形で、多層パーセプトロンの学習が提案されました。これは、パーセプトロンをより柔軟にし、学習が不可能であった非線形分離問題を解決しました。

多層パーセプトロン（Multi-Layer Perceptron：MLP）は、文字通り、パーセプトロンは一個ではなく、複数のパーセプトロンを用いてパーセプトロンの「層」を作ります。

代表的な多層パーセプトロンの構成は、**入力層**、**中間層**、**出力層**の3層構造です。この構成は、ニューロンがネットワーク構造になっており、ニューラルネットワークとも言います（図6）。

▼図6　多層パーセプトロン

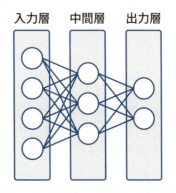

このように、パーセプトロンを階層的に配置させ、入力層に与えられた値を伝播させていくネットワークです。このように、ネットワークを**フィードフォワードネットワーク**（**feed forward network**）または**順伝播型ネットワーク**と呼びます。

図6の多くの丸は、それらは一個一個が全部パーセプトロンとなります。

■活性化関数

図4にあるように、x_1とw_1の掛け算からx_nとw_nの掛け算までの合計が出力になりますが、出力は、活性化関数を用いて決めます。

活性化関数にはいくつか種類があります（図7～9）。

▼図7　ステップ関数

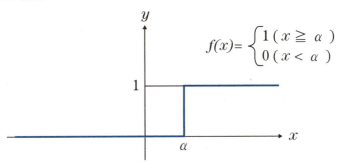

▼図8　シグモイド関数

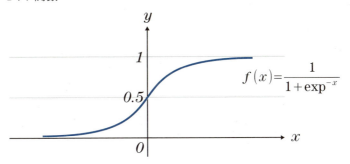

▼図9　ReLU関数

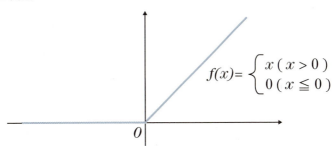

ニューラルネットワークでは活性化関数として**シグモイド関数**がよく利用されていましたが、ディープラーニングでは**ReLU（Rectified Linear Unit）**がよく使われています。

シグモイド関数には**勾配消失（vanishing gradient）**という現象が起きやすくなるという問題があるからです。活性化関数にシグモイド関数を用いていると、勾配は必ず最大でも0.25という値にしかなりません。多層構造のパーセプトロンネットワークでは、数値がどんどん小さくなっていきます。層数が1つ増えるたびに、指数的に勾配が小さくなります。数十層、数百層の場合、出力がほぼゼロに近い値になります。これを勾配消失と呼び、シグモイド活性化関数を使って深い（数十層、数百層を超える）ニューラルネットワークの学習が困難な理由となります。

■ニューラルネットワークの学習

ニューラルネットワークの学習を説明する前に、まず損失関数という重要な概念について説明します。

・損失関数（loss function）

ニューラルネットワークの特徴は、データから学習できる点にあります。前述したようにデータから学習する際に、重みパラメータ（weight）の値をデータから自動で決めるにはニューラルネットワークは教師データを目指して、最適な重みパラメータを探索します（重みパラメータを以降パラメータと略します）。その時、計算の手段として使う関数は**損失関数（cost function**とも言います）と呼ばれます。

損失関数は任意の関数を用いることができますが、一般的に、**二乗和誤差（mean squared error）**や**交差エントロピー誤差（cross entropy error）**などがよく使われています。

Chainer、PyTorch、Keras、TensorFlowでは他にも多数の損失関数が用意されています（例えば多クラス分類問題の場合は交差エントロピー関数を用いることが多いです）。

・ニューラルネットワークの学習

ニューラルネットワークの学習は、重みパラメータに関する損失関数（交差エントロピー誤差でも二乗和誤差でも）の値が最小になるためのパラメータ（ニューロンのweightなど）を見つけることです。

・勾配降下法（gradient descent）

損失関数をできるだけ小さくすることを実現するためには、毎回パラメータを調整する際に損失関数が小さくなっていく方向を知ることが重要です。その方向に近づけるようにパラメータを繰り返して調整していけば損失関数の値は小さくになっていき、やがて最小値に辿り着くはずです。

損失関数が小さくなっていく方向はどうやってわかるでしょうか？　微分の概念を思い出していただくと、微分とは目的関数の曲線の接線の傾き（勾配）を求めることです。損

失関数が小さくなっていく方向を探すのは損失関数の曲線の接線の傾きを求めることになります。微分という数学の手段を使って損失関数の勾配を計算します。その勾配を使って、次の図10に示す通り勾配方向（損失関数の値が小さくなっていく方向）にパラメータを更新するという処理を何度も繰り返せば、徐々に最適なパラメータに近づけることができます。

この手法を**勾配降下法**と呼びます。

▼図10　勾配降下法による最小値を見つける方法

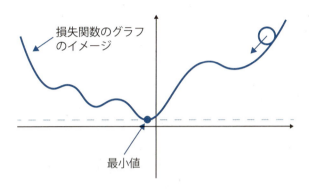

- **ミニバッチ学習**

上記で説明したようにニューラルネットワークを勾配降下法で損失関数の最小値を探索する場合は、データを1つ1つ用いてパラメータを更新するのではなく、効率化するためにデータセットからランダムにデータを取り出し、データを複数個セットにまとめて入力します（図11）。複数個のデータのセットを**ミニバッチ**と呼びます。ミニバッチのデータにおいて計算された勾配の平均値を用いて、ミニバッチ単位でパラメータの更新を行います。

この方法を**ミニバッチ学習**と呼びます。第4章、第5章のレシピの中でもこの方法で学習を行います。

▼図11　ミニバッチとバッチサイズ

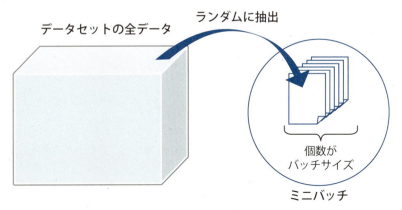

- **エポック (epoch)**

　ミニバッチのデータ個数はよく**バッチサイズ** (batch size) と言います。全データセットからランダムに複数のデータを抽出してミニバッチに分けて、学習させて、データセット内のデータをすべて利用するように、データを組み合わせて学習させます。データセットの中のデータが全て利用され学習で使い切った時間単位を**エポック**と呼びます。例えば、あるデータセットに10,000個データがあります。10,000個のデータの中から、ランダムに10個ずつ取り出します。10個のデータがセットでミニバッチとなります。10はバッチサイズとなります。10個ずつ取り出して学習させて、1,000回繰り返す必要があります。1,000回でデータセットにあったデータを全て使い切ることになれば1,000回の学習は1エポックと呼びます。通常は複数のエポックを通して学習をさせます。

- **順伝播 (forward propagation)**

　ニューラルネットワークは複数の (パーセプトロンの) 層で構成されています。その中で、損失関数の計算も、複数のステップを経て完了します。

　新しい入力 (ミニバッチになっているデータ) がニューラルネットワークに与えられ、それが順々に出力側に伝わっていき、最終的に損失関数の値まで計算が終わるまでの処理を**順伝播** (forward propagation) と言います。伝播の方向は、入力層から、中間層、出力層の順番となります (図12)。これに対して、逆方向の伝播は**逆伝播**と言います。

　順伝播では、各層を順番に通って活性化関数を用いて各ニューロ (ユニット) のパラメータとして計算していきますが、この過程では、まだそれぞれのパラメータが最適化されていません。最適化するためにパラメータを調整するための計算は次に説明する**誤差逆伝播法**で実現します。

▼図12　順伝播

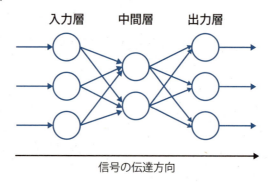

- **誤差逆伝播法 (back propagation)**

　誤差逆伝播法は1986年アメリカの認知心理学者デビッド・ラメルハート氏により提案されました。ニューラルネットワーク研究が再び注目されるきっかけになった重要な出来事です。

　学習の結果を正解教師ラベルと比較して、学習正解率を上げるために、その結果を前

にフィードバックしなければいけません。

そうすると、各層の損失関数が、正解とのズレ具合がわかり、正解に向かっての調整ができます。この手法を**誤差逆伝播法（back propagation）**と呼びます。上記の勾配降下法では、数値微分の方法で計算可能ですが、大規模なニューラルネットワークでは時間がかかるという問題点がありました。それと比べて誤差逆伝播法は、微分法の**連鎖律（chain rule）**を利用して、勾配の計算を効率的に行うことができます。今はニューラルネットワークの学習でよく使われる手法となっています。

- **学習率（learn rate）**

誤差逆伝播の過程で、各ニューロンのパラメータにおいて損失関数の勾配を計算し、更新するために一回の学習で、どのぐらいパラメータを更新すべきか（更新量）を決める必要があります。この更新量のことを**学習率**と言います（図13）。

▼図13　学習率

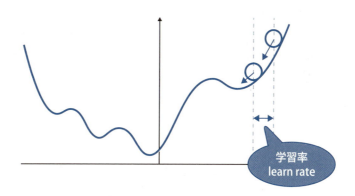

- **ニューラルネットワークの最適化**

誤差逆伝播法で勾配の計算ができたら、次はそれぞれのパラメータを更新する作戦を考えます。誤差逆伝播法は計算手段で、**ニューラルネットワークの最適化（optimization）**はニューラルネットワークに効率的な学習をさせるために、学習率をどう戦略的に更新していくかというアルゴリズムのことです。

この最適化のアルゴリズムは多くの深層学習のフレームワークに**オプティマイザ（optimizer：最適化アルゴリズム）**として実装されています。

Chainer、PyTorch、Keras、TensorFlowでは数種類のoptimizerを用意されています。よく使われているoptimizerは、確率勾配降下法（SDG：Stochastic Gradient Descent）、Adam、AdaGradなどがあります。それぞれ学習率（learn rate）を決める「戦略」が実装されています。

- **ソフトマックス関数（softmax function）**

最後にソフトマックス関数を説明します。ニューラルネットワークではソフトマックス関

数は出力層でよく使われている関数です(図14)。特に**多クラス分類**ではよく使われています。

ソフトマックス関数の出力は0～1の実数値に変換することができます。ソフトマックス関数のこの性質を利用して、**出力値を確率として表現する**ことができます。

0.1なら10%、0.75なら75%のように、最終的にニューラルネットワークの出力として、例えば「猫」と「犬」のそれぞれの確率は何パーセントなのかという結果を出します。本書のレシピの中でも、ほとんどの場合はソフトマックス関数を用いて、学習の結果を出力します。

▼図14　ソフトマックスの役割

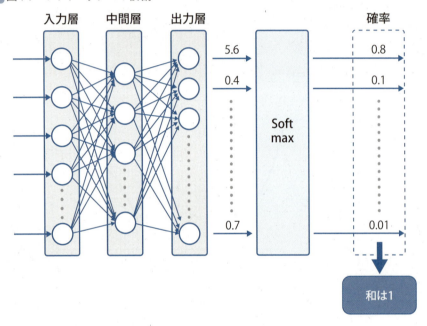

▶ 深層学習(ディープラーニング)とは

深層学習(デープラーニング)は階層を深くしたニューラルネットワークです。一般的に**4層以上**のニューラルネットワークを指すことが多いです。

現在では深層学習に対する関心が高まり、文字認識、顔認識、自動運転、ロボットビジョンなど様々な分野で実用化が進んでいます。最近、人工知能に関する記事や注目を集める話題も、その中、深層学習(ディープラーニング)の話が多いと思われます。

ディープラーニングは、その文字が示すように近年の研究ではニューラルネットワークの階層がより深くなってきています。複雑なアルゴリズムでは、200、300層のものもあります。

■深層学習の応用

深層学習の応用は様々で、これからもその応用の領域が広っていくでしょう。現在よく使われている場面を簡単にまとめると次のようになります。

- 物体検出
- セグメンテーション
- 画像キャプション生成
- 画像スタイルの変換
- 画像生成
- 自動運転

この中の物体検出は、コンピュータビジョン（Computer Vision）の応用分野で現在も活発に研究が行われている重要な応用の一つで、対象物体の「種類」と「位置」を認識する技術です。自動運転やロボティクスなど幅広い領域で重要な役割を果たす技術です。第2部のレシピで詳しく説明します。

■3つの代表的な深層学習アルゴリズム

深層学習の応用によって、いろいろな興味深いアイディアが生まれ、様々な革新を起こすことが期待されている分野で、日々多くのアルゴリズムが開発され進化してきています。その中でも特に代表的な深層学習のアルゴリズムが次の三つになります。

①オートエンコーダ（AE：Auto-Encoder）
②リカレントニューラルネットワーク（RNN：Recurrent Neural Network）
③畳み込みニューラルネットワーク（CNN：Convolutional Neural Network）

本書では、畳み込みニューラルネットワークを中心に詳しく説明していきますが、そのほか、深層学習のアルゴリズムはこれらのアルゴリズムにとどまらず、数多くのアルゴリズムが存在しています。**深層強化学習**（DQN：Deep Q-Network）や**敵対生成ネットワーク**（GAN：Generative Adversarial Networks）など、興味のある方はぜひ調べてみてください。

▶畳み込みニューラルネットワーク詳説

畳み込みニューラルネットワークは、入力層（input layer）、畳み込み層（convolution layer）、プーリング層（pooling layer）、全結合層（fully connected layer）、出力層（output layer）から構成されています。

畳み込みニューラルネットワーク（CNN）はとても代表的で、かつ重要な深層学習アルゴリズムの1つです。機械学習の分野で突出した性能で長期のAI分野の研究の停滞を打破したのもCNNのアルゴリズム（2012年のAlextNet）です。上述した物体検出、認識、自動運転などさまざまな応用のベースになる技術として注目されています。CNNは特に画像処理系の応用に適しています。CNNでは、どのように学習していくのかを今まで説明してきた内容を踏まえて、説明していきたいと思います。

説明のために今回は、平仮名「あ」の画像を認識することを例として、畳み込みニューラルネットワーク（CNN）の学習を見ていきます（図15）。

▼図15　仮名認識畳み込みニューラルネットワークの全体像

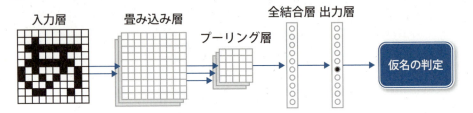

■入力層 (input layer)

入力として、ひらがなの画像があるとします。画像はピクセルで構成されています（図16）。実際にカラーの写真や、グレースケールの写真のデータは少し複雑ですが、ここでは、課題をシンプルにするために、黒を1、白を0（0は空白のまま）にします（図16は筆者が作成したものです）。

▼図16　仮名のピクセル画像

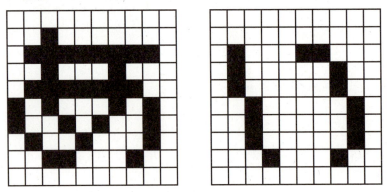

人間が見れば、ひらがなの「あ」と「い」というのが、なんとなくわかりますが、畳み込みニューラルネットワークでは、どう「認識」できるようになるのかを見ていきましょう。

まず、この画像を数値データで表現すると図17のようになります。

▼図17　画像から行列に変換する

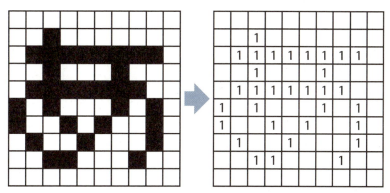

　ここでは、縦10ピクセル、横10ピクセルの画像ですが、コンピュータが処理できるように、この画像を、右側の10×10の行列で表現できます。

　入力層では、上のように画像を行列のデータに変換して、畳み込みニューラルネットワーク（CNN）のネットワークに投入します。次は畳み込み層になります。

■畳み込み層（convolutional layer）

　畳み込み層では畳み込み処理を行います。畳み込みする処理には**フィルタ**（filter）が必要です。フィルタはとても重要で、ターゲット画像から、特徴を抽出するための小さな画像です。フィルタは1つではなく、最初は複数ランダムに用意します。

　例えば、図18のように1つの3×3のフィルタ（画像）がランダムに生成されたとします。

▼図18　畳み込み処理用のフィルタ

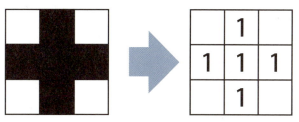

　フィルタは図17の「あ」という画像の左上に合わせて、図19のように重なっている3×3のピクセルに対して、数値の掛け算をします（行列の掛け算）。この掛け算の処理は畳み込みの処理の一部となります。掛け算をすることで、画像の「特徴」を抽出することができます。

▼図19　1回目の畳み込み処理

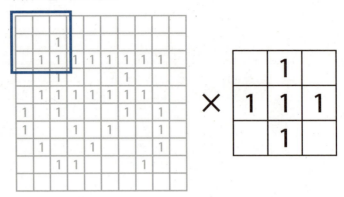

　2つの画像ピクセル、ここでは行列の1と0しかありませんが、掛け算をすると、どちらかが0の場合は、結果が0になり、両方が1の場合のみ結果が1になります。
　そうすると、図19の場合では、図20の結果になります。

▼図20　1回目の畳み込み処理の結果

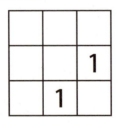

　これを足して、2とします。この数字は後で説明する**特徴マップ**で使います。
　次に、図21のように「あ」という画像に対して1ピクセル右に移動して、同じ計算をします。

▼図21　2回目の畳み込み処理

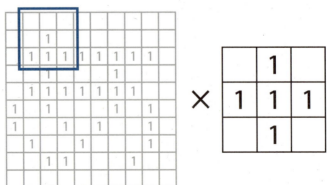

その結果は、図22となります（こちらも和は2です）。

▼図22　2回目畳み込み処理の結果

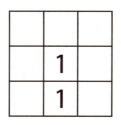

　重なったところが、掛け算により1になります。このように掛け算をすることで、両方が1の場合（つまり、この例で画像とフィルタが一致するピクセル）は掛け算の結果が1となり、片方だけ0の場合（つまり、この例で画像とフィルタが一致しないピクセル）は掛け算の結果が0となります。

　上記のように、1回目から2回目に横を1ピクセルずつスライドしていくことを**ストライド**（stride）と言います。ストライドの単位は毎回移動するピクセルの数です。

　フィルタはランダムに作成したものですが、画像の上、ストライドしながら畳み込み処理することで、フィルタのピクセルパターンと最も近いところが、掛け算によって最も1の数を多く得られます。逆にフィルタのピクセルパターンと全く一致しない部分は掛け算によって全部0になります。その結果、ストライドしている中で、ある場所はフィルタのピクセルパターンと「近い」のか、全く異なるかが、1の数で判別できます。こうすることで、1つのフィルタが1つの特徴だと考えれば、この畳み込みの処理を使えばちゃんと「特徴」を「検出」できます。

　横のスライドが終わったら、下にずらして、また同じことを繰り返します。紙面の都合で全ての図解はしませんが、ぜひ読者のみなさんは全て試してみてください。ここでイメージができれば、深層学習に対する理解が飛躍的に深まります。

　続いて、特徴のある箇所をピックアップして見ていきましょう。図23のような3つの領域はフィルタと同じですね。

　計算して、結果を見てみましょう（3つとも同じパターンなので、計算は一回にします）。

▼図23 フィルタによる「特徴」の「検出」

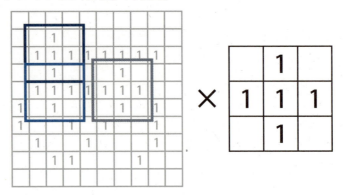

みなさんも同じ結果になっていると思います。

[[0 1 0]
 [1 1 1]
 [0 1 0]]

です。

　その結果を行列で表現すると下記のようになります。今までは、図を用いて説明しましたが、実際にコンピュータの内部では、全部行列で計算されています。

　計算した結果もフィルタと同じ「形」で、その総和は5です。こうやって、フィルタと一番近い形（ここでは重ね具合）が一番「点数（計算後の総和）」が高くて、フィルタを使って、ターゲット画像に重ねていくと、フィルタと「似た」特徴を「検知」、「検出」ができるということになります。これはとても興味深いところです。これを、全て計算が終了すれば、8×8の新しい行列が出てきます。

　この新しい行列を**特徴マップ**（feature map）とも言います。図24のように「入力画像」から重みのフィルタを重ねていって、スライドさせながら、計算していけば、新しい「特徴マップ」の行列を取得できます。このプロセスを**畳み込み**と言います。

　特徴マップは、画像の各領域にどの程度フィルタと近い画像が存在するかを表すことになります。特徴マップを得るために、この単純なピクセル画像でも、64回の行列演算が必要です。みなさんも実際にシミュレーションで計算してみてください。

▼図24　特徴マップの作成

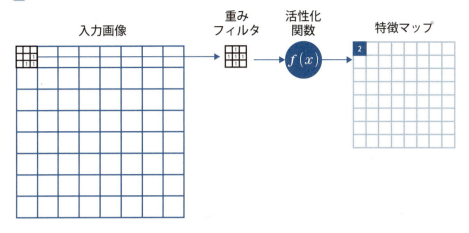

　0と1で表現する画像ですが、実際のカラーのピクセルですと、1ピクセルRGB値で、それぞれ256パターンがあって、それを計算するとさらに計算量が増えます。
　図24のように畳み込み層では活性化関数も登場します。今回は0と1で非常にシンプルの入力と出力になりますが、実際の応用では、入力もより複雑、膨大な数字になりますので、ここで活性化関数を挟むことによって、より有効に特徴を抽出することができます。そのときによく使うのがReLU活性化関数で、それを**ReLU層（ReLU Layer）**と呼びます。
　畳み込みニューラルネットワーク（CNN）での学習対象は、この「フィルタ」になります。
　今まで、例として、1つのフィルタでの「学習」について、説明してきましたが、それを畳み込み処理、活性化関数を通して、特徴マップになり、さらにプーリング処理で「圧縮」されます。プーリング処理は後で説明します。
　複数の層を通って、最後にこの特徴はどのぐらいの確率で正解教師レベルの「あ」と近いかがわかります。最初はランダムで作ったフィルタ（フィルタのピクセルパターンが1つの局所の特徴だと考えることができます）で、「あ」の特徴を表しているかどうかはわかりません。でも、最後に正解教師ラベルデータがあるので、フィードバックとして、このフィルタは「あ」の特徴を持っているかもしれませんので、このフィルタのweightをあげて、出力として「あ」の確率を上に調整します。このweightは、先述した「パーセプトロン」の活性化関数のところで説明したものです。それぞれのweightを調整すれば、どの入力を優先的に反映するかを決めることができます。
　複数回の「学習」プロセスを経ると、それぞれの「フィルタ」と出力（ここでの例は平仮名「あ」ですが）との関連性がわかるようになります。その関連性を「記録」しているのが**学習済のモデル**です。
　実際に、フィルタをランダムに大量に作成し、畳み込みニューラルネットワーク（CNN）で学習させて、「意味のある」学習対象の特徴を持つフィルタが見つかるようになります。

■ プーリング層（pooling layer）

プーリング層では、プーリング処理を行います。プーリングは簡単に言うと、「圧縮」です。

例えば、ある畳み込み処理の後に、図25のような特徴マップの行列に対して、2×2の領域に区切って各領域の中の最大値をその領域の値とします。これを**最大値プーリング**（**max pooling**）と言います。

そうすると、図25のように、左から、右の「圧縮」された配列を得られます。この処理を**プーリング**と呼びます。

▼図25　最大値プーリング

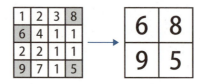

図25のサンプルの配列ではなく、実際に上の畳み込み処理をして得られた配列でプーリング処理のシミュレーションを実施してみてください。

通常は、図26の畳み込み層＋ReLU層＋プーリング層は、何回も繰り返して、複数の層になっていきます。層の多いものでは数百層というものもあります。これが「深層」学習（ディープラーニング）の深層（ディープ）の名前の由来です。

▼図26　畳み込みニューラルネットワーク処理概念図

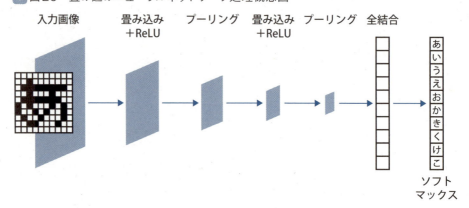

また、ここでは、**オーバーフィッティング**（**過学習：over fitting**）を避けるために**ドロップアウト層**（**drop out layer**）を入れることもあります。

ドロップアウト層は、各層の間の接続の一部をランダムに切断することで過学習を防ぐことができます（図27）。

▼図27　学習不足と過学習

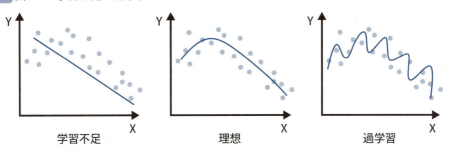

図28にあるように、グレーのノードはランダムに、通さないようにすることで過学習を防ぎます。

▼図28　ドロップアウト

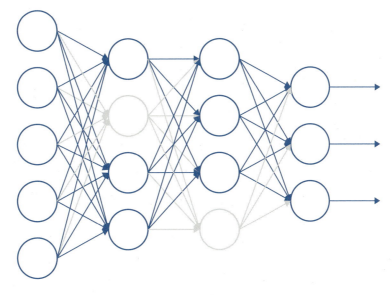

次に全結合層を見てみましょう。

■全結合層(fully connected layer)

一般的なニューラルネットワークでは**全結合層**(fully connected layer)で構成されています。これは各層のニューロンは次の層のニューロンと全て繋がっていることを意味します。

畳み込みニューラルネットワーク(CNN)では入力層で全結合層を使うことが多く、入力層で検出された特徴の組み合わせから最後の出力層へ渡します。最後の出力層ではソフトマックス関数を使って、出力の確率の変換を行います。

ここまで、畳み込みニューラルネットワークの原理を簡単に説明しました。いかがでしょうか、イメージを掴むことができたでしょうか。

▶ 深層学習のフレームワーク

今では、ニューラルネットワークも畳み込みニューラルネットワークも深層学習も全部ゼロから自分で作る必要がありません。

次世代の重要な成長領域として、世界中のIT企業がしのぎを削って、より多くの研究者、利用者を囲い込もうとして機械学習、深層学習のフレームワークが開発されています。そのほとんどがオープンソースの形で公開されています。その中でもっとも有名なのはGoogle社(アルファベット社)が開発しているTensorFlowだと言えるでしょう。

ここではそれらを簡単に比較してみることにしましょう(表1)。また、第4章のレシピでは、いくつかのフレームワークを触れて、それらの使い方を少し味見することにします。

▼表1　機械学習・深層学習フレームワーク比較表

ライブラリ	開発・サポート	ライセンス	発表
TensorFlow(テンソルフロー)	Google	Apache	2015年
Keras(ケラス)	Googleなど	MIT	2015年
PyTorch(パイトーチ)	Facebook	複数	2016年
Theano	2017年9月開発は継続しないと発表	BSD	2007年
MXNet	Amazon	Apache	2016年
CNTX	Microsoft	MIT	2015年
DeepLearning4J	Skymind	Apache	2014年
Caffe2	facebook	ソースコードはPyTorch配下になりました BSD	2017年
Chainer(チェイナー)	Preferred Networks	MIT	2015年

全てのライブラリの使い方や、そのライブラリを使ったレシピの紹介は紙面の都合できませんが、いくつか重要な深層学習のフレームワークの使い方についてレシピを通して、ぜひ使い方を味わっていただいて、それぞれの特徴を感じていただければ幸いです。
　本書のレシピでは、深層学習の部分においては次のフレームワークを使って、レシピを体験することにしていきます。

- TensorFlow
- Keras（TensorFlowのラッパー）
- Chainer
- PyTorch

　ここまで説明したように、特殊な研究開発で独自の深層学習のシステムをゼロから作り起こす用途以外は、おそらくどれかの深層学習のフレームワークを利用することになるでしょう、そのときにはフレームワークの使い方に準拠してデータを用意したり、学習モデルを構築したりすることになります。

▶機械学習、深層学習に必要な数学

　機械学習や、ディープラーニングの本格的な研究者や新しいアルゴリズムを開発するエンジニアや、ライブラリを提供するエンジニアなら、おそらく数学のスキルが求められますが、本書ではいかに既存の機械学習や深層学習のツールやライブラリを活用するかという視点で構成していますので、概念や考え方のレベルで紹介する程度で止めています。本書のレシピをこなすには、数学の深いスキルがなくても、特に問題ありません。より深く機械学習、深層学習の原理を深掘りして研究したい方は、次の数学分野の知見を深めると良いでしょう。

- 線形代数（行列の演算）
- 解析学（微積分）
- 確率・統計

第2章
Pythonと重要な
ツール・ライブラリ

　本章では、本書の実行環境の概要について、また、一般的なプログラミングにも、これから触れる機械学習、深層学習の場面でも役に立つPythonの基礎と必要な概念を紹介していきます。

　Pythonの言語の基礎について説明します（オブジェクト指向プログラミングについては第6章参照）ので、Python言語の経験がすでにある方は、読み飛ばしても良いでしょう。

　後半は、統計、データの前処理や、機械学習、深層学習に役立つライブラリやツールについて、説明します。

　Raspberry Piで機機械学習、深層学習のレシピを動かすための最低限のPython言語とPythonのリテラシーが身につけられるはずです。

　また、本書ではPCとRaspberry Pi両方で操作する必要がありますので、PCとRaspberry Pi両方の環境で、Pythonを使えるようにするための準備を紹介します。

　この章で紹介するプログラムは、ダウンロード用にJupyter Notebookの形式のファイルを用意しました。PCの環境でも、Raspberry Piでも実行することができます。ダウンロードについては、本章の02-01節を参照してください。

02 01 本書の実行環境の概要について

　機械学習や深層学習でよく使われる言語はPythonです。
　Pythonにはデータを処理するための多くのオープンソースライブラリとツールが存在しています。機械学習や深層学習の分野ではPythonはほぼデファクトスタンダードになっています。
　また、人工知能と関係ありませんが、Django、Flaskなど成熟したウェブアプリケーションフレームワークがあり、ウェブアプリケーションも簡単に作成することができます。本書の第2部のレシピではFlask（第3部を参照してください）を使って手書き数字認識などの簡易なウェブアプリを作成します。
　この節ではPCやRaspberry Piにおいて、Pythonのインストールの方法を詳しく説明します。環境が整えば後続のレシピなどをスムーズにこなすことができます。Pythonや機械学習と深層学習の勉強もすぐ始められます。
　本書ではPythonのバージョン3を採用します。

▶ Pythonの開発環境

　Pythonの開発環境もとても充実しています。PyCharm、Atom、Visual Studio Codeもプラグインと組み合わせることで、快適な開発環境の構築が可能です。Raspberry PiではデフォルトでPythonのEditor「Thonny」もインストールされています（画面1）。

▼画面1　Editor Thonny

▶Pythonの環境を用意する

　本書のサンプルプログラムはPCとRaspberry Pi両方で実行する場面がありますので、PCとRaspberry Pi両方にPythonをインストールする方法を紹介します。まずPCにインストールする方法から見ていきましょう。

　PCの環境では、Anacondaをインストールして、Pythonの環境をスムーズに切り替えかつしっかり管理されるようにします。

　Raspberry Piの環境では、Python 3を利用します（Pythonのプログラムを実行するときも、「python3 yourprogram.py」という形で実行します）。必要なライブラリなどの環境構築はこの後詳しく説明します。

■PCにPythonをインストールする場合

　PCの場合は、Pythonをインストールして利用する方法は様々ありますが、本書ではAnacondaを使います。

　Anaconda（https://www.anaconda.com/）はPythonの実行環境の切り替えや、管理を簡単にできるようにパッケージ化したソフトウェアです。Windows、macOS、Linuxに対応しています。

　次の節で紹介するJupyter Notebookも簡単に導入することができます。Jupyter Notebook は、Pythonを使っている方の間でよく利用されています。

　特に、仮想環境の管理が便利で、複数のプロジェクトを、複数のバージョンのパッケージを利用して並走するときに重宝します（図1）。仮想環境の作り方はあとで説明します。

▼図1　Anacondaを用いた複数のPython環境の共存

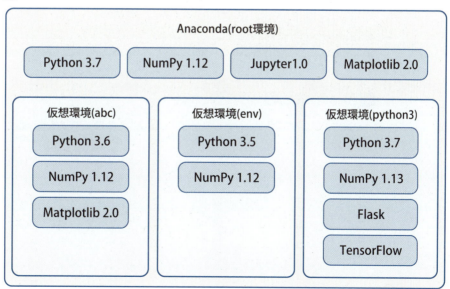

例えば、図1のようにAnacondaのインストール完了時は、デフォルトでrootの環境が用意されています。すぐPythonは使えるようになっています。その後、「仮想環境（abc）」、「仮想環境（env）」、「仮想環境（python3）」といった環境をそれぞれお互いに干渉せずに、必要な分作成することができます。図1のように、仮想環境によって、異なるPythonのバージョンと異なるライブラリのバージョンをそれぞれ持つことができます。

例えば、今回、機械学習のために、特定のPythonやNumPy、TensorFlowのバージョンを使いたい場合、既存の環境は別のプロジェクトで使われているためこの既存の環境は削除も改変もできません。そのような場合に、新たな仮想環境を作って、その新しい仮想環境に切り替えて使用すれば、既存の別のプロジェクトにも影響を及ぼすことなく、新たな環境で新しいプロジェクトを進めることができます。これを可能にしたのがAnacondaです。

■Anacondaのダウンロード

Anacondaのダウンロードページ（https://www.anaconda.com/）で、Anacondaのインストーラーをダウンロードしてください。

筆者はmacOSを使っていますので、macOS版インストーラーをダウンロードしてインストールします。みなさんは、自分のPC環境に合わせて、対応するインストーラーをダウンロードしてインストールしてください。Raspberry PiではAnacondaを動作しませんので注意してください。Jupyter NotebookはRaspberry Piで動作させることができます。

Anacondaのウェブサイトトップページの右上の「ダウンロード」ボタンをクリックして、ダウンロードページに遷移します。あるいは直接次のURLに移動してください（https://www.anaconda.com/distribution/）。そうしたら、「ダウンロードページ」に遷移します。

本書では、Python 3.7のバージョンのインストーラーを選んでダウンロードします。

■Anacondaのインストール

インストーラーダウンロードしてから、インストールを始めます（画面2）。［続ける］をクリックします。

第 2 章　Python と重要なツール・ライブラリ

▼画面2　Anaconda インストール開始画面

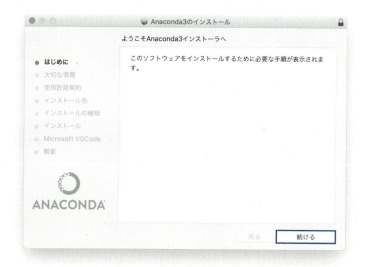

　画面3の利用許諾契約に同意した上、インストールを継続します。［続ける］をクリックします。

▼画面3　Anaconda の利用許諾契約

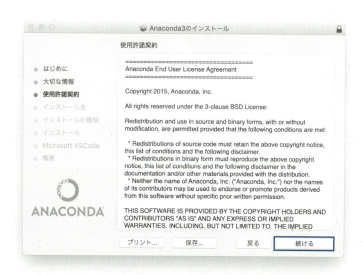

　「続ける」をクリックすると、インストールを開始します (画面4)。

▼画面4　Anacondaインストール画面

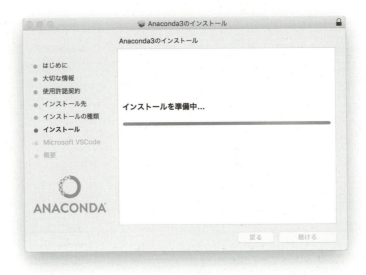

完了するまで環境によりますが、数分間で完了します。
　完了する前に、Microsoft VSCodeをインストールするかどうかが尋ねられます（画面5）。筆者はすでにインストール済みなので、このステップはスキップします。みなさんは必要に応じてインストールしてください。本書に必須ではないので、VSCodeをインストールしなくても大丈夫です。インストールする場合は「Install Microsoft VSCode」をクリックします。インストールしない場合は、［続ける］をクリックしてインストールを完了させます。

▼画面5　Anaconda オプションVSCodeインストールする画面

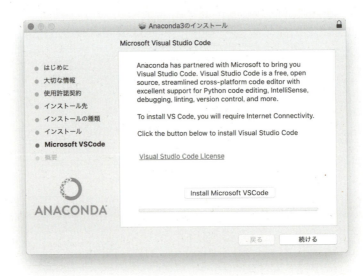

■Anaconda Navigatorの起動

インストール完了後、アプリケーションフォルダからAnaconda Navigatorのアイコンをクリックして起動することができます（macOSの場合）。

画面6を見てわかるように、Anaconda Navigatorから、有用なパッケージを直接インストールすることができます。それぞれのパッケージの用途の説明は本書の対象外なので割愛します。

▼画面6　Anaconda Navigator 画面

■Anacondaで環境の管理

続いて、Anacondaで環境を設定します。画面7の左側メニューの上から2番目「Environments」をクリックすると、Anacondaが管理している環境設定が一覧で表示されます。この画面ではすでにいくつか環境が設定されています。

▼画面7　Anaconda環境管理画面

早速、新しい仮想環境を1つ作ってみましょう。画面6の[Create]ボタンを押して、作成を開始します。

[Create]ボタンをクリックすると画面8のようなポップアップウィンドウが表示されます。ここでは、「Name:」のところに仮想環境の名前（自分が見てすぐわかるような名前が良いでしょう）を入力します。自由に設定して問題ありません。

例えば、今回は機械学習ですので、仮に「machine-learning」という名前を入力します。

▼画面8　仮想環境設定画面

「Packages:」のところでは、プルダウンメニューから、Pythonのバージョンが選べます。ここでは3.6とします。Rは今回使いませんので、チェックしないままで[Create]ボタンをクリックして仮想環境を作成し始めます（画面9）。

▼画面9　Anaconda新しい環境構築中

仮想環境の作成が完了すると、自動的に「machine-learning」に切り替わります。まだ作成したばかりで、この仮想環境はデフォルトのパッケージしかインストールされていません。

次に画面の左側のメニューの一番上の「Home」をクリックして「Home」画面に移動します（画面10）。「Applications on」の右側が「machine-learning」になっていることを確認してください。なっていない場合は、プルダウンメニューから選んで「machine-learning」に設定してください。

▼画面10　Anaconda新しい環境のHome画面

この画面に、Jupyter Notebookのアイコンがあります。Jupyter Notebookのアイコンの下にある [Install] ボタンをクリックして、「machine-learning」という仮想環境にJupyter Notebookをインストールします（画面11）。

▼画面11　Anacondaパッケージインストール中

インストール完了後、画面の「Jupyter Notebook」のところに、[Launch]（起動）ボタンが現れます。今はまだクリックして起動させる必要がありません。Jupyter Notebookの使い方は、次の節で説明します。続いて、この仮想環境へのパッケージのインストールの仕方を説明します。

■まずはChannelを追加しよう

Anacondaで、パッケージのインストールは、Channelと設定して行います。
まず、仮想環境の名称の右側にある[Channels]ボタンをクリックします（画面12）。

▼画面12　Anaconda パッケージチャネル追加

[Channels]ボタンをクリックすると、ポップアップウィンドウが表示されます[Add]ボタンをクリックし、「conda-forge」と入力して Enter キーで確定させてChannelを追加します。
画面13のように追加したら、一度[Update Channels]ボタンをクリックして、全てのChannel情報を最新にしておきましょう（Environments画面でも同様な操作ができます）。

▼画面13　Anacondaパッケージチャネル追加後

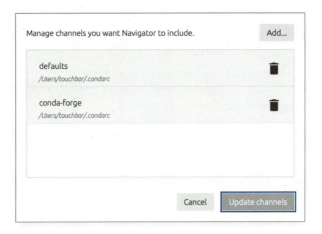

■仮想環境にパッケージをインストールしよう

　「Environments」の画面に切り替えて、ソーティングのフィルターのプルダウンメニューから「Not Installed（インストールしていない）」を選んで、まだインストールしていないパッケージの一覧を表示させます。

　NumPyをインストールします。NumPyは配列の演算処理でよく使う定番のパッケージです。

　画面14の上の右側にある検索欄に「numpy」を入力します。これを検索します。するとnumpyがリストに現れますので、numpyの前にあるチェックボックスにチェックを入れると、画面の右下の [Apply] と [Clear] というボタンが表示されます。ここでは [Apply] をクリックします。

▼画面14　仮想環境「machine-learning」にパッケージのインストール

関連のパッケージも検出されて、numpyのインストールと合わせてインストールする必要があるパッケージの一覧が表示されます。画面15の「Channel」を見ると全部conda-forge のChannelで用意されているパッケージです。ここで [Apply] ボタンをクリックして、インストールします。

▼画面15　Anacondaパッケージインストール確認画面

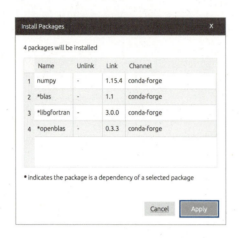

PCの性能によりますが、通常は数分以内でパッケージのインストールが完了します。他のパッケージも同じ要領でインストールします。

本書のサンプルコードを動かすために必要なライブラリとパッケージは、このあとのRaspberry Piにインストールする説明を参考してください。

続いて、Raspberry PiでPythonのパッケージをインストールの仕方を説明します。

■Raspberry Piの場合

Pythonはすでにインストールされています。Python 2もPython 3も最初からRaspberry Piにインストールされています。本書ではPython 3を使います。

Raspberry Piでのインストールはpip3 (Python 2の場合は、pipと表記します) というパッケージマネージメントのコマンドを使います。

■pip3のインストール

まず、pip3を簡単にインストールするためのインストーラーをダウンロードします。

Terminalで次のコマンドを実行して、インストーラーをダウンロードします (画面16)。

```
$ cd [Enter]
$ cd workspace [Enter]
$ wget https://bootstrap.pypa.io/get-pip.py [Enter]
```

　PyPa（https://www.pypa.io/en/latest/）はPython Packaging Authorityの略で、Pythonの様々なパッケージを簡単にインストールできるようにパッケージ化して、メンテナンスをしているワーキンググループです。pipというパッケージの管理ツールを通して、それを実現しています。

　上記の「get-pip.py」というpipを取得するプログラムもPyPaの公式サイトで、pipをインストールする際に推薦されている方法です。詳細は次のURLで参照できます。

https://pip.pypa.io/en/stable/installing/

▼画面16　get-pip.pyをダウンロードしている画面

　次は、python3コマンドを使って、インストーラーを実行します（画面17）。

```
$ sudo python3 get-pip.py [Enter]
```

▼画面17　get-pip.pyを実行

これで、pip3がRaspberry Piにインストール完了されました。
次は、パッケージをインストールします。

■共通の必要なパッケージ等をインストールする

pip3を使ってパッケージをインストールするときのコマンドの書式は次のようになります。

【書式】
pip3 install ［パッケージ名］ Enter

次の表1のパッケージは本書が使用するパッケージですので、インストールしておきましょう。表1にパッケージの用途について簡単にまとめました。

▼表1　本書で必要となるPythonパッケージ

パッケージ	用途
requests	Python用のHTTPライブラリです。
Flask	Python用ウェブアプリケーションを作成するための軽量フレームワークです。
flask-cors	FlaskのCross Origin Resource Sharingを処理する拡張ライブラリです。
sklearn	scikit-learnという機械学習のライブラリです。
scipy	科学計算用のライブラリです。
numpy	数値演算を拡張したPythonライブラリです。

matplotlib	グラフを描画するための定番ライブラリです。
Pillow	画像処理用のライブラリです。
jupyter	ブラウザでPythonプログラムを実行の結果を確認できるJupyter Notebookを使うためのパッケージです。
pandas	データを解析するときの便利ツールを提供するライブラリです。
Keras	深層学習フレームワーク、第5章を参照してください
tensorflow	Googleが主導開発して、公開しているオープンソースの深層学習フレームワークです。第5章を参照してください
chainer	日本の企業Preferred Networksが主導開発して、公開しているオープンソースの深層学習フレームワークです。第4章を参照してください。

次のコマンドを実行して、必要なパッケージをインストールしましょう。この中の「sudo pip3 install Jupyter」の1行で、Jupyter Notebookもインストールされます。Jupyter Notebookの起動方法と使い方は後で説明します。

```
$ sudo pip3 install requests [Enter]
$ sudo pip3 install Flask [Enter]
$ sudo pip3 install flask-cors [Enter]
$ sudo pip3 install sklearn [Enter]
$ sudo pip3 install scipy [Enter]
$ sudo pip3 install numpy [Enter]
$ sudo pip3 install matplotlib [Enter]
$ sudo pip3 install Pillow [Enter]
$ sudo pip3 install jupyter [Enter]
$ sudo pip3 install pandas [Enter]
$ sudo pip3 install Keras [Enter]
$ sudo pip3 install tensorflow [Enter]
$ sudo pip3 install chainer [Enter]
```

sudoを使って実行した場合は、システムの管理者としてパッケージをインストールしてしまいます（本来は、ユーザーごとにインストールするのが理想ですが、本書では話をシンプルにするために、sudoでインストールすることにします）。

■Kerasが利用するパッケージのインストール

Kerasが「h5py」モジュールを使用するために、次のコマンドを実行して必要なパッケージをインストールします。Libhdf5-devは階層構造データフォーマットをサポートするライブラリです。

```
$ sudo apt-get install libhdf5-dev [Enter]
```

▶本書のサンプルコードをダウンロードする

本書で使うプログラムのサンプルコードおよびNotebookファイルは、GitHubで公開しています。
URLは次の通りです。

https://github.com/Kokensha/book-ml

PCあるいは、Raspberry PiのTerminalで次のコマンドを実行して、上記のrepositoryをcloneして、データを取得してください。筆者は、workspaceというディレクトリで次のコマンドを実行します(画面18)。

```
$ git clone https://github.com/Kokensha/book-ml [Enter]
```

▼画面18　Raspberry Piで本書の配布データをcloneする画面

みなさんが利用しているインターネットの回線速度によりますが、学習済モデルも含まれていますので、cloneは数分間かかることがあります。
このコマンドはPCとRaspberry Piで共通で使えます。実行後、workspaceフォルダの配下に、「book-ml」というフォルダが作成されます。その配下にさらに次の4つのフォルダが作成されています(表2)。

▼表2　本書データフォルダ構成説明

フォルダ名	格納するファイルの説明
Colaboratory	Colaboratory Notebookファイル
docker-python3-flask-ml-app	04-05節、04-06節、05-01節、05-03節のサンプルコードと関連するウェブアプリケーションプログラムソースコード
python	04-02節と05-04節と05-08節のPythonプログラムのソースコード
scripts	04-02節のコマンドなどをまとめたファイル

　これで、PCとRaspberry Pi両方、必要なパッケージをインストールできました。本書のサンプルコードも取得しました。PCとRaspberry Pi両方でPythonの環境も用意ができたことになります。

　次の節では、Jupyter Notebookの起動と使い方を簡単に説明します。

02 02 Jupyter Notebookを使おう

　Pythonでデータ分析するデータサイエンスの世界では、よくJupyter Notebook（https://jupyter.org/）を使っています。Jupyter Notebookは一種のウェブアプリケーションです。ウェブ上ページ上でPythonのプログラムを実行し、ウェブページ上でPythonプログラムの実行結果を確認したり、メモを記録したりしながら、データの分析作業を進めるためのツールです。
　Jupyter Notebookは数値計算、データの分析のみならず、普通のプログラムにも使えます。Pythonプログラムの実行も可能ですし、メモもMarkdown形式で併記することができますので、研究者、エンジニア同士でNotebookを共有して、作業や知見を簡単に共有することができます。また、グラフの表示、データの可視化なども簡単にできるので、最近、機械学習や深層学習の学習者、研究者の中でもよく利用されるようになっています。
　前の節では、AnacondaのインストールとJupyter Notebookのインストール作業を行いました。この節では、Jupyter Notebookの使い方を簡単に説明します。

▶ Jupyter Notebookの起動

　Jupyter Notebookの起動は「Environments」の画面で、起動している仮想環境を確認した上で、「machine-learning」（読者の独自の名前の環境であれば、それを）をクリックして、Jupyter Notebookを起動してください。起動方法は、画面1のように「machine-learning」の右側の▶をクリックして「Open with Jupyter Notebook」をクリックします。

▼画面1　Anacondaの環境画面からJupyter Notebookを起動する

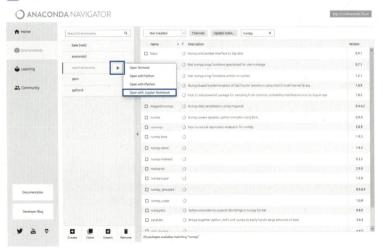

▶ Jupyter Notebookの基本操作

　Jupyter Notebookを起動すると、自動的にブラウザが開きます。
　画面を見ると、ファイルブラウザのように、rootのフォルダが表示されています（画面2）。移動したいフォルダをクリックすれば、そのフォルダの詳細画面に切り替えます。

▼画面2　ブラウザで動作するJupyter Notebook画面

▶ Notebookを作る

　事前に、作業用ディレクトリとして、ホームディレクトリの下にworkspaceというフォルダを作成しておいてください。フォルダの作成は、画面の右上の「New」ボタンをクリックして、プルダウンメニューから「Folder」を選んで作成することができます。「Folder」を選ぶと「Untitled Folder」というフォルダが作成されます。このフォルダの左側にあるチェックボックスにチェックを入れると、「Files」タブの下の「Rename」ボタンと「Move」ボタンが表示されます。「Rename」ボタンをクリックしてworkspaceとリネームします。
　workspaceフォルダが用意できれば、一覧から、workspaceを見つけて、workspaceをクリックして、workspaceのフォルダに移動します（画面3）。

第1部

▼画面3　Jupyter Notebook閲覧するフォルダ

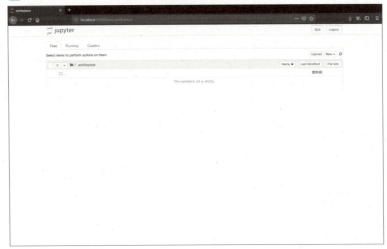

▶新しいNotebookを作る

これから、右上の「New」ボタンをクリックして、プルダウンメニューから、Python 3を選んで、Python 3用のNotebookを作ります（画面4）。

▼画面4　Jupyter Notebook 新規note作成

Python 3 をクリックすると、次の画面のように、Untitled（タイトル未指定）のファイルが作られました（画面5）。新しいNotebookにある一番上のセルを選択して、セルを選んだ上で、画面6のように「print('Hello World')」を入力してみてください。

▼画面5　Jupyter Notebook新しいセルの選択

▼画面6　Jupyter Notebookでの「Hello World」

　print('Hello World')を入力した後、上の「Run」（実行）ボタンを押すと、Pythonのプログラムが実行されて、結果がプログラムの下に表示されます。実行結果が「Hello World」です。

　また、プログラムを実行させる方法として、入力したセルで Ctrl + Enter とすることでもできます。 Shift + Enter でセルを実行し、次のセルへ移動します。他も多数のショートカットがあります。Jupyter Notebookの「Help」メニューから「Keyboard shortcuts」をクリックして、その他のショートカットも閲覧することができます。

▶ メモを追加する

　メニューボタンの「＋」ボタンを押すと、セルを増やすことができます（画面7）。セルは追加された時は、「Code」のセルになります。「Code」タイプのセルは、プログラムを入力して実行するためのセルです。これに対して右側のプルダウンメニューから「Markdown」を選択するとメモなどを追加することができます（画面8）。

▼画面7　Jupyter Notebookで新しいセルの追加

　変更した上で、「# これはメモです。」と入力して、画面上の「Run」ボタンをクリックすると、結果として、Markdownが解釈されたメモが表示されます（画面9）。「#」がなくても「これはメモです。」と表示されますが、この「#」はMarkdown言記法では、見出しにする意味です。

▼画面8　Jupyter NotebookでMarkdownの追加

▼画面9　Jupyter NotebookのMarkdownの表示

　以降の説明では、この2種類のセルを使います。
　これで、自分のPCの環境で、Jupyter Notebookで色々なPythonのプログラムを動かしながら勉強することができます。また、他の人の書いたJupyter Notebookを開いて、学習することもできます。

■Raspberry PiでJupyter Notebookを使う場合

　Raspberry Piには、前節で、すでにpip3コマンドを使って、jupyterをインストールしています。次のコマンドで起動することができます（画面10）。

```
$ jupyter notebook Enter
```

▼画面10　Jupyter notebook実行結果

　同時にブラウザも自動的に開き、Jupyter Notebookの画面が表示されます（画面11）。

▼画面11　Jupyter notebook実行結果

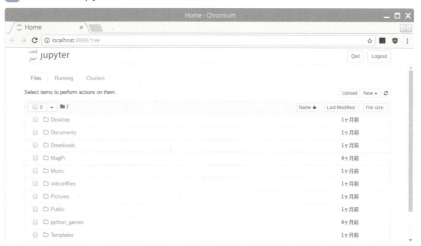

　これで、Jupyter NotebookをRaspberry Piでも使えるようになりました。使用方法はPCの場合と同じです（画面12）。

▼画面12　Jupyter notebookでHello World

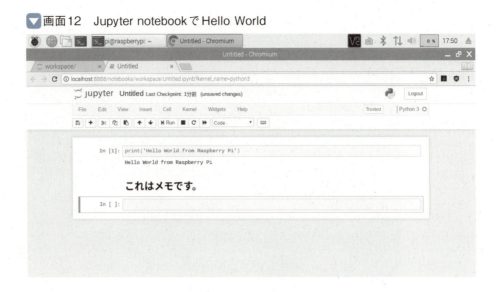

　Jupyter Notebookを停止する場合は、TerminalでCtrl＋Cでプログラムを中断すると、終了するかと尋ねられます。「y」と入力して、プログラムを停止できます。

　02-01節で、すでに本書のデータ取得済の場合は、workspaceの配下のColaboratoryフォルダのNotebookを開けます。

　次の節では、Googleがウェブサービスとして提供している、カスタマイズ版のJupyter Notebookを紹介します。Raspberry Piでも他の人が作ったNotebookを開いて閲覧したり、プログラムを実行したりすることができますが、今回の一部の内容で、特に深層学習のレシピはColaboratoryのGPUを使ったり、大量の演算をする処理をしたりするプログラムもありますので、Colaboratoryを使った方がよりスムーズにできます。

02 03 Colaboratoryノートブックを使おう

　この節では、Googleのウェブサービス Colaboratory を紹介します。
　Colaboratory は Firefox と Chrome などのブラウザ上で動作する機械学習の教育、研究を目的とした研究用ツールです。Colaboratory は Google のサービスの1つとして Jupyter Notebook がベースになっている環境です。設定なども不要で、すぐに使えます。
　Colaboratoryでは、Jupyter のノートブックを使用したり他のユーザーと共有したりできます。ブラウザがあれば、それ以外のソフトウェアをダウンロード、インストール、実行する一切必要はありません。当然ですが、自分のPCに Python の環境構築も不要です。
　初心者にとって、難解な環境設定がしなくても無料ですぐにPython と機械学習を始められます。とてもありがたいサービスです（前の節で説明した通り、Anaconda を使えば、だいぶ環境構築を簡略化ができましたが、Colaboratory の方がさらに簡単です）。
　また、機械学習、深層学習においてどうしても必要な処理に時間のかかる配列演算も計算スピードの速い GPU を Colaboratory では利用することができます。Colaboratoryを使って、機械学習や深層学習を試してみたい人にとってはとても始めやすい便利な手段です。
　本書の（Raspberry Piカメラモジュールを使った）Raspberry Piで実行するPythonプログラム以外は全て、Colaboratoryで作成、検証しています。GPUを使った「学習」では、重い処理もありますので、原則、Colaboratoryで本書のPythonコードの動作確認をしてください。Raspberry Piで実行する部分は第5章から登場します。

▶動かそう！

　はじめてColaboratoryを使用する場合は、次の手順でColaboratoryを有効にしてください（また、Colaboratoryを使うためには、Googleのユーザーアカウントが必要です。Google ユーザーアカウントの作成方法は割愛します）。

■Googleアカウントにログインして Google ドライブを起動

　まず、自分のGoogleアカウントにログインして、Googleドライブにアクセスします（画面1）。

第1部

▼画面1　Googleのサービスのドライブにアクセスする

「ドライブ」に入ってから、左側のメニューに「新規」のボタンを確認することができます（画面2）。

▼画面2　Googleドライブでドキュメント新規追加

「新規」から「その他」>「アプリを追加」を選択し、検索欄で「Colab」を入力して、Enter キーを押します。そうすると画面3のようにColaboratoryが表示されます。

▼画面3　Colaboratoryを接続する

　［接続］ボタンをクリックして、自分のGoogle ドライブでColaboratoryノートブックを作れるようになります。
　そうすると、Googleドライブで、ファイルを新規作成する時に、画面4のようにColaboratoryも候補として表示されるようになります。

▼画面4　その他メニューから作成する

■Colaboratoryノートブックを作成する

先ほどの新規作成のメニューからColaboratoryをクリックすると、新しいColaboratoryノートブックが開きます。前節のJupyter Notebookと見た目がほぼ同じです(画面5)。

プログラムの実行は、Jupyter Notebookと違い、画面5のようにコードを入力するセルのすぐ左側の「再生」ボタンのような丸いボタンをクリックして実行します。

▼画面5　Colaboratoryノートブックの画面

Jupyter Notebookで試してみたように、このセルに「Hello World」とプリントするプログラム(print('Hello World'))を入力すると、その実行結果も表示されます(画面6)。メモも入力することができます。メモを作成するときは、メニューバーの下にある[＋テキスト]ボタンをクリックしてテキストセルを追加することができます。

▼画面6　Colaboratoryノートブックで「Hello World」

次の画面7のように、Untitled0.ipynbをクリックして、ファイル名を修正することができます。ここでは「first_note」に変更してみました。

▼画面7　Colaboratoryノートブックの名称変更

■Pythonのバージョンの設定

それでは、以降のレシピを実行していくためのPythonのバージョンの設定を行いましょう。画面8のように、編集メニューから「ノートブックの設定」をクリックします。

▼画面8　Colaboratoryノートブックの設定

次の画面9のように、「ノートブックの設定」の画面で、ランタイムのタイプをプルダウンメニューから「Python 3」を選んで設定してください。

また、すぐには使わないですが、ハードウェアアクセラレータをプルダウンメニューから「GPU」を選んで設定して、[保存]ボタンをクリックしてください。

▼画面9　ノートブックの設定画面

これで、準備が完了しました！
これからColaboratoryノートブックで様々な操作を見ていきましょう！

▶Colaboratoryでの操作

ここで、Colabotoryでの基本的な操作とコマンドの記述方法を紹介していきます。

■ハードディスクの容量の確認

Colaboratoryノートブックでは（ほとんどの場合、Jupyter Notebookでの操作と共通していますので、以下は、明示的に表記はしません）。一つ気をつけなければならないのは、コマンドの前は「!」をつける必要があるということです。

例えば、ハードディスクの容量を確認したい時は、Terminalでは次のようにコマンドを実行します。

```
$ df -h  Enter
```

ですが、Colaboratoryでは次のように「!df -h」と入力します（画面10）。

▼画面10　Colabotaryノートブックでコマンドの実行

- ハードディスクの容量

```
[ ]   1 !df -h

Filesystem      Size  Used Avail Use% Mounted on
overlay          49G   21G   27G  44% /
tmpfs           6.4G     0  6.4G   0% /dev
tmpfs           6.4G     0  6.4G   0% /sys/fs/cgroup
tmpfs           6.4G  8.0K  6.4G   1% /var/colab
/dev/sda1        55G   22G   34G  40% /etc/hosts
shm             6.0G     0  6.0G   0% /dev/shm
tmpfs           6.4G     0  6.4G   0% /sys/firmware
```

また、本書これからColaboratoryノートブックの内容に関しては、入力したコマンドやプログラムを次のように「Input」として表示します。

そのコマンドや、プログラムが実行した結果を「Output」として表示します。

Input
```
!df -h
```

Output
```
Filesystem      Size  Used Avail Use% Mounted on
overlay          40G   16G   22G  43% /
```

```
tmpfs              6.4G       0    6.4G   0% /dev
tmpfs              6.4G       0    6.4G   0% /sys/fs/cgroup
tmpfs              6.4G    4.0K    6.4G   1% /var/colab
/dev/sda1           46G     17G     29G  38% /etc/hosts
shm                6.0G       0    6.0G   0% /dev/shm
tmpfs              6.4G       0    6.4G   0% /sys/firmware
```

ハードディスクの容量がまだ余裕があるようです。

簡単なコマンドは「!」を省略することが可能です。例えば、「ls」、「cd」です。

ここからは、いくつか基本的なコマンドを簡単に紹介します。

■メモリ使用量の確認

今、使えるメモリの容量を確認したい場合のコマンドです。

Input
```
!free -h
```

Output
```
              total        used        free      shared  buff/cache   available
Mem:           12G         1.0G         10G        820K         1.4G         11G
Swap:           0B           0B          0B
```

■OS情報の出力

OSのバージョン情報を出力したい時に使うコマンドです。

Input
```
!cat /etc/issue
```

Output
```
Ubuntu 18.04.1 LTS \n \l
```

■CPU情報の出力

CPUの情報を確認したい時のコマンドです。

Input
```
!cat /proc/cpuinfo
```

Output
```
processor    : 0
vendor_id    : GenuineIntel
cpu family   : 6
model        : 63
model name   : Intel(R) Xeon(R) CPU @ 2.30GHz
stepping     : 0
microcode    : 0x1
```
（省略）
```
clflush size    : 64
cache_alignment : 64
address sizes   : 46 bits physical, 48 bits virtual
power management:
```

■ファイルのアップロード

　次のInputの記述は、Notebookでファイルを使いたい時に、ファイルをアップロードするPythonプログラムです。

Input
```
from google.colab import files
uploaded = files.upload()
```

Output
```
[ファイル選択]選択されていませんUpload widget is only available when the cell has been executed in the current browser session. Please rerun this cell to enable.
```

　上記のプログラムを実行すると、「Output」に「ファイル選択」ボタンが現れます。このボタンをクリックして、ファイルを選択してアップロードすることができます。

■パッケージのインストール

　ColaboratoryはPythonを動かせる仮想環境の1つとイメージすることもできます。この仮想環境は、PCやRaspberry Piのように、様々な必要なPythonライブラリやパッケージをインストールすることができます。

Jupyter Notebookと共通ですが、Pythonのライブラリやパッケージをインストールするときは、次のようにインストールできます。

Input
```
!pip install tensorflow
```

Output
```
省略
```

!pip install［パッケージ名］という形で、必要なパッケージをインストールして使えるようにすることができます。例えば、02-01節で説明した本書が必要なパッケージはこのコマンドの書式で、Colaboratoryにインストールできます。次のコマンドを順次実行してインストールを完了してください。

```
!pip install sklearn    Enter
!pip install scipy      Enter
!pip install numpy      Enter
!pip install matplotlib Enter
!pip install Pillow     Enter
!pip install pandas     Enter
!pip install Keras      Enter
!pip install tensorflow Enter
!pip install chainer    Enter
```

読者の環境にもよりますが、すでにイントールされたパッケージもあるかもしれません。その場合は、当該パッケージのインストールは不要でスキップして問題ありません。

■使用中のパッケージのバージョンの確認

すでにインストールしている特定のパッケージのバージョンを確認したい場合に、次のコマンドを実行して確認できます。

Input
```
!pip show tensorflow
```

Output
```
Name: tensorflow
Version: 1.13.1
```

このコマンドの実行結果で、ColaboratoryでインストールされているTensorFlowのバージョンが表示されます。みなさんの環境によっては異なることがあります。

第1部

▶本書のNotebookをインポートする

02-01節の説明の通りデータを取得済の場合は、workspaceの配下のColaboratoryフォルダのNotebookのファイルを使うことができます。Googleドライブから、Colaboratoryフォルダをまとめてファイルをインポートすることが可能です。

次の画面11の「マイドライブ」をクリックして、プルダウンメニューを開いて、「フォルダをアップロード」をクリックします。上記のworkspaceの配下のColaboratoryフォルダを選択すれば、全てのNotebookをGoogleドライブにアップロードすることが可能です。その後、Googleドライブ上で、Notebookが実行できます。アップロードしたNotebookは、内容を確認したり、実行したりすることができます。本書の内容と合わせて動作確認に使ってください。

以降の説明は、ここまで説明したclone作業と必要なライブラリパッケージがインストール済みの前提で進めます。

▼画面11　フォルダごとColabotoryにアップロード

続いて、次の節では本書使う言語Pythonについて解説していきます。

Pythonの基礎と文法

　この節では、可能な限り、第2部で必要となるPythonの重要文法をまとめていきます。とても簡潔に記述していますので、Python言語に関して、さらにレベルアップを目指したい方は他の専門書籍と合わせて学習することをお勧めします。
　また、Pythonの前提知識をすでにお持ちの方は、この節を飛ばしても構いません。第4章、第5章のレシピを試してみるときに、不明のところがあれば、またここに戻って参考するのも可能です。
　Pythonはとてもシンプルで、パワフルな言語です。ここではその良さのすべてをお伝えできないかもしれませんが、少しでもPythonの魅力を感じていただければと考えています。
　この節のプログラムはColaboratoryで実行します。PCで実行したい場合は、Anacondaをインストール済みの場合、Anaconda NavigatorからJupyter Notebookを起動して、実行することも可能です。

▶ Pythonの基本

　これから、Pythonの基本的な文法等を確認していきます。Pythonを使って機械学習と深層学習を試す上に重要な内容ですので、しっかり確認しておきましょう。Colabotoryで実行する前提で、コマンドの前は「!」をつけます。PCの場合は「!」が不要なので、注意してください。

■ Pythonのバージョンを確認しよう

　Colaboratoryで次のコマンドを実行してみてください。
　また、本書の通りPCにAnacondaでインストールしている場合には、Pythonのバージョンは指定済です。コマンドラインで、確認することができます。Anacondaを使わずに別の方法でインストールした場合は、その環境にインストールしているPythonの環境によります。

Input
```
!python --version
```

Output
```
Python 3.6.7
```

　Python 3.6.7になっています。これは、現在利用しているColaboratoryのPython 3のバージョンとなります。

■インストールされているパッケージを確認しよう

それでは、Colaboratoryの環境にインストールされているパッケージを次のコマンドを入力して確認してみましょう。一覧で本書の内容を試すための必要なパッケージがインストールされているかどうかを確認できます（すでにインストールされたパッケージを確認できます）。足りないパッケージがあれば、インストールしておいてください。

Input
```
!pip list
```

Output
```
Package                  Version
------------------------ ----------------------
absl-py                  0.6.1
alabaster                0.7.12
albumentations           0.1.8
altair                   2.3.0
astor                    0.7.1
astropy                  3.0.5
atari-py                 0.1.7
atomicwrites             1.2.1
attrs                    18.2.0
audioread                2.1.6
autograd                 1.2
Babel                    2.6.0
backports.tempfile       1.0
backports.weakref        1.0.post1
beautifulsoup4           4.6.3
bleach                   3.0.2
bokeh                    1.0.3
boto                     2.49.0
--- 省略 ---
```

■Hello Worldと表示してみよう

Jupyter Notebookで試したように、まずHello Worldを表示してみましょう。

Input
```
print('Hello World')
```

Output
```
Hello World
```

■日本語の出力

もちろん、printメソッドは、日本語の出力もできます。

Input
```
print('日本語')
```

Output
```
日本語
```

■コメントの書き方

ColaboratoryとJupyter Notebookに限らず、Pythonプログラムにコメントを残したいときは、行の先頭に「#」をつけます。

Input
```
# ここはコメントです、プログラムの実行に影響がありません
print('コメントの書き方は #で始まります。')
```

Output
```
コメントの書き方は #で始まります。
```

■演算

Pythonで演算をしてみましょう。

Input
```
# 足し算 +
print(4 + 5)
# 引き算 -
print(1 - 2)
# 掛け算 *
print(3 * 3)
# 除算 /
print(18 / 6)
# 除算のあまりの数
print(11 % 5)
```

```
# 2の三乗
print(2 ** 3)
```

Output
```
9
-1
9
3.0
1
8
```

▶ 変数

変数とは、プログラミングにおいて基本的な概念です。ここでは、変数の概念、一般的な変数、文字列の変数を見ていきます。

■ 変数とは

次の入力を見てください。「a_number_in_the_box」は変数です。数学の中のxやyのようなものです。x=1なのか、x=3なのか、それは必要に応じて、プログラム内でプログラマーが決めてしまって構いません。

変数に使えるのは、大文字、小文字のアルファベット、数字、アンダースコア(_)です。変数の先頭の文字には数字は使えません。

Pythonの予約語やキーワード (if、for、などPython言語が使う意味の持つ単語) は使えません。定義済みのシステム関数も使えないので (例えば、print、array)、気をつけてください。

Input
```
# 一回目 5を入れる
a_number_in_the_box = 5
# その「変数」
print(a_number_in_the_box)
# 二回目 10を入れる
a_number_in_the_box = 10
# 上の4行目と全く同じですが、出力が違います。
print(a_number_in_the_box)
```

Output
```
5
10
```

■文字列の変数

続いて、文字を格納する変数を見てみましょう。

Input
```
japanese_string = 'こんにちは'
print(japanese_string)
japanese_string = 'こんばんは'
print(japanese_string)
```

Output
```
こんにちは
こんばんは
```

文字を変数に保管、処理することができます。

■文字列の連結

文字列を繋げたりする処理もできます。この場合は、「+」を使います。イメージしやすくて、とても覚えやすいと思います。

Input
```
my_name = '川島'
print('こんにちは' + my_name + 'さん')
```

Output
```
こんにちは川島さん
```

▶Pythonの型

Pythonの値には「型」の概念があります。他の言語もほとんどそうです。型には「文字列(str)」、「整数型(int)」、「小数型(float)」、「タプル(tuple)」、「リスト型(list)」などがあります。

Pythonでは変数の型を宣言する必要はありません。型はプログラムが実行時、自動的に判別されています(動的型付け)。

■型の出力

ある変数の型を確認するときに、type()メソッドを使ってその変数の型を出力することができます。

Input
```
amount = 250
type(amount)
```

Output
```
int
```

Outputを見ると、「int」なので、整数型とわかりますね。
もっと見てみましょう。

Input
```
# int型
test_integer = 256
print(type(test_integer))
# str型
test_str = '文字列'
print(type(test_str))
# float型
test_float = 3.1415926
print(type(test_float))
# tuple型
test_tuple = (1, 2, 3, 4, 5)
print(type(test_tuple))
# list型 他の言語にもある「配列」です
test_list = [1, 2, 3, 4, 5]
print(type(test_list))
```

Output
```
<class 'int'>
<class 'str'>
<class 'float'>
<class 'tuple'>
<class 'list'>
```

■型の変換

　プログラムの中で、**変数の型**を変換する場面があります。型を変換することを**キャスト**とも言います。次の例を見てみましょう。

Input
```
num_of_epoch = 10
print('反復学習の回数：' + str(num_of_epoch) + '回です。')
```

Output
```
反復学習の回数：10回です。
```

　ここで、本来は、num_of_epochは整数の10が入っていて、int型ですが、str()メソッドで、int型から文字列のstr型に変換します。その後、他の文字列と連結してprintされます。変換せずにprintするとエラーになります。

　次はlist型について見ていきましょう。
　list型は他の言語にもよくある、配列のことです。文字列や数値を複数まとめて格納する型です。実際に見てみましょう。

■ リストの作り方

　まず、リストの作成方法です。[要素1,要素2,要素3, ...]のように書きます。

Input
```
languages = ['English', 'French', 'Japanese']
print(languages)
```

Output
```
['English', 'French', 'Japanese']
```

　写真やピクセルの色を表現するデータとして、RGBデータがあります。RGB色をlistで表現してみます。

Input
```
# 黒のRBG値
black_color_rgb = [0, 0, 0]
print(black_color_rgb)
# 白のRBG値
white_color_rgb = [255, 255, 255]
print(white_color_rgb)
# 緑のRGB値
green_color_rgb = [0, 255, 0]
print(green_color_rgb)
```

Output
```
[0, 0, 0]
[255, 255, 255]
[0, 255, 0]
```

■二次元配列

　リストの中の要素がさらにリストが入っている場合は、二次元配列となります。次の例を見てみましょう。

Input
```
three_item_list = [1, 0, 1]
three_item_matrix = [three_item_list, three_item_list, three_item_list]
print(three_item_matrix)
```

Output
```
[[1, 0, 1], [1, 0, 1], [1, 0, 1]]
```

■三次元配列

　続いて、三次元の配列を作ってみましょう。人間にとっては四次元以上に上ると、イメージしにくくなりますが、プログラミング言語では何次元でも表現できます。コンピュータにとっては簡単なことです。

Input
```
three_item_list = [1, 0, 1]
three_item_matrix = [three_item_list, three_item_list, three_item_list]
three_three_matrix = [three_item_matrix, three_item_matrix, three_item_matrix]
print(three_three_matrix)
```

Output
```
[[[1, 0, 1], [1, 0, 1], [1, 0, 1]], [[1, 0, 1], [1, 0, 1], [1, 0, 1]], [[1, 0, 1], [1, 0, 1], [1, 0, 1]]]
```

■文字の多次元配列

　文字列の多次元配列もよく使われています。次の例を見てみましょう。

Input
```
string_list = ['二', '三', '四']
three_item_matrix = [string_list, string_list, string_list]
print(three_item_matrix)
```

Output
```
[['二', '三', '四'], ['二', '三', '四'], ['二', '三', '四']]
```

■ リストからの値の出し方

リストの中に入っている要素の数え方は、ゼロからです。ほとんどのプログラミングの配列はこういう数え方です。

次のように、指定した要素を取り出すことが可能です。

Input
```
string_list = ['〇番目の文字列', '一番目の文字列', '二番目の文字列']

print(string_list[0])
print(string_list[1])
print(string_list[2])
```

Output
```
〇番目の文字列
一番目の文字列
二番目の文字列
```

■ リストのスライス

リストから、新しいリストを取り出すことが可能です。この作業を**スライス**と呼びます。機械学習、深層学習レシピのプログラムでは、この操作がよく使われます。

リストから新しいリストを取り出す方法は、リスト名[start:end]という書き方となります。indexが取り出す起点は、startから、end-1までの要素を取り出して、新しいリストを返します。endがマイナスの場合は、配列の後方から数えて取り出します。

このindexは0からスタートする配列要素の順番を示す数値のことです。

Input
```
train_data = [1, 2, 3, 4, 5, 6, 7, 8, 9, 10]
print(train_data[0:6])
print(train_data[0:-6])
print(train_data[:3])
print(train_data[8:])
print(train_data[0:100])
```

Output

```
[1, 2, 3, 4, 5, 6]
[1, 2, 3, 4]
[1, 2, 3]
[9, 10]
[1, 2, 3, 4, 5, 6, 7, 8, 9, 10]
```

■リスト要素の更新

　リストの要素を更新する方法は、指定した要素に直接に新しい値を代入します。次の例では、一番目の要素1を999に更新する例になります。要素として0を指定しています。

Input

```
train_data = [1, 2, 3, 4, 5, 6, 7, 8, 9, 10]
train_data[0] = 999
print(train_data)
```

Output

```
[999, 2, 3, 4, 5, 6, 7, 8, 9, 10]
```

■リスト要素の追加

　リストに新しい要素を追加することもできます。新しい要素[11]をそのまま、既存のリスト（ここではtrain_data）に「+」することで、そのリストの末尾に新しい要素を追加できます。「+=」や「.append」も同様です。

Input

```
train_data = [1, 2, 3, 4, 5, 6, 7, 8, 9, 10]
train_data = train_data + [11]
print(train_data)
train_data += [12]
print(train_data)
train_data.append(13)
print(train_data)
```

Output

```
[1, 2, 3, 4, 5, 6, 7, 8, 9, 10, 11]
[1, 2, 3, 4, 5, 6, 7, 8, 9, 10, 11, 12]
[1, 2, 3, 4, 5, 6, 7, 8, 9, 10, 11, 12, 13]
```

■ リスト要素の削除

リストから要素を削除する方法は、要素を指定して、delを使ってそれをリストから削除します。

Input
```
train_data = [1, 2, 3, 4, 5, 6, 7, 8, 9, 10]
del train_data[0]
print(train_data)
```

Output
```
[2, 3, 4, 5, 6, 7, 8, 9, 10]
```

■ リストの代入

new_list=old_listのような代入をすることができますが、代入元が代入先の変更に影響されます。次のように、train_data_newはtrain_dataの1番目の要素が削除された影響が受けます。なので、このような影響を受けないようにするためには、list_copyを用意して、list_copy=old_list[:]のように代入する必要があります。

Input
```
train_data = [1, 2, 3, 4, 5, 6, 7, 8, 9, 10]
train_data_new = train_data
train_data_copy = train_data[:]
# train_data_newは影響が受けます
del train_data[0]
print(train_data_new)
print(train_data_copy)
```

Output
```
[2, 3, 4, 5, 6, 7, 8, 9, 10]
[1, 2, 3, 4, 5, 6, 7, 8, 9, 10]
```

▶ 条件分岐

プログラミングで特定の条件によって処理の流れを変えることがよくあります。これから、Pythonの**条件分岐**の書き方を紹介します。

■if文と条件式

　if文の後ろは 「条件式」を書きます。条件文は他の言語のように括弧は必要ありません。条件文の後ろは必ず「:」をつけます。またPythonでは他の言語のように括弧「{}」による処理ブロックを示すことがなく、処理ブロックは同じインデントを共有します。例えばif文の下に複数行処理からなる処理ブロックがある場合、その複数行は同じインデントにしなければいけません。注意してください。

Input
```
# flowerは花を入れる変数です。
flower = 'rose'
print(flower == 'rose')

if flower == 'rose':
    print('花は薔薇ですね')
```

Output
```
True
花は薔薇ですね
```

■else

　elseはifの条件を満たさない場合の処理を記述する場合に使用します。ifと同じで、最後は「:」をつけます。

Input
```
# flowerは花を入れる変数です。
flower = 'tulip'
print(flower == 'rose')

if flower == 'rose':
    print('花は薔薇ですね')
else:
    print('花は薔薇ではないですね')
```

Output
```
False
花は薔薇ではないですね
```

■elif

他の言語にもよくある else if は if 以下で条件を満たすか判定するときに使用します。これも if と同じで、最後に「:」をつけます。

Input
```
# flowerは花を入れる変数です。
flower = 'tulip'
print(flower == 'rose')

if flower == 'rose':
    print('花は薔薇ですね')
elif flower == 'tulip':
    print('花はチューリップですね')
else:
    print('花は薔薇でもチューリップでもないですね。')
```

Output
```
False
花はチューリップですね
```

■条件式の and、not、or

他の言語にもあるブール演算子です。プログラミングの基本です。まずは、and を見てみます。

Input
```
A = True
B = True

print(A and B)
if A and B:
    print('AとBが同時にTrueの場合')
```

Output
```
True
AとBが同時にTrueの場合
```

続いて、or を見ていきます。

> Input

```
A = True
B = False

print(A or B)
if A or B:
    print('AかBがどっちかTrueの場合')
A = False
B = True

print(A or B)
if A or B:
    print('AかBがどっちかTrueの場合')
```

> Output

```
True
AかBがどっちかTrueの場合
True
AかBがどっちかTrueの場合
```

■for文

繰り返しは、複数のデータ（例えば、リスト、辞書）を取り出して処理する場合によく利用します。

> 【書式】

```
for 変数 in 複数のデータ（リスト、辞書など）:
```

> Input

```
languages = {'English': '英語', 'French': 'フランス語', 'Japanese': '日本語'}
for one_language in languages:
    print(one_language)
```

> Output

```
English
French
Japanese
```

もう1つの例です。

Input

```
train_data = [1, 2, 3, 4, 5, 6, 7, 8, 9, 10]
for one_data in train_data:
    print(one_data)
```

Output

```
1
2
3
4
5
6
7
8
9
10
```

Indexを取得したい場合の書き方は次のようになります。

```
for index,value in enumerate(リスト):
```

Input

```
train_data = [1, 2, 3, 4, 5, 6, 7, 8, 9, 10]
for index, one_data in enumerate(train_data):
    print('index:' + str(index))
    print(one_data)
```

Output

```
index:0
1
index:1
2
index:2
3
index:3
4
index:4
5
index:5
6
index:6
7
```

```
index:7
8
index:8
9
index:9
10
```

■range()による数値シーケンスの生成

range()は指定した条件でリストオブエクトを作る関数です。Range()関数はよくfor文と一緒に使います。

【書式】
```
for 変数 in range(startの数値 , stopの数値 ,増加する量):
```

増加する量の指定がない場合は、1となります。startから1ずつ増加していきます。停止するのがstop-1でストップします。

Input
```
for number in range(0, 6):
    print(number)
```

Output
```
0
1
2
3
4
5
```

もう1つの例を見てみましょう。増加する量に10を指定した場合になります。最後に出力される数字は110ではなく、110- 10となります。Stop-10でストップするためです。

Input
```
for number in range(0, 110, 10):
    print(number)
```

Output
```
0
10
20
```

```
30
40
50
60
70
80
90
100
```

もう1つの例を見てみましょう。

Input
```
train_data = [1, 2, 3, 4, 5, 6, 7, 8, 9, 10]
for num in range(0, len(train_data)):
    print(train_data[num])
```

Output
```
1
2
3
4
5
6
7
8
9
10
```

最後にもう1つの例です。機械学習の中で、よくあるループです。len()はリストデータの要素数を取り出す関数です。ここでは、len(train_data)=10です（10個の要素です）。したがって、range(0, len(train_data))=range(0,10)となります。上記と同じ理由で、0〜9が出力されます。

Input
```
number_of_epoch = 10
for epoch in range(number_of_epoch):
    print('学習しました：' + str(epoch) + '回')
```

Output
```
学習しました：0回
学習しました：1回
```

```
学習しました：2回
学習しました：3回
学習しました：4回
学習しました：5回
学習しました：6回
学習しました：7回
学習しました：8回
学習しました：9回
```

■while文

与えられた条件式がFalseになるまで処理を繰り返します。

【書式】
```
while 条件式 :
```

例を見てみましょう。counterは0からスタートして、7より小さければ、ループは続けます。while文を使うときは、条件式をよく評価して、無限ループにならないように気をつけてください。

Input
```python
train_data = [1, 2, 3, 4, 5, 6, 7, 8, 9, 10]
counter = 0
while counter < 7:
    print(train_data[counter])
    counter = counter + 1
```

Output
```
1
2
3
4
5
6
7
```

続いて、データが辞書の場合の書き方は、次のようになります。

【書式】
```
for key, value in 辞書データ.items():
```

items()は辞書データの要素を取り出して、リスト型に変換する関数です。ここでは、languagesの要素をリストに変換した上で、forループで繰り返して、keyとvalueのセットで、一セットずつ表示します。

Input

```
languages = {'English': '英語', 'French': 'フランス語', 'Japanese': '日本語'}
for key, value in languages.items():
    print(key)
    print(value)
    print('--------')
```

Output

```
English
英語
--------
French
フランス語
--------
Japanese
日本語
--------
```

▶ 関数

関数は、一連の処理をまとめたプログラムのブロックです。

Pythonのライブラリで予め定義、提供されているもの（組み込み関数）もあれば、自分で作成することもできます。

組み込み関数は例えば、すでに何度も使っていたprintも1つです。他に、type()、str()なども組み込み関数です。

また、オブジェクト指向プログラミングでは、オブジェクトの関数のことをメソッドと言います。詳細については、第3部を参照してください。

106ページのリストの要素を追加するときに使っていたlist.append()のappend()はオブジェクトlistのメソッドです。

続いて、関数の作り方を見ていきましょう。まず例を見てみます。

Input

```
languages = {'English': '英語', 'French': 'フランス語', 'Japanese': '日本語'}
```

```
# 関数の定義
def printLanguageTranslation(language_list):
    for key, value in language_list.items():
        print(key)
        print(value)
        print('--------')


# 関数を使う
printLanguageTranslation(languages)
```

Output
```
English
英語
--------
French
フランス語
--------
Japanese
日本語
--------
```

▶ import

例えば、matplotlibを使用する際はよくpltという別名をつけます。これは特に規約とかではありませんが、Pythonのプログラマーがよく習慣でやっています。他にもよくある例としては、次の表1のように別名をつける場合があります。

▼表1　よくあるパッケージの別名

パッケージ名	別名
tensorflow	tf
pandas	pd
numpy	np
pyplot	plt

これは、もちろん、自分にとってわかりやすい名称にしても全く問題ありません。

Input
```
import numpy as np

print(np.__version__)
```

Output
```
1.14.6
```

■ファイルをimportする

Pythonのプログラムは別のファイルに保存されているプログラムを利用することができます。その時もimportして使います。

例えば、main.pyからchild.pyを使いたいと仮定します。

- 同じディレクトリにある場合

次の図1のようなディレクトリ構成とします。

▼図1　フォルダ構成

この場合、「main.py」の中では次のように記述します。

```
import child
# childのメソッドを呼び出して使う
child.method()
```

- ひとつ下のディレクトリにある場合

次の図2のようなディレクトリ構成とします。

▼図2　フォルダ構成

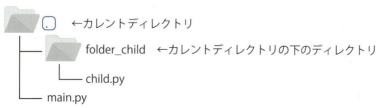

この場合、「main.py」の中では次のように記述します。

```
from folder_child import child
# childのメソッドを呼び出して使う
child.method()
```

　ここまで、Python言語の基本的な使い方を紹介しました。しかし全ての内容を紹介できていません。Python言語を極めたい読者は他の書籍やWebの情報などを参考にして理解を深めてください。
　Pythonとオブジェクト指向プログラミングについては簡単に第3部で解説します。

第3章 NumPyとMatplotlibの使い方

　この章では、重要なライブラリ、NumPyとMatplotlibの使い方を紹介します。
　NumPyはデータサイエンス、機械学習、深層学習（ディープラーニング）で欠かせない存在です。特に行列の演算などで威力を発揮します。
　Matplotlibはグラフを描画するときに使われる定番のライブラリです。Matplotlibを使って、二次元のグラフだけでなく、三次元のグラフでデータを見ることもできます。
　機械学習、深層学習のレシピでデータを処理する各ステップで、データを「見える」ようにすることで、データへの理解が深まります。この章で、この2つ重要なライブラリの使い方の基本を押さえておきましょう。

03 01

NumPyの使い方

NumPy（http://www.numpy.org/）はPythonで配列計算を高速に行うために開発されたライブラリです。Pythonで型付きの多次元配列を効率的に計算できるようにするための拡張のようなものだと理解しても良いでしょう。

PCでもRaspberry Piでも、Jupyter Notebookで簡単に体験できます。もちろんColaboratoryでも体験できます。

データサイエンスの世界だけでなく、機械学習、深層学習の中で、欠かせない存在です。また、Chainerの一部だったCuPy（https://cupy.chainer.org/）というライブラリもあり、NumPyと同じような機能を持ってさらに高速でGPUで実行できるものもあります。

数学の概念、理論または専門用語などの解説は他の専門書に譲ります。本書では、初歩的な入門と基礎の部分だけ、軽く触れることにします。この節では、NumPyの基本的な使い方を紹介していきます。

▶ NumPyの基本操作

これからはColaboratoryでNumPyを使ってみましょう。まず、numpyをimportします。importしたらnpという名前で使えるようにします。

Input
```
import numpy as np

print('numpy のバージョンは：', np.__version__)
```

Output
```
numpy のバージョンは： 1.14.6
```

■ 配列の作成

NumPyのarray()関数を使って、aという配列を作ってみましょう。ここでは、配列そのまま引数としてarray()に渡します。

Input
```
a = np.array([1, 2, 3])
print('a=', a)
```

Output
```
a= [1 2 3]
```

■掛け算

　次に配列と整数の掛け算を計算してみます。配列との掛け算は、それぞれの要素と掛け算して、その結果で新しい配列にする演算となります。割り算も同様に行えます。

Input
```
a * 3
```

Output
```
array([3, 6, 9])
```

■足し算

　次に配列と整数の足し算を計算してみます。ここは、それぞれの要素に2を足して、その上、新しい配列を作ります。結果は次となります。引き算も同様に行えます。

Input
```
a + 2
```

Output
```
array([3, 4, 5])
```

　これから、配列の要素同士の四則演算を見てみましょう。

■配列の要素同士の四則演算

　四則演算をするために、新たに配列bを作ります。これから、aとbの2つの配列を使って演算を行いますが、この場合、aとbが同じ要素数が前提となっています。

Input
```
b = np.array([1, 1, 4])
print('b=', b)
```

Output
```
b= [1 1 4]
```

まず、配列aとbの足し算を行います。これは配列間の足し算となりますが、aの1番目の要素とbの1番目の要素で足して、1番目の結果を得る、順次に2番目、3番目も同様に足して、それぞれ、2番目、3番目の結果を得ます。得られた結果を同じ順番で新しい配列に作ります。次のような結果になります。

Input
```
a + b
```

Output
```
array([2, 3, 7])
```

続いて、配列aとbの引き算を行います。足し算と同じ原理ですが、ここでは要素間ひき算を行います。結果は次のようになります。

Input
```
a - b
```

Output
```
array([ 0,  1, -1])
```

続いて、配列aとbの除算を行います。同様にaとbの要素で除算を行います。結果は次のようになります。

Input
```
a / b
```

Output
```
array([1.  , 2.  , 0.75])
```

最後、配列aとbの掛け算を行います。同様にそれぞれの要素で掛け算をします。結果は次のようになります。

Input
```
a * b
```

Output
```
array([ 1,  2, 12])
```

■ベクトルの内積

ここまでで説明したのは配列の要素同士の四則演算です。配列の要素同士の四則演算は、対応する位置にある要素同士で計算されます。

それに対してベクトルの内積は、数学の用語で、ベクトルを配列で表現して、その内積を求める処理です。ベクトルの内積を求めるには、NumPyでdot()メソッドを使います。内積は「**ドット積**」とも呼ばれます。

aとbのような単純な一元のベクトルの内積は、$a_1 \times b_1 + a_2 \times b_2 + a_3 \times b_3$ となります。結果は次のようになります。

Input
```
np.dot(a, b)
```

Output
```
15
```

■二次元ベクトルの内積

二次元配列cとdを作ります。

Input
```
c = np.array([[1, 2], [3, 4]])
print('c=', c)
d = np.array([[3, 4], [1, 2]])
print('d=', d)
```

Output
```
c= [[1 2]
 [3 4]]
d= [[3 4]
 [1 2]]
```

dot()関数を使って、二次元配列cとdの内積を求めます。

Input
```
np.dot(c, d)
```

Output
```
array([[ 5,  8],
       [13, 20]])
```

同様に、二次元配列eとfを作ります。

Input
```
e = np.array([[1, 2, 3], [0.1, 0.2, 0.3], [7, 8, 9]])
print('e=', e)
f = np.array([[0.1, 0.2, 0.3], [1, 2, 3], [7, 8, 9]])
print('f=', f)
```

Output
```
e= [[1.  2.  3. ]
 [0.1 0.2 0.3]
 [7.  8.  9. ]]
f= [[0.1 0.2 0.3]
 [1.  2.  3. ]
 [7.  8.  9. ]]
```

二次元配列eとfの内積を求めます。

Input
```
np.dot(f, e)
```

Output
```
array([[  2.22,   2.64,   3.06],
       [ 22.2 ,  26.4 ,  30.6 ],
       [ 70.8 ,  87.6 , 104.4 ]])
```

■ndarrayの形状変換

　今までnp.array()で配列を作ったのは、実は全てndarrayです。ndarrayは型付き高次元配列 (N-dimensional array) のことです。ndarrayはNumPyの独自の配列データ構造です。ndarrayの中の要素はみな同じ型を持ちます。このあとの説明でもndarrayは頻繁に登場します。

　例えば、3×3の配列を1×9の要素を変換する場合、これを配列の形状変換 (reshape) と言います。まずそのために、要素が1の3×3の配列を生成します。機械学習と深層学習のプログラミングでは配列の形状変換処理がよくあります。あとの章で詳しく説明しますが、例えば、ニューラルネットワークのモデルにデータを渡して学習させるときに、ニューラルネットワークの構造に合わせて、インプットデータの形状を合わせる場面が出てきます。そのときに、データを渡す前に、配列の形状変換処理を行う必要があります。

　ここでイメージを掴めるようにしておきましょう。

　次は1×9の行列を3×3に配列の形状変換をしている例です。

Input
```
g = np.arange(9).reshape((3, 3))
print('g=', g)
```

Output
```
g= [[0 1 2]
 [3 4 5]
 [6 7 8]]
```

同じ配列を別の形状に変換してみましょう。

Input
```
g = g.reshape((9, 1))
print(g)
```

Output
```
[[0]
 [1]
 [2]
 [3]
 [4]
 [5]
 [6]
 [7]
 [8]]
```

■要素がゼロの配列生成

　計算の中で、全ての要素がゼロの配列を作る場合があります。そういう場合は、次のような便利な方法で配列を作ることができます。

Input
```
zeros = np.zeros((3, 4))
print('zeros=', zeros)
```

Output
```
zeros= [[0. 0. 0. 0.]
 [0. 0. 0. 0.]
 [0. 0. 0. 0.]]
```

■要素が1の配列を生成する

上記と同様に、要素が全部「1」の配列も簡単に作れます。

Input
```
h = np.ones((3, 3))
print('h=', h)
```

Output
```
h= [[1. 1. 1.]
 [1. 1. 1.]
 [1. 1. 1.]]
```

■未初期化の配列を生成する

配列を作成しますが、その中の値を初期化せずに、その時のメモリ上の状態によって、値が異なります。初期化の処理がないため、作成速度が速いです。最初に配列に入った数値が計算に影響がない場合は、この方法を使います。

Input
```
p = np.empty((2, 3))
print('p=', p)
```

Output
```
p= [[2.01258076e-316 0.00000000e+000 0.00000000e+000]
 [0.00000000e+000 0.00000000e+000 0.00000000e+000]]
```

初期化されませんので、読者のみなさんはこの結果と異なる可能性があります。

■matrixで二次元配列の作成

またmatrixメソッドを使って配列を作成することもできます。

Input
```
k = np.matrix([[0, 1, 2], [3, 4, 5], [6, 7, 8]])
print('k=', k)
```

Output
```
k= [[0 1 2]
 [3 4 5]
 [6 7 8]]
```

もう1つ、配列を作成し、2つの配列、kとlの内積を求めてみます。

Input
```
l = np.matrix([[1, 1, 1], [1, 1, 1], [1, 1, 1]])
print('l=', l)

m = np.dot(k, l)
print('m=', m)
```

Output
```
l= [[1 1 1]
 [1 1 1]
 [1 1 1]]

m= [[ 3  3  3]
 [12 12 12]
 [21 21 21]]
```

■shapeで次元ごとの要素数を取得する

　ndarray.shape()を使って配列の形状(shape)、つまり各次元のサイズ(要素数)を取得することができます。例えば次の配列mは3×3の配列ですので、実行すると(3, 3)と結果が示されます。

Input
```
m.shape
print('m.shape', m.shape)
```

Output
```
m.shape (3, 3)
```

■ndimで次元構造を取得する

　ndimは多次元配列が何次元の構成なのかを取得できます。
　shapeの要素の数なのでlen(m.shape)と同意になります。

Input
```
m.ndim
print('m.ndim', m.ndim)
```

Output
```
m.ndim 2
```

配列「m」、二次元配列であることが確認できます。

■配列要素のデータ型dtype

　NumPyの配列ndarrayはデータ型dtypeを持っています。このdtypeはndarrayに入れている全ての要素のデータ型です。

Input
```
m.dtype.name
print('m.dtype.name', m.dtype.name)
```

Output
```
m.dtype.name int64
```

■1要素のバイト数itemsize

　配列mの各要素のbyte数をitemsizeを使って、取得します。

Input
```
m.itemsize
print('m 配列内、各要素のbyte数：', m.itemsize)
```

Output
```
m配列内、各要素のbyte数： 8
```

■配列の要素数size

　配列の全体の要素数をsizeを使って、取得します。

Input
```
m.size
print('m 総要素数：', m.size)
```

Output
```
m 総要素数： 9
```

■arangeで配列を生成する

arangeを使って、配列を作成します。arangeの場合は、個々の要素を指定せずに、要素数を指定して（ここでは1,000,000個と指定しました）、作成することができます。

まず一元配列を作成した上、reshapeで、配列の形状を変換して、二次元配列にします。

Input
```
q = np.arange(1000000).reshape(1000, 1000)
print('q=', q)
```

Output
```
q= [[     0      1      2 ...    997    998    999]
 [  1000   1001   1002 ...   1997   1998   1999]
 [  2000   2001   2002 ...   2997   2998   2999]
 ...
 [997000 997001 997002 ... 997997 997998 997999]
 [998000 998001 998002 ... 998997 998998 998999]
 [999000 999001 999002 ... 999997 999998 999999]]
```

同様に、少し数を少なく、総要素数10個の配列を作ります。

Input
```
x = np.arange(10)
print(x)
```

Output
```
[0 1 2 3 4 5 6 7 8 9]
```

上の2つの例では省略しましたが、start、stop、step、を設定して、作成することも可能です。ここで、stepを100にします。要素の始まる値と終わる値、およびその中間のステップの量を指定します。

Input
```
x = np.arange(start=100, stop=600, step=100)
print(x)
```

Output
```
[100 200 300 400 500]
```

■配列要素データ型の変換 astype

ndarrayオブジェクトのデータ型 (dtype) を astype() メソッドで変更することができます。

例えば、1つの ndarray 配列のデータの型を全部浮動小数変更するには次のようにします (変換したものを x_float という変数に代入します)。

Input
```
x_float = x.astype('float32')
print('x_float.dtype.name', x_float.dtype.name)
print(x_float)
```

Output
```
x_float.dtype.name float32
[100. 200. 300. 400. 500.]
```

これで x_float という配列の要素のデータ型を「単精度浮動小数点型」(x_float.dtype.name:float32) に変換しました。

次の節では、データを直感的にグラフにする方法を確認しましょう。

Matplotlibの使い方

　MatplotlibはPythonでグラフを描画するときに使われる定番のライブラリです。画像、グラフファイルを作るだけではなく、簡単なアニメーションやインタラクティブなグラフを作ることも可能です。この節では、様々な定番のグラフの作成方法を紹介します。機械学習でもデータサイエンスの分野でも役に立つコツがいっぱいです。

　データの前処理でも、データを処理している最中でも、データが「見える」と、データへの理解がだいぶ変わってきます。Matplotlibを使って、二次元のグラフだけでなく、三次元でデータを見ることもできます。様々な「角度」からデータを見ることで、データの特徴量間の関係も把握することができます。

　データサイエンスの世界では、グラフを表示して、「視点」を共有するのも一般的になっています。この節でグラフを表示する基本的な方法を理解しておきましょう。

▶ 簡単なグラフを作ってみよう

まず、matplotlib.pyplotをインポートします。pltとして略して使います。

Input

```python
# matplotlibを使いますよと宣言します。
import matplotlib.pyplot as plt
# numpyも使いますので、宣言しておきます。
import numpy as np
```

Output

なし

　最初は一番簡単なグラフを作ってみましょう。plot(x,y)のようにx軸とy軸の座標を渡すのが一般的ですが、1つのデータ配列しか渡さないときは、渡したデータはyとみなし、xは「0,1,2,…,n」となります。

Input

```python
plt.plot([1, 2, 3, 4])
plt.show()
```

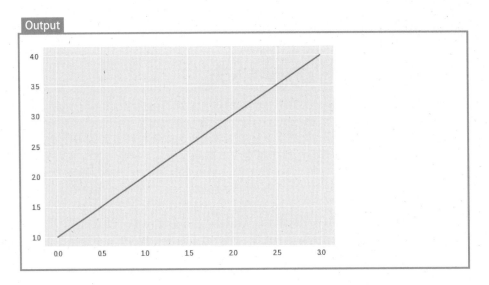

グラフを確認したところ、確かに、yは1から始まりますが、xは0から始まっています。

ここで配列の要素の順番を逆にしてみます。これも、yのデータと見なして、グラフが作成されます。

```
# ちょっと配列の要素の順番を逆にします。
plt.plot([4, 3, 2, 1])
plt.show()
```

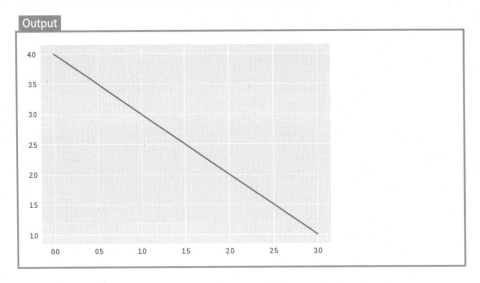

次は、xとyの両方のデータ配列を作って、折れ線グラフを出力します（データの内容によっては直線に見えます。次の例では直線になります）。

```
# 配列を作って、折れ線グラフを出力
x = np.array([1, 2, 3, 4, 5])
y = np.array([100, 200, 300, 400, 500])
# 描画
plt.plot(x, y)
# グラフを表示する
plt.show()
```

Output

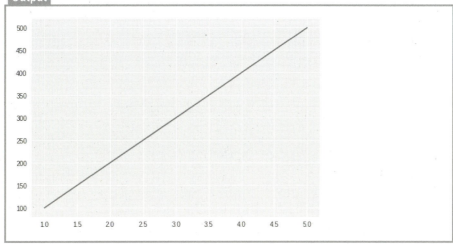

今度は、xとy両方のデータが渡していますので、線分の左下はxが1、yが100になっています。

続いて、numpyのarange()メソッドを使って配列を作ります。

Input

```
# numpyのarangeを使って配列を作ります。
x = np.arange(5)
# 上と同じ配列が作られます。
y = np.arange(start=100, stop=600, step=100)
print('y=', y)
# 描画
plt.plot(x, y)
# グラフを表示する
plt.show()
```

Output

```
y= [100 200 300 400 500]
```

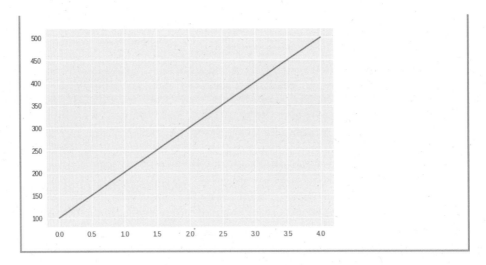

グラフの見え方が同じです。データの作成方法だけが違っているだけです。結果としてのデータは同じで、当然グラフも同じ線分になります。

次はyのデータをランダムに作成してみます。

```
y = [x_i + np.random.randn(1) for x_i in x]
```

上記の書き方は**リスト内包表記**(list comprehension) と言います。Pythonでは、新しいリストを生成するときに使う書き方です。こうすることで、yも複数のxを使ってforループで繰り返して、計算した値でyを充填していきます。

```
a, b = np.polyfit(x, y, 1)
```

上記のnumpyのpolyfit()メソッドで、x、yの近似直線を見つけます。

最後、plt.plot()を使って、x、yの点とその近似直線を描画します。plt.plot()に複数のx、yのデータセットを渡せば、複数のグラフを同時に描けます(ここでは、点のグラフと直線のグラフ2つです)。

_ = plt.plot(x, y, 'o', np.arange(volume), a * np.arange(volume) + b, '-') の部分は、実際にグラフを描画する処理です。

x, y, 'o', np.arange(volume) の部分は、点を描画します。

上記で生成したxとyを座標に点で描画します。'o'は点で描画する意味です。ここで留意していただきたいのは、xとyは単一の値ではなく、リストデータになっているところです。

a * np.arange(volume) + b, '-' の部分は、線を描画します。'-'は線で描画する意味です。点の描画と違って、xとy両方のデータではなく、1つのデータ配列a * np.arange(volume) + bしかありません。こういう時、このデータは自動的にyのデータを見なします。xは自動的に0から、N-1 (ここは30-1となります)までの配列となります。

Input

```
# データの個数
volume = 30
# numpyのところで勉強済ですが、これはvolume個の一次元配列を作ってくれます。
x = np.arange(volume)

y = [x_i + np.random.randn(1) for x_i in x]
#
a, b = np.polyfit(x, y, 1)
_ = plt.plot(x, y, 'o', np.arange(volume), a * np.arange(volume) + b, '-')
```

Output

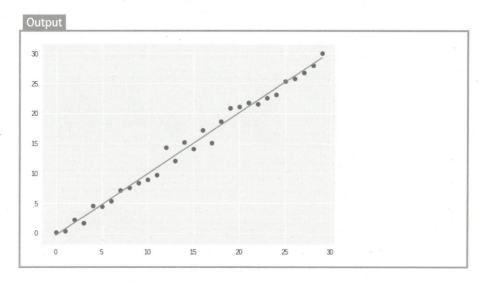

上記で説明したようにxは0から30までですが、yはランダムな値を加えて、直線ではなく、直線の周辺に分布する点となります。

続いて、周期関数を描いてみましょう。sin()の正弦波となります。最初のnp.linspace()メソッドで、刻みを決めていきます。0と10の間、100等分に分けます。そうすることによって、なめらかなグラフを描けます。

Input

```
x = np.linspace(0, 10, 100)
plt.plot(x, np.sin(x))
plt.show()
```

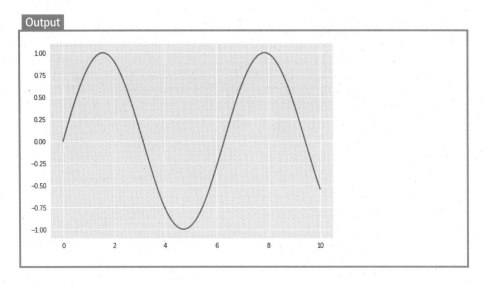

次は、cos関数のグラフを描いてみましょう。xは上のデータをそのまま共有して使います。

```
Input
plt.plot(x, np.cos(x))
plt.show()
```

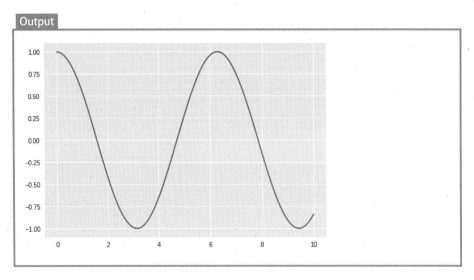

最後、arctanの関数のグラフを描いてみます。

Input

```
plt.plot(x, np.arctan(x))
plt.show()
```

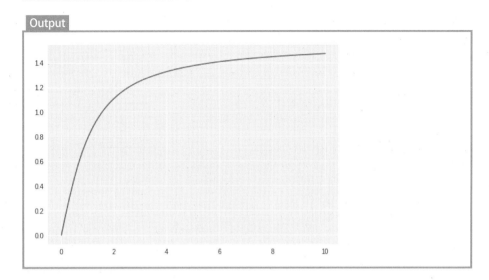

▶ グラフの要素に名前を設定する

　今までのグラフは、タイトルなどがありません。ここで、グラフのタイトル、x軸のラベル、y軸のラベルをつけてみましょう。それぞれplt.title()、plt.xlabel()、plt.ylabel()を使って設定できます。メソッド名称のままで、覚えやすいです。

Input

```
plt.plot(x, np.arctan(x))
# グラフのタイトル
plt.title('Title For The Graph')
plt.xlabel('Label For X-axis')
plt.ylabel('Label For Y-axis')
plt.show()
```

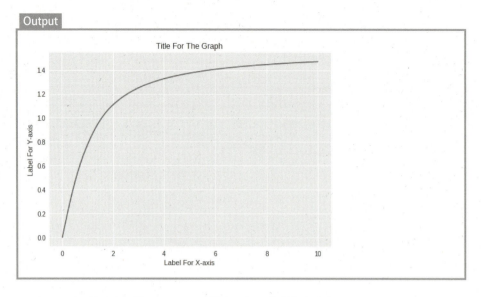

グラフのタイトルとx軸のラベル、y軸のラベル確認できます。

▶ グラフのグリッドを非表示にする

続いて、グラフのグリッドの設定について説明します。何も設定しない場合は、デフォルトで、Trueとなり、すなわちグリッドを表示するということになります。今までのグラフで確認できる通り、グリッドが可視になっています。

plt.grid(Flase)というふうに設定すれば、グリッドが非表示となります。

Input

```
plt.plot(x, np.sin(x))
# グラフのタイトル
plt.title('Title For The Graph')
plt.xlabel('Label For X-axis')
plt.ylabel('Label For Y-axis')
plt.grid(False)   # デフォルトでTrue
plt.show()
```

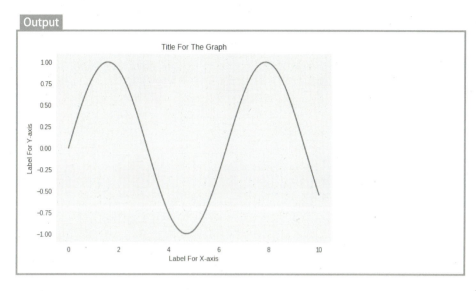

上記のグラフのように、グリッドが非表示になっていることを確認できます。

▶ グラフの目盛を設定する

続いて、グラフの目盛りの設定を説明します。目盛りはplt.xticks([表示する位置],[表示する文字])で設定します。ここでは、positionsを計算して、labelsを設定して渡しています。

```
x = np.linspace(0, 2 * np.pi)

plt.plot(x, np.sin(x))
# グラフのタイトル
plt.title('Title For The Graph')
# plt.xlabel('Label For X-axis')
# plt.ylabel('Label For Y-axis')
plt.grid(True)   # デフォルトでTrue
positions = [0, np.pi / 2, np.pi, np.pi * 3 / 2, np.pi * 2]
labels = ['0', '90', '180', '270', '360']
plt.xticks(positions, labels)
plt.show()
```

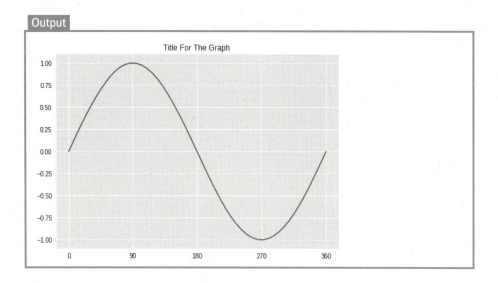

▶ グラフのサイズ

グラフのサイズも plt.figure(figsize=(横のサイズ、縦のサイズ)) で指定できます。ここでは「plt.figure(figsize=(4,4))」と設定します。そうするとグラフが少し小さくなります。出力するグラフを大きい画像にしたいときは、この数値を大きく調整すれば実現できます。

Input

```
plt.figure(figsize=(4, 4))
#
x = np.linspace(0, 2 * np.pi)
np.linspace(0, 2 * np.pi)
plt.plot(x, np.sin(x))
#
plt.show()
```

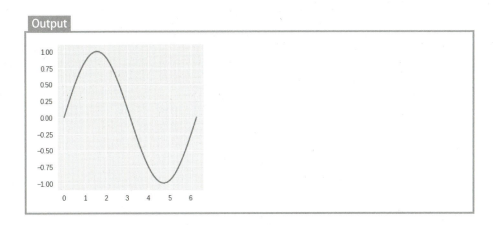

▶ 散布図

次に散布図の作成方法を説明します。散布図は plt.scatter() メソッドを使って作成します。plot() と同様に、x、y のデータセットを渡すだけです。ランダムにデータを作成して、散布図を描いてみましょう。

Input
```
import numpy as np
import matplotlib.pyplot as plt

# 乱数を生成
x = np.random.rand(100)
y = np.random.rand(100)

# 散布図を描画
plt.scatter(x, y)
plt.show()
```

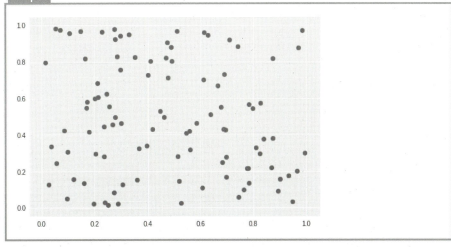

次に散布図の「点」のスタイルを変えてみます。sは「点」のサイズ、cは「点」の色、alphaは「点」の透明度、linewidthsは「点」を描画するときの線の太さです。edgecolorsは「点」の周囲の線の色です。

Input
```
plt.scatter(x, y, s=600, c="pink", alpha=0.5, linewidths="2",
            edgecolors="red")
plt.show()
```

Output
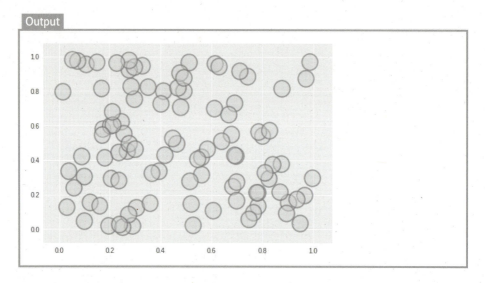

上記の設定で、Outputのようなグラフが作成されます。グラフが見にくいときは、s、c、alpah、linewidths、edgecolorsなどの値を変更することで出力のスタイルを調整することが可能です。

続いて、もう一枚描いてみましょう。今度は、cをyの変化と連動させます。cmapはカラーマップです。cmapは事前に用意されている「Greens」(緑系カラーマップ)を使います。そうすることによって、y軸の上に行くにつれ、濃い緑となり、y軸の下に行くにつれ、浅い緑の色となります。

Input
```
plt.scatter(x, y, s=300, c=y, cmap="Greens")
plt.title("Title gose here")
plt.xlabel("x axis")
plt.ylabel("y axis")
plt.grid(True)
```

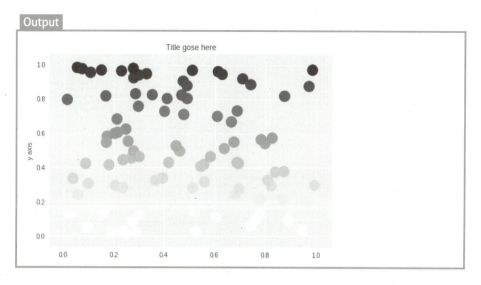

みなさんもいろいろなcmapを使って、様々なスタイルを試してみてください。

▶複数グラフのグリッド表示

グラフを作成する際に、比較するために、グラフを上下左右に複数に作成して、比較してみたい時があるかと思います。ここでは、その実現方法を説明します。プログラムは次のようになります。

記述方法は、fig.add_subplot(横で見た行の数,縦で見た列の数,左上からの位置)となります。あるいは、上の数字(横で見た行の数,縦で見た列の数,左上からの位置)を繋げて次の関数(plt.subplot())に記入します。

たとえば、plt.subplot(221) は、全体2行2列で、合わせて、4コマの左上から数えて、1番目のところに配置すると言う意味になります(図1)。221という数値ではありません。

▼図1　配置イメージ

これから描くグラフの場合、図2のようになります。

▼図2　配置イメージ

Input

```
import matplotlib.pyplot as plt

plt.subplot(211)
plt.scatter(x, y, s=600, c="pink", alpha=0.5, linewidths="2",
            edgecolors="red")
plt.subplot(212)
plt.scatter(x, y, s=300, c=y, cmap="Greens")

plt.show()
```

Output

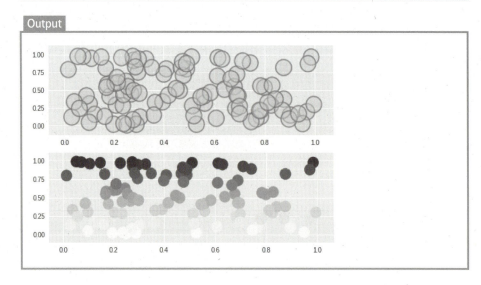

上記のプログラムの実行結果が上下に並べた2つのグラフになります。
次に、2つのグラフを横に並べたいと思います（図3）。

▼図3　配置イメージ

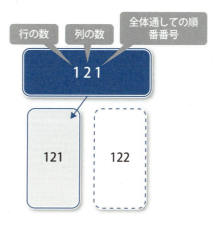

プログラムは次のようになります。

Input
```
import matplotlib.pyplot as plt

plt.subplot(121)
plt.scatter(x, y, s=600, c="pink", alpha=0.5, linewidths="2",
            edgecolors="red")
plt.subplot(122)
plt.scatter(x, y, s=300, c=y, cmap="Greens")

plt.show()
```

Output

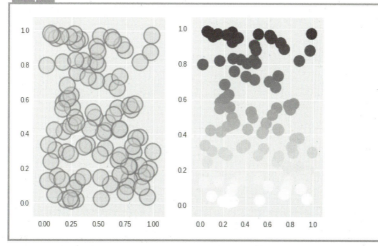

横に並べることができました。次は、4つのグラフを、縦2列、横2行、計4つのグラフを並べる形にしてみたいと思います。プログラムは次のようになります。

Input

```
import matplotlib.pyplot as plt

# 2行2列で、全部4コマの左上から数えて1番目
plt.subplot(221)
plt.scatter(x, y, s=600, c="white", alpha=0.5, linewidths="2",
            edgecolors="yellow")
# 2行2列で、全部4コマの左上から数えて2番目
plt.subplot(222)
plt.scatter(x, y, s=300, c=y, cmap="Greens")
# 2行2列で、全部4コマの左上から数えて3番目
plt.subplot(223)
plt.scatter(x, y, s=600, c="pink", alpha=0.5, linewidths="2",
            edgecolors="red")
# 2行2列で、全部4コマの左上から数えて4番目
plt.subplot(224)
plt.scatter(x, y, s=300, c=y, cmap="Blues")

plt.show()
```

Output

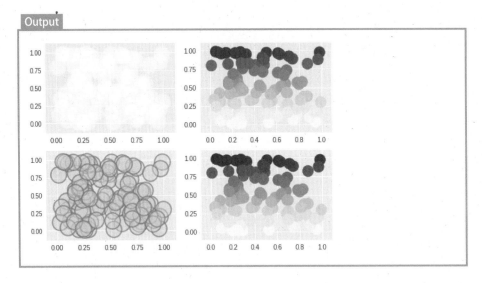

4つのグラフが意図通りに描画されています。これは第2部でよく使いますので、書き方に慣れておきましょう。

▶ 三次元散布図

今までは、グラフは全部二次元グラフでした。matplotlibは三次元のグラフも綺麗に描けます。まず、三次元散布図を見てみましょう。

三次元散布図はplt.scatter3D()を使います。プログラムは次のようになります。

```
import numpy as np
import matplotlib.pyplot as plt
from mpl_toolkits.mplot3d import Axes3D

# %matplotlib inline

np.random.seed(0)
random_x = np.random.randn(100)
random_y = np.random.randn(100)
random_z = np.random.randn(100)

fig = plt.figure(figsize=(8, 8))

ax = fig.add_subplot(1, 1, 1, projection="3d")

x = np.ravel(random_x)
y = np.ravel(random_y)
z = np.ravel(random_z)

ax.scatter3D(x, y, z)
plt.show()
```

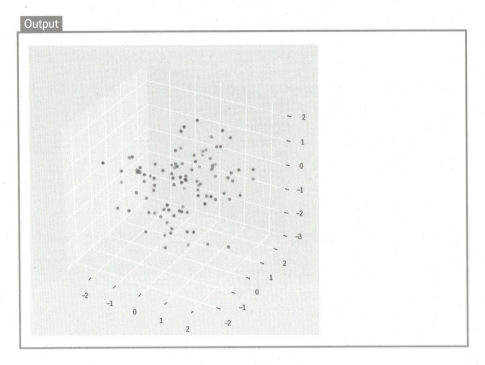

ランダムに作ったデータですが、三次元の空間に表示されています。
二次元では視覚的にわかりにくいデータを三次元に描くと、少しデータの関係性が見えやすくなることがあります。そのような時にとても役に立ちます。

▶色とマーカーを変える

二次元のグラフと同様に、「点」のスタイルをいろいろ変えられます。たとえば、赤色の三角で「点」を描画することにします。プログラムは次のようになります。

Input
```
import numpy as np
import matplotlib.pyplot as plt
from mpl_toolkits.mplot3d import Axes3D

# %matplotlib inline

np.random.seed(0)
random_x = np.random.randn(100)
random_y = np.random.randn(100)
random_z = np.random.randn(100)

fig = plt.figure(figsize=(8, 8))
```

```
ax = fig.add_subplot(1, 1, 1, projection="3d")

x = np.ravel(random_x)
y = np.ravel(random_y)
z = np.ravel(random_z)

c = 'r'
m = '^'
s = 300,

ax.scatter3D(x, y, z, s=s, c=c, marker=m)
plt.show()
```

Output

設定通りになりました。これで、簡単にmatplotlibの基本的な機能を紹介しました。もっとmatplotlibについて勉強したい読者は、次のサイトを参照してください。

https://matplotlib.org/index.html

上記サイトには、本書で紹介した内容より、より多くの機能があることを確認できます。

第3章では機械学習や深層学習でよく登場するPython言語の基本概念、ライブラリなどを紹介しました。これで用意ができました。いよいよ機械学習と深層学習のレシピを始めましょう。

第2部

今すぐ試してみたい16のレシピ！

　第2部（第4章、第5章）のレシピで紹介するプログラムは、Colaboratoryで実行することをお勧めします。
　Colaboratoryでのみ実行するのは、04-07節、04-08節、05-05節です。
　Colaboratoryで実行できるレシピは、Raspberry Piのブラウザを通して上で実行できます。クラウドではなく、Raspberry Piの実機でのみ実行できる機械学習のレシピは04-02節、05-06節、05-07節のプログラムです。
　それ以外、ほとんどのPythonプログラムがPCとRaspberry Pi両方で動作しますが、04-05節以降深層学習のフレームワークを利用したニューラルネットワーク学習、深層学習では、学習のフェーズがRaspberry Piで実行することが厳しくなります。
　そのため、ほとんどのレシピは学習フェーズ（01-02節参照）のみColaboratoryで実施することになっています。
　推論応用のフェーズはRaspberry Piで実行できます。

第4章

機械学習・深層学習のレシピ（初級・中級）

　「機械学習や深層学習に興味があるけど、でもどこから始めれば良いかがわからない」というみなさんに、なるべくわかりやすくした「レシピ」を用意しました。

　画像処理の定番ライブラリOpenCVから、機械学習で有名なscikit-learnまで、いくつかのレシピを用意しました。

　また、今とても注目されている深層学習のフレームワークと将来性のある深層学習のフレームワークもいくつか紹介していきます。人気の深層学習フレームワークPyTorch、日本発のChainer、最近もっとも人気のあるTensorFlowについてもレシピを用意しました。いずれオープンソースで公開されています。

　レシピ通りに入力して実行してみたり、改造したりしてください。まず、機械学習と深層学習に触れてみて体験してみてください。

04-01 初級レシピ

OpenCVでの画像処理の基本

約60分

―― Colaboratory ――

　OpenCVは画像処理において非常に重要なライブラリですので、最初のレシピを通してOpenCVの基本的な使い方を紹介していきます。
　まずOpenCVの使い方を慣れるために、Colaboratoryでレシピの内容を実行してみてください。

準備する環境やツール	このレシピの目的
・Colaboratory ・OpenCV ・画像（ここでは筆者の写真（kawashima01.jpg）を使用していますが、みなさんが独自に用意した人物の画像ファイルで構いません）。	・OpenCVの紹介 ・OpenCVの概要、基本機能を理解、把握する ・OpenCVを使って、画像処理の基本を理解する

▶ OpenCVとは

　OpenCV（https://opencv.org/）の正式名称はOpen Source Computer Vision Libraryです。OpenCVはオープンソースの画像、映像を処理するライブラリです。本書は画像処理を中心とする内容ですので、OpenCVは外せないトピックになります。

　OpenCVはコンピュータで画像や動画を処理するのに必要な、さまざま高度な機能を提供しています。例えば、**画像のサイズ変更**、**回転**、**ノイズ除去**、**ぼかし**、**輪郭抽出**、**グレースケール変換**など、列挙しきれないほどたくさんの強力な処理機能が用意されています。OpenCVはBSDライセンスで配布されているので、学術用途だけでなく商用目的でも利用できます。

　機械学習・深層学習で、画像データを前処理する場合にOpenCVがとても役に立ちます。たとえば、深層学習で、学習データが不足しているときに、OpenCVを使って画像データを回転、ぼかしなどの処理をして、学習データを増やすこともよく行われます。本節の最後で、その処理を詳しく説明します。

　また、画像を処理するだけではなく、基本的な機械学習のモジュールもOpenCVには実装されていますが、本書ではOpenCVの画像処理を中心に基本を紹介していきます。

■OpenCVのバージョン

　OpneCVのバージョンは、バージョン3.0がリリースされてから、約3年半の開発を経てバージョン4.0に上がりました。

ところが、執筆時時点では、パッケージ管理システムで提供されているコンパイル済みのバイナリパッケージは、例えば、Ubuntu 18.04 LTSですと、執筆時点ではOpenCVは3.4.0です。

Raspberry Piで試す場合は、pipでインストールできるコンパイル済みのバイナリパッケージは古いバージョンになっています。pipが提供されているコンパイル済みのOpenCVのバージョンではなく、最新のバージョンのOpenCVを（Raspberry Piに限らずに）インストールして使いたい場合は、ソースコードからコンパイルする必要があります。Raspberry Piでソースコードをコンパイルしてインストールする方法については次のレシピ（04-02節）で詳しく説明します。

この節ではまず、ColaboratoryでOpenCVをインストールしてみましょう。

■OpenCVのインストール

まず、ColaboratoryでOpenCVのパッケージをpipでインストールします。

Input
```
!pip install opencv-python
```

Output
```
省略
```

ColaboratoryでのOpenCVのインストールはこれで終了です。

■バージョンの確認

OpenCVをインポートして、OpenCVのバージョンを出力してみます。

Input
```
import cv2

print(cv2.__version__)
```

Output
```
3.4.3
```

執筆時のColaboratoryの環境にインストールしているOpenCVのバージョンは3.4.3です。

以降、本書記載しているパッケージのバージョンは、執筆時点での環境でインストールされているパッケージのバージョンとなります（みなさんがバージョンを確認する時には、その時点の最新のバージョンが表示される場合があります。また、コマンドやプログラム

の実行結果のOuputの内容も、異なる場合があります）。

　ここで、先ほどのInputで「cv2」と入力していることを疑問に思うかもしれません。「バージョンが3.4.3なのに、なぜcv3ではなく、cv2なのか？」という疑問です。

　実は、今使っているのはOpenCVのPythonのライブラリですが、これはそもそもC++で作成したOpenCVのAPIをPythonで使えるようにしたものです。最新のOpenCVのAPIは現在C++で書いたバージョン2.x系になっています。またさらにその前、1.x系のAPIもありましたが、それはC言語で作成していました。なので、Pythonで最新のOpenCVを使うときは、cvの後ろの「2」はC++で書いたOpenCVのAPIのバージョンを表しています。これから、何度もOpenCVが登場しますが、cv2という表記はそういう意味だと理解してください。

　続いて、画像を表示するためにMatplotlibもインポートします。Matplotlibは03-02節で紹介したグラフを描画するためのライブラリです。

Input

```
import cv2
import matplotlib.pyplot as plt
```

Output

なし

■サンプル画像のダウンロード

　筆者の写真をGitHubに公開していますので、この写真を使ってOpenCVの様々な機能を試していきます。まず、wgetコマンドを使って、写真をダウンロードします。

Input

```
!wget https://github.com/kawashimaken/photos/raw/master/kawashima01.jpg
```

Output

```
--2019-01-26 00:19:36--  https://github.com/kawashimaken/photos/raw/master/kawashima01.jpg
Resolving github.com (github.com)... 140.82.118.3, 140.82.118.4
Connecting to github.com (github.com)|140.82.118.3|:443... connected.
HTTP request sent, awaiting response... 302 Found
Location: https://raw.githubusercontent.com/kawashimaken/photos/master/kawashima01.jpg [following]
```

```
--2019-01-26 00:19:36--  https://raw.githubusercontent.com/kawashim
aken/photos/master/kawashima01.jpg
Resolving raw.githubusercontent.com (raw.githubusercontent.com)...
151.101.0.133, 151.101.64.133, 151.101.128.133, ...
Connecting to raw.githubusercontent.com (raw.githubusercontent.co
m)|151.101.0.133|:443... connected.
HTTP request sent, awaiting response... 200 OK
Length: 16073 (16K) [image/jpeg]
Saving to: 'kawashima01.jpg'

kawashima01.jpg     100%[===================>]  15.70K  --.-KB/s
in 0.004s

2019-01-26 00:19:36 (3.44 MB/s) - 'kawashima01.jpg' saved
[16073/16073]
```

Column

画像のアップロードについて

上記でダウンロードしたファイルを使用する場合は、ここで説明する画像のアップロードは必要ありません。みなさんの写真を使用する場合は、次のプログラムを実行して、写真をアップロードしてください。

Input
```
from google.colab import files
uploaded = files.upload()
```

Output

なし

「ファイル選択」というボタンが表示されたら、そのボタンをクリックして、自分のPCから任意の画像をアップロードできます。

ColaboratoryのNotebookはGoogleドライブのファイルとして永久保存されますが、Notebook実行時アップロードしたデータ、プログラムが作成したデータは保存永久ではありません、一定の時間が経つと、notebookの実行環境がリセットされ、データがなくなります。長時間notebookを使用しない場合は、データをダウンロードして自分のローカルのPCなどに保存した方が良いでしょう。

先ほどwgetでダウンロードしたkawashima01.jpgを次のようにlsコマンドで確認できます。

Input
```
ls
```

Output
```
kawashima01.jpg    sample_data/
```

▶ 調理手順

これから、OpenCVの代表的な画像処理の方法を紹介します。

■画像の取込み

次のプログラムを見てください。kawashima01.jpgという画像ファイルをOpenCVのimread(ファイル名)メソッドを使って、画像をデータとして取り込むことができます。OpenCVを使って、画像を処理するときにはimreadを使うと便利でしょう。print(img_bgr)はimg_bgrを生データのまま表示してくれます。

Input
```
img_bgr = cv2.imread('kawashima01.jpg')
print(img_bgr)
```

Output
```
[[[183 219 219]
  [178 214 214]
  [168 206 206]
  ...
  [255 253 253]
  [255 252 252]
  [255 250 250]]

   ---省略---

 [[223 214 255]
  [197 186 248]
  [164 148 225]
  ...
  [134 139 178]
  [171 177 214]
  [200 209 243]]]
```

画像のデータを確認できました。[183 219 219]のようなデータがたくさん並んでいることが確認できたと思います。これは一つ一つ画像上の点(ピクセル)を意味します。

さらに[183 219 219]の中、それぞれBGR（B:Blue/青色、G:Green/緑色、R:Red/赤色）成分を表しています。

これら一つ一つの点（ピクセル）を順番に並べて表示されれば、画像になる訳です。

続いて、画像ファイルではなく、このOutputで表示したデータを使ってMatplotlibの機能で画像を表示してみましょう。ここで使うimshow()はRGBデータを画像として変換して描画処理まで実施します。またshow()は明示的に画像を表示します。imshow()も「show」という文字が入っていますが、実はimshow()は画像の用意までしかしません。実際に画像を表示するには、plt.show()を実行する必要があります。

Input
```
plt.imshow(img_bgr)
plt.show()
```

Output

人物の写真が確認できました。しかしそのまま写真を表示するとちょっと写真の色に違和感があります（紙面ではカラー印刷ではないので、それを確認しにくいですが）。それは、img_bgrという変数名が暗示しているように、実は、データはBGRになっているためです。ここでもう少しコンピュータの中の画像データの保存方法について見ていきましょう。

そもそも画像はコンピュータの中で、どのように保存されているのでしょうか？　例えば、上の画像は、縦が320個の「点」、横も320個の「点」で構成されています。一枚の画像が、こういうようなたくさんの「点」から構成されていることになっています。

個々の「点」は**ピクセル**と呼びます。更に、1つのピクセルに3つの要素があります。

3つの要素は、RGB（Red：赤、Green：緑、Blue：青）で表現されます。コンピュータのディスプレイの発光の色をそれぞれ代表しています。

ほとんどの場合、RGBそれぞれの発光の明るさが0〜255（8ビット：2の8乗）まで

の数値で表します。RGBが全部ゼロ (0,0,0) の場合は、そのピクセルのRed、Green、Blueの要素が全部発光せず黒となります。それに対して、RGBの値が全部255の場合はRGBの要素が全部発光することになり、そのピクセルは白となります。

上記のプログラムをNumPyを使って、ファイルから取り出したデータimg_bgrをそのまま解析すると、次のプログラムの実行結果のように結果が(320, 320, 3)になります。

np.array(img_bgr)はimg_bgrのpython配列をNumPyの配列に変換する処理です。NumPyの配列は内部構造がpythonの配列の構造と違っています（例えばdtype、dnim、shapeなどが保管されています）。こうして変換した上に、次のprint(x.shape)でshapeを取得、表示ができるようになります。

Input

```
import numpy as np

x = np.array(img_bgr)
print(x.shape)
```

Output

```
(320, 320, 3)
```

Outputの文字列の前2つの320と320は、縦と横のデータ数を表しています。最後の3は、色を表すチャンネル数が3 (BGR) だということです。

順番が、RGBになっておらず、BGRの順番になっているため正常な色合いになっていません。plt.imshow()に正常の写真を描画させるには、RGBのデータを渡す必要があります。

ここで、OpenCVのメソッド「cv2.cvtColor」を使って画像データを一回RGBデータに変換して、もう一度表示してみましょう。

cv2.COLOR_BGR2RGBは変換するメソッドに「データをBGRの順からRGBの順にしてください」と伝えます。

Input

```
img_rgb = cv2.cvtColor(img_bgr, cv2.COLOR_BGR2RGB)
plt.imshow(img_rgb);
plt.show()
```

内部では、配列の順番を入れ替えてくれます。その結果、上のOutputのように、正常な写真の「色合い」になりました。

今度は、BGRデータからHSVデータに変換してみましょう。HSVは「Hue：色相、Saturation：彩度、Value(Brightness)：明度」の3つの要素で画像を表現するデータ構造です。

```
img_hsv = cv2.cvtColor(img_bgr, cv2.COLOR_BGR2HSV)
plt.imshow(img_hsv)
plt.show()
```

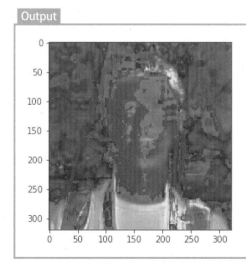

だいぶ違った「色合い」になっています。
次は、RGBデータをグレースケールデータに変換してみましょう。

Input
```
img_gray = cv2.cvtColor(img_rgb, cv2.COLOR_RGB2GRAY)
plt.imshow(img_gray)
plt.show()
```

Output

■画像の保存

続いてOpenCVで画像ファイルを保存する方法を見ていきます。例えば、上のグレースケールの画像を保存したい場合は、下記の記述になります。cv2.imwrite(ファイル名, 画像データ)とういう記述になります。

Input
```
cv2.imwrite('gray_kawashima.jpg', img_gray)
```

Output
```
True
```

画像ファイルが作成されているかどうかをlsコマンドで確認してみましょう。

Input
```
ls
```

Output
```
gray_kawashima.jpg   kawashima01.jpg   sample_data/
```

プログラムを実行後「gray_kawashima.jpg」というファイルが作られたことが確認できます。

■トリミング

画像を一部切り出したいときに、トリミングの処理を行います。トリミング処理の本質は、データの配列の一部だけ取り出す処理となります。

まず、トリミング処理の前のデータの形状を見てみましょう。

Input
```
img_bgr = cv2.imread('kawashima01.jpg')

img_rgb = cv2.cvtColor(img_bgr, cv2.COLOR_BGR2RGB)

size = img_rgb.shape
print(size)
```

Output
```
(320, 320, 3)
```

結果が(320,320,3)になっています。つまり縦横、320ピクセルがあり、RGBの3つのチャンネルを持っているデータです。

縦も横も半分のサイズにしてみたいと思います。先の画像を見ると、だいたい、人物の口の上あたりになるかと思われます。

Input
```
new_img = img_rgb[:size[0] // 2, : size[1] // 2]
print(new_img.shape)
#
plt.imshow(new_img);
plt.show()
```

Output

```
(160, 160, 3)
```

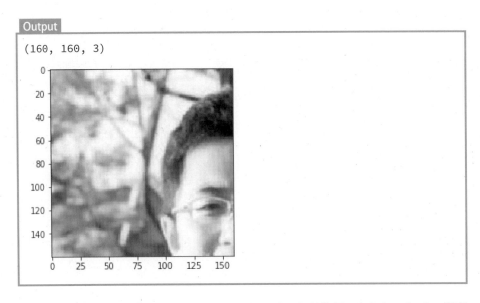

データの配列のサイズが(160,160,3)になっていることが確認できます。データの配列の大きさが4分の1になりました。チャンネルのところはRGBのままですが、写真の全体のサイズだけが変わり、左上の4分の1になっています。

今度は、写真の右下の部分を切り出したいと思います。

Input

```
new_img = img_rgb[size[0] // 2:, size[1] // 2:]
print(new_img.shape)
#
plt.imshow(new_img);
plt.show()
```

Output

```
(160, 160, 3)
```

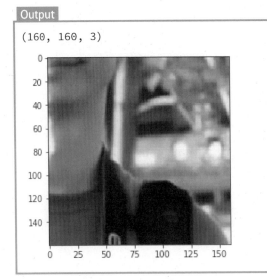

右下の4分の1が切り出しできました。
これで、データの配列と、画像の対応関係がイメージしやすくなったと思います。
練習として、左上の三分の一の正方形をトリミングしてみてください。
トリミングは、画像のデータの配列の一部を切り出しすることを理解できたでしょうか。

リサイズ

次は、画像のリサイズの方法を解説します。画像のリサイズは、OpenCVで画像データの配列を大きくするイメージとなります。cv2.resize()メソッドに変更後の配列のサイズを渡します。

Input
```
img_rgb = cv2.cvtColor(img_bgr, cv2.COLOR_BGR2RGB)

size = img_rgb.shape
print(size)
resized_img = cv2.resize(img_rgb, (img_rgb.shape[1] * 2, img_rgb.shape[0] * 2))
print(resized_img.shape)
#
plt.imshow(resized_img);
plt.show()
```

Output
```
(320, 320, 3)
(640, 640, 3)
```

拡大の場合、画素数が増えましたが、写真表示上としては変わったことがよくわかりません。サイズの確認は画像の縦軸と横軸の数字を確認してください。

今度は縮小してみましょう。画像の縮小は画像データ配列のサイズを小さくするイメージとなります。cv2.resize()メソッドに変更後の配列のサイズを渡します。

Input
```
resized_img = cv2.resize(img_rgb, (img_rgb.shape[1] // 4, img_rgb.shape[0] // 4))
print(resized_img.shape)
#
plt.imshow(resized_img);
plt.show()
```

Output

(80,80,3)

4分の1に縮小しました。上の数字を変えて10分の1に縮小してみてください。表示上、モザイクをかけたように見えます。

■画像の回転

画像の回転はcv2.warpAffine()関数を使います（アフィン変換）。warpAffine()の引数の意味は次の通りです。

- 1番目の引数：変換したい画像データ（今回のimg_rgb）
- 2番目の引数：変換行列、cv2.getRotationMatrix2Dで作ります
- 3番目の引数：出力する画像のサイズ（今回はimg_rgb.shape[:2]です。つまり、img_rgb.shape(320,320,3)の前の2つのデータです。ここでは(320,320)になります）

warpAffineに渡すパラメータの1つを、cv2.getRotationMatrix2Dで作成する必要があります。このgetRotationMarix2Dの3つの引数の意味は次の通りです。

- 1番目の引数：回転の中心（画像の中心）
- 2番目の引数：回転角度（45度回転させてみます）
- 3番目の引数：拡大する倍率（1倍にします。サイズはそのまま）

引数の通り、対象画像をどのように変換したいかの「指示」をここで設定するイメージです。

Input

```
import numpy as np
import matplotlib.pyplot as plt

img_bgr = cv2.imread('kawashima01.jpg')
img_rgb = cv2.cvtColor(img_bgr, cv2.COLOR_BGR2RGB)

#
mat = cv2.getRotationMatrix2D(tuple(np.array(img_rgb.shape[:2]) / 2), 45, 1.0)

result_img = cv2.warpAffine(img_rgb, mat, img_rgb.shape[:2])

#
plt.imshow(result_img);
plt.show()
```

Output

プログラム実行後、画像が回転したことを確認できます。getRotationMatrix2Dの引数を変えて、変化を確かめてみます。

例えば、135度回転して、0.5倍（縮小）してみます。

Input
```
mat = cv2.getRotationMatrix2D(tuple(np.array(img_rgb.shape[:2]) / 2), 135, 0.5)

result_img = cv2.warpAffine(img_rgb, mat, img_rgb.shape[:2])

#
plt.imshow(result_img);
plt.show()
```

Output

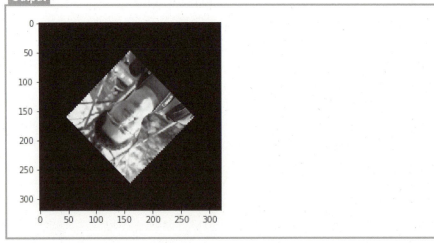

指定した通りに、回転してかつサイズも小さくなりました。

getRotationMatrix2Dの他に、cv2.flip()関数を使って、X軸を中心に反転させることもできますので、試してみてください。

■色調変換

今度は写真の色合いを変えてみましょう。RGBからcv2.COLOR_RGB2LABに変換して、だいぶ雰囲気の違う写真ができあがります。LABは「L：輝度、A：赤-緑成分、B：黄-青成分」の3つの要素で画像を表現するデータ構造です。OpenCVのおかげで、いろんなデータ構造の間の相互変換が簡単に実現できます。

Input

```
import matplotlib.pyplot as plt

img_bgr = cv2.imread('kawashima01.jpg')
#
result_img = cv2.cvtColor(img_rgb, cv2.COLOR_RGB2LAB)

#
plt.imshow(result_img);
plt.show()
```

Output

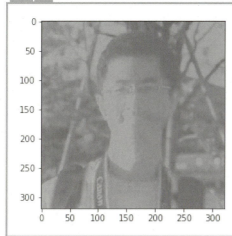

■2値化

画像の容量を小さく抑えるために、画像を指定値以上明るいもの、または指定値以上暗いものを同じ値にしてしまう処理を「2値化」と言います。「**閾値処理**」とも言います。

ここでは、cv2.threshold()関数を使います。

Input

```
import matplotlib.pyplot as plt

img_bgr = cv2.imread('kawashima01.jpg')
img_rgb = cv2.cvtColor(img_bgr, cv2.COLOR_BGR2RGB)
#
retval, result_img = cv2.threshold(img_rgb, 95, 128, cv2.THRESH_TOZERO)

#
```

```
plt.imshow(result_img);
plt.show()
```

Output

2値化した後でもまだ、人物の雰囲気が残っています。

もう少し、試してみましょう。第4の引数にTHRESH_BINARYを使ってみましょう。第2、第3の引数も適宜変えてみます。

Input

```
#img_rgb = cv2.cvtColor(img_bgr, cv2.COLOR_BGR2RGB)
retval, result_img = cv2.threshold(img_rgb, 100, 255, cv2.THRESH_BINARY)

#
plt.imshow(result_img);
plt.show()
```

Output

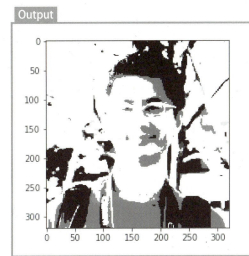

だいぶ画像が変わりました。画像の変化以外は、もちろん、ファイルのサイズが劇的に縮小されたことも確認できます。ファイルをダウンロードして、サイズを比較して確認してみてください。

■ぼかし

ここでcv2.GaussianBlurメソッドを使います。

Input

```
import matplotlib.pyplot as plt

img_bgr = cv2.imread('kawashima01.jpg')
img_rgb = cv2.cvtColor(img_bgr, cv2.COLOR_BGR2RGB)
#
result_img = cv2.GaussianBlur(img_rgb, (15, 15), 0)

#
plt.imshow(result_img);
plt.show()
```

Output

人物の写真がぼんやりとしたピントが外れた印象になるような写真になりました。

■ ノイズの除去

暗い場所で写真を撮った後、現像された写真に暗い部分に関係のない色の点が付いたことがよくあると思いますが、それをノイズと言います。

ノイズのある部分には次の方法で、ノイズを除去することができます。ここでは、cv2.fastNlMeansDenoisingColoredメソッドを使います。

Input

```
import matplotlib.pyplot as plt

img_bgr = cv2.imread('kawashima01.jpg')
img_rgb = cv2.cvtColor(img_bgr, cv2.COLOR_BGR2RGB)
#
result_img = cv2.fastNlMeansDenoisingColored(img_rgb)

#
plt.imshow(result_img);
plt.show()
```

Output

写真のノイズ除去を実施した結果、人物の皮膚の表面が滑らかになった印象になりました。

■膨張・収縮

ここでいう膨張と収縮は、画像にフィルタをかけることで与える効果のことを言います。この手法は**モルフォロジー変換**とも言います。モフフォロジー変換ではフィルタを**構造的要素（カーネル）**とも言います。

ここで、使うフィルタは、

[[0,1,0],
 [1,0,1],
 [0,1,0]]

です。フィルタは任意で決めて構いません。重要なのは、それぞれの膨張と収縮処理です。今回の画像はカラーの画像ですが、説明を単純化するために、仮に対象画像が白黒の画像で、データは1,0しかないと仮定します。

膨張処理というのは、対象画像に対して、01-03節で解説した畳み込み処理のように、対象画像とフィルタで**OR演算**を行います。つまり、対象画像とフィルタの片方に1があれば出力は1にします。結果として、対象画像の1の領域が拡大します。これに対して、収縮処理は、対象画像とフィルタで**AND演算**を行います。対象画像とフィルタの両方が1の場合のみ出力を1にします。結果として、対象画像の1の領域が縮小します。

膨張するために使うメソッドは次のプログラムのcv2.dilate()です。早速適用した結果を見てみましょう。

Input

```
import numpy as np
import matplotlib.pyplot as plt

img_bgr = cv2.imread('kawashima01.jpg')
img_rgb = cv2.cvtColor(img_bgr, cv2.COLOR_BGR2RGB)
#
filt = np.array([[0, 1, 0],
                 [1, 0, 1],
                 [0, 1, 0]], np.uint8)
#
result_img = cv2.dilate(img_rgb, filt)

#
plt.imshow(result_img);
plt.show()
```

Output

　膨張の処理で、人物の目が細くなった印象です。
　次は、収縮を見てみましょう。同じフィルタを使います。使うメソッドはcv2.erode()です。

Input

```
import numpy as np
import matplotlib.pyplot as plt

img_bgr = cv2.imread('kawashima01.jpg')
img_rgb = cv2.cvtColor(img_bgr, cv2.COLOR_BGR2RGB)
```

```
#
filt = np.array([[0, 1, 0],
                 [1, 0, 1],
                 [0, 1, 0]], np.uint8)
#
result_img = cv2.erode(img_rgb, filt)

#
plt.imshow(result_img);
plt.show()
```

Output

人物の目がくっきりしてきました。同じフィルタですが、ここではcv2.erode()メソッドを使っています。

■輪郭抽出

画像処理のなかで、対象物体を特定したいときに、よく輪郭を取り出す処理があります。輪郭を見つけるメソッドはcv2.findContours()です。

Input

```
import cv2
import matplotlib.pyplot as plt

img_bgr = cv2.imread('kawashima01.jpg')
img_gray = cv2.cvtColor(img_bgr, cv2.COLOR_BGR2GRAY)
retval, thresh = cv2.threshold(img_gray, 88, 255, 0)
img, contours, hierarchy = cv2.findContours(thresh, cv2.RETR_EXTERN
```

```
AL, cv2.CHAIN_APPROX_SIMPLE)
result_img = cv2.drawContours(img, contours, -1, (0, 0, 255), 3)
#
plt.imshow(result_img);
plt.show()
```

Output

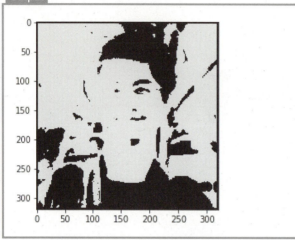

処理後の画像は、輪郭が特定されました。

ここまでで、いくつか画像を処理するプログラムを紹介しました。1個ずつ独立したプログラムを個別に実行しました。しかし、実際の応用でOpenCVを使う時に、1つの機能ではなく複数の処理と合わせて、目的とする結果を得ることになります。続いては、その応用の1つを紹介します。

■画像データの水増し

機械学習や深層学習の学習データを準備する際に、学習用データが足りない場合に、データの個数を増やす手段として、画像データの水増しという方法があります（第2部（第5章）のレシピでペットボトルと空き缶の画像を学習させる前に前処理としてこのテクニックを使っています）。

OpenCVを活用して、1つの画像を、反転したり、閾値を変えたり、ぼかしをかけたりすることで、同じオブジェクトの画像を増やすことができます。

Input
```
import os
```

```python
import cv2


def make_image(input_img):
    # 画像のサイズ
    img_size = input_img.shape
    filter_one = np.ones((3, 3))

    # 回転用
    mat1 = cv2.getRotationMatrix2D(tuple(np.array(input_img.shape[:2]) / 2), 23, 1)
    mat2 = cv2.getRotationMatrix2D(tuple(np.array(input_img.shape[:2]) / 2), 144, 0.8)

    # 水増しのメソッドに使う関数です
    fake_method_array = np.array([
        lambda image: cv2.warpAffine(image, mat1, image.shape[:2]),
        lambda image: cv2.warpAffine(image, mat2, image.shape[:2]),
        lambda image: cv2.threshold(image, 100, 255, cv2.THRESH_TOZERO)[1],
        lambda image: cv2.GaussianBlur(image, (5, 5), 0),
        lambda image: cv2.resize(cv2.resize(image, (img_size[1] // 5, img_size[0] // 5)), (img_size[1], img_size[0])),
        lambda image: cv2.erode(image, filter_one),
        lambda image: cv2.flip(image, 1),
    ])

    # 画像変換処理を実行します
    images = []

    for method in fake_method_array:
        faked_img = method(input_img)
        images.append(faked_img)

    return images


# 画像を読み込みます
target_img = cv2.imread("kawashima01.jpg")

# 画像を水増しします
fake_images = make_image(target_img)
```

```
# 画像を保存するフォルダを作成します
if not os.path.exists("fake_images"):
    os.mkdir("fake_images")

for number, img in enumerate(fake_images):
    # まず保存先のディレクトリ "fake_images/" を指定して番号を付けて保存します
    cv2.imwrite("fake_images/" + str(number) + ".jpg", img)
```

Output

なし

水増しの処理終わったら、lsコマンドを実行して、作成された水増しファイルの一覧を見てみましょう。

Input

```
ls fake_images
```

Output

```
0.jpg  1.jpg  2.jpg  3.jpg  4.jpg  5.jpg  6.jpg
```

kawashima01.jpgから、6つのファイルが作成されました。増えたファイルを確認できます。

上記のプログラムを別の画像を使って複数回実行するときは、一旦水増しファイルを消したほうが良いので、必要に応じて、次のコマンドを使ってファイルを削除してください（例えばAという写真が1枚あり、これを7枚に水増しできます。その後、別の目的でBという写真が1枚があってこれを増やしたい場合もBを7枚に水増しできますが、不要となったAはrmで消しておきます）。また、このコマンドを実行して、画像ファイルを削除して次のプログラムを実行するとエラーになりますので、注意してください（注意：このコマンドで削除したファイルは復元できませんので、注意してください）。

Input

```
!rm fake_images/*
```

Output

なし

次に、作った水増し画像を一覧で見るプログラムを作成してみましょう。

Input

```python
import numpy as np
import cv2
import matplotlib.pyplot as plt

# 列の数を設定します
NUM_COLUMNS = 4
# 行
ROWS_COUNT = len(fake_images) % NUM_COLUMNS
# 列
COLUMS_COUNT = NUM_COLUMNS

# グラフオブジェクト保持用
subfig = []
# figureオブジェクト作成サイズを決めます
fig = plt.figure(figsize=(12, 9))

#
for i in range(1, len(fake_images) + 1):
    # 順序i番目のsubfig追加
    subfig.append(fig.add_subplot(ROWS_COUNT, COLUMS_COUNT, i))

    img_bgr = cv2.imread('fake_images/' + str(i - 1) + '.jpg')
    img_rgb = cv2.cvtColor(img_bgr, cv2.COLOR_BGR2RGB)
    subfig[i - 1].imshow(img_rgb)

# グラフ間の横とたての隙間の調整
fig.subplots_adjust(wspace=0.3, hspace=0.3)

plt.show()
```

Output

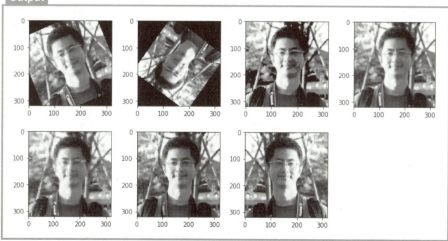

これで、機械学習や、深層学習の時に、データがなかなか集まらないときに役に立ちます。

100枚の画像があれば、この方法で700枚（n枚×7パターン）まで増やせます。

▶ まとめ

本節ではOpenCVの基礎的な機能を簡単に紹介しました。もちろん、これはOpenCVの膨大な機能群の中のほんの一部しかすぎません。OpenCVに興味がある方はぜひ深掘りしてみてください。

次のレシピでは、Raspberry Piで、OpenCVのソースコードからコンパイルしてインストールし、顔の認識プログラムを作成します。

04 02 初級レシピ

Raspberry Piで
OpenCVを利用した顔認識

約30分

――― Colaboratory ＋ Raspberry Pi ―――

　この節では、Raspberry Piで画像処理の定番ライブラリOpenCVを使って、人間の顔を認識するサンプルコードを動かします。顔認識の基本的な考え方を学習します。
　Raspberry Piと専用のカメラモジュールを使い、簡単に人間の顔の認識を実現できます。人工知能の最初の実験として、興味深いレシピだと思います。
　ビデオの中から顔を認識できる内容ですので、とても楽しく達成感の味わえる内容です。
　また、Raspberry Piで新しいバージョンのOpenCVを使うために、OpenCVをソースコードから、コンパイルしてインストールすることにもチャレンジしてみましょう。

準備する環境やツール	このレシピの目的
・Raspberry Pi ・OpenCVのソースコード ・カメラモジュール	・OpenCVの理解を深める ・Raspberry PiでOpenCVをコンパイルしてインストールする ・OpenCVを使って、顔認識プログラムを動かす

▶ Raspberry PiでOpenCVを使えるようにする

　前節のレシピはColaboratoryでOpenCVの基本的な機能を試しました。このレシピでは、Raspberry Piで新しいバージョンのOpenCVを使えるようにします。ややハードルが高いですが、OpenCVのソースコードからコンパイルしてインストールをチャレンジしてもらいたいと思います。

■ OpenCVのコンパイルとインストール

　OpenCVのソースコードをコンパイルしてインストールするには、Raspberry Pi Zero Wで約8.5時間、Raspberry Pi Zeroでは約14時間、Raspberry Pi 3B+では約2.2時間と、コンパイルには時間がかかりますが、一度、自分でコンパイルとインストールをしたことで、理解が深まり、学習の効果も深まると思います。
　本書では説明しませんが、他の高性能のコンピュータでクロスコンパイルして、そのバイナリを使うという方法もあります。興味のある方は調べてみるのもいいでしょう。最新版にせずpipでインストールできるOpenCVでは以降のレシピでエラーがでる可能性がありますので注意してください。また、GitHubなどで、すでにコンパイル済みのOpenCVのバイナリをそのままインストールして利用する方法もありますが、その場合

は、必ず信頼できる配布元であることを確認した上で利用するようにしてください。

では、OpenCVのコンパイルとインストールを解説していきます。

■Raspbianの用意

Raspberry PiのOS（Raspbian）の用意はRaspberry Pi本家（https://www.raspberrypi.org/）のチュートリアルを参照してください。用意できたらmicroSDカードを使って起動しておきましょう。起動してから、Terminalを開いて、これからしばらくコマンドラインで操作をします。

このレシピで使うコマンドがたくさんありますので、本書のデータフォルダ配下の「scripts」フォルダにまとめて用意しています。長いコマンドなどは必要に応じて、コピーして実行してください。

■Expand Filesystem

Raspbianは一回「Expand filesystem」を実施しないと、microSDカードの全部の領域が使えません。筆者は32GBのmicroSDカードを用意したので、全ての領域を使えないともったいないのでこのステップを実行します。microSDカードの容量に関係なく、このステップの実行が必要です。

```
$ sudo raspi-config Enter
```

Raspberry Piの設定画面が開いたら、画面1のように「7 Advanced Options」を選んでください。

▼画面1　Advanced Options

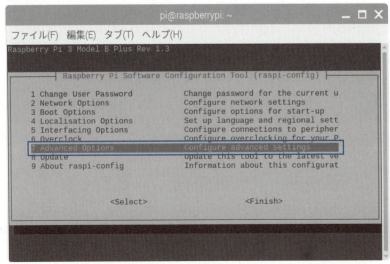

画面2のように「A1 Expand Filesystem」を選んで、ファイルシステムを一回拡張します。

▼画面2　Expand Filesystemを選択する

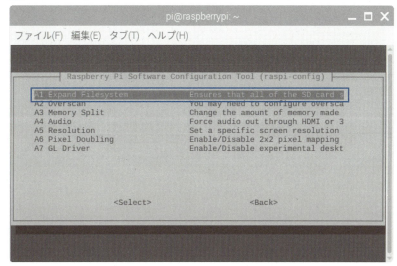

その後、設定を終わりにする時に「再起動しますか」と尋ねられます（画面3）。

▼画面3　再起動を知らせる画面

［了解］をクリックして、前の画面に戻り、［終了］をクリックすると、「再起動するかどうか」が尋ねられます（画面4）。ここで、［はい］をクリックして再起動します。

▼画面4　再起動を確認画面

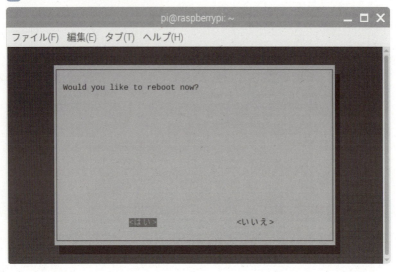

再起動した後、次のコマンドでファイルの利用可能なサイズを調べます。

```
$ df -h Enter
```

みなさんの環境によって、下記の数字は違いますが、各フォルダの容量が確認できます。

ファイルシス	サイズ	使用	残り	使用%	マウント位置
/dev/root	29G	5.0G	23G	18%	/
devtmpfs	460M	0	460M	0%	/dev
tmpfs	464M	0	464M	0%	/dev/shm
tmpfs	464M	13M	452M	3%	/run
tmpfs	5.0M	4.0K	5.0M	1%	/run/lock
tmpfs	464M	0	464M	0%	/sys/fs/cgroup
/dev/mmcblk0p1	44M	23M	22M	52%	/boot
tmpfs	93M	0	93M	0%	/run/user/1000

筆者の環境では32GBのSDカードを使っています。/dev/rootを見るとすでに18%以上使っていることがわかります。

■システムを更新する

システムを更新しておきます。次のコマンドを実行します。更新するパッケージがなければ、そのまま終了して大丈夫です。

```
$ sudo apt-get update [Enter]
$ sudo apt-get upgrade [Enter]
$ sudo rpi-update [Enter]
```

sudo rpi-updateの部分はファームウェアの更新です（画面5）。最新のRaspberry Pi Cameraを使う場合は、実行しておきましょう。

▼画面5　firmware更新画面

ここで更新が見つからない場合は、このステップをスキップして構いません。

```
$ sudo reboot now [Enter]
```

再起動するとOSは最新の状態になっています。これで用意は完了です。

■swapfileサイズを大きくする

続いて、swapfileのサイズを変更しておきます。まず「/etc」の配下にある「dphys-swapfile」ファイルを開きます（「/etc」フォルダは、システムやアプリケーションの設定ファイルが置かれているフォルダです）。

```
$ sudo nano /etc/dphys-swapfile [Enter]
```

ファイル内のCONF_SWAPSIZEという部分を見つけて、次のように変更しておいてください（画面6）。

```
# CONF_SWAPSIZE=100
CONF_SWAPSIZE=2048
```

▼画面6　CONF_SWAPSIZE編集画面

　CONF_SWAPSIZEはデフォルトで100になっていますが、ここで2048にしておきましょう。

　変更後、Ctrl＋xでファイルを閉じます。保存しますかと尋ねられますので、y＋Enterで答えて、ファイルを上書き保存します。ファイル編集画面も終了し、通常のTerminalの画面に戻ります。
　次は、この設定を有効にするために、「dphys-swapfile」サービスを再起動します（一回停止してから、起動させます）。

```
$ sudo /etc/init.d/dphys-swapfile stop Enter
```

停止した結果はTerminalには次のように表示されます。

```
[ ok ] Stopping dphys-swapfile (via systemctl): dphys-swapfile.service.
```

もう一回起動します。

```
$ sudo /etc/init.d/dphys-swapfile start Enter
```

Terminalには次のように表示されます。

```
[ ok ] Starting dphys-swapfile (via systemctl): dphys-swapfile.service.
```

新しい設定が有効になっているかどうかを次のコマンドで確認しましょう。Swapのtotalが2047になっているのが確認できます。

```
$ free -m Enter

              total     used     free   shared  buff/cache   available
Mem:            927      107      481       15         337         741
Swap:          2047        0     2047
```

これで、システムの用意ができました。次はコンパイルの前の準備をします。

■必要なパッケージのインストール

OpenCVをコンパイルする時に必要なツールパッケージをインストールします。みなさんのインターネットの回線の速度や、すでにインストールしているソフトウェア、ライブラリによって、所要時間等も変わります。また、パッケージ等がすでにインストールされている場合は、スキップして問題ありません。次のコマンドを実行した後、インストールするパッケージの一覧が表示されます。インストールするパッケージがある場合、y + Enter で継続します。

```
$ sudo apt-get install build-essential cmake pkg-config Enter
```

JPEG、PNG、TIFFなど様々な画像フォーマットが画像を処理する際に必要なパッケージをインストールします。

```
$ sudo apt-get install libjpeg-dev libtiff5-dev libjasper-dev libpng12-dev Enter
```

ビデオの処理に必要なパッケージをインストールします。

```
$ sudo apt-get install libavcodec-dev libavformat-dev libswscale-dev libv4l-dev Enter
$ sudo apt-get install libxvidcore-dev libx264-dev Enter
```

GUIで必要なgtkパッケージもインストールします。

```
$ sudo apt-get install libgtk2.0-dev libgtk-3-dev Enter
$ sudo apt-get install libatlas-base-dev gfortran Enter
$ sudo apt-get install python2.7-dev python3-dev Enter
```

■OpenCVのソースコードを用意する

ここまでの作業が終わったら、一旦ホームディレクトリに移動します。

```
$ cd ~ [Enter]
```

今回はOpenCV 3.4.4を使います。ダウンロードして、展開しましょう。

ここでは、デフォルトのユーザー「pi」のホームディレクトリの配下にworkspaceというフォルダを作成して、そこでコンパイル作業を実施します（本書の作業も全部workspaceフォルダの配下で実施します）。前章でもworkspaceフォルダを作りましたが、workspaceがない場合は、次のコマンドでフォルダを作成します。

```
$ mkdir workspace [Enter]
```

いよいよコンパイルの作業になります。まずは、OpenCVのソースコードをダウンロードして、解凍します。ダウンロードはwgetコマンドを使います。解凍はunzipコマンドを使います。

```
$ cd workspace [Enter]
$ wget -O opencv.zip https://github.com/opencv/opencv/archive/3.4.4.zip [Enter]
$ unzip opencv.zip [Enter]
```

続いて、OpenCVのContrib Libraries(Non-free Modules)のソースコードをダウンロードして解凍します。

```
$ wget -O opencv_contrib.zip https://github.com/opencv/opencv_contrib/archive/3.4.4.zip [Enter]
$ unzip opencv_contrib.zip [Enter]
```

■コンパイルの準備

先ほどの2つのzipファイルを解凍すると、2つのフォルダができあがります。「opencv-3.4.4」と「opencv_contrib-3.4.4」です。

「opencv-3.4.4」はOpenCVの本体のソースコードのフォルダです。まずこのディレクトリに移動してコンパイル作業を継続します。

```
$ cd opencv-3.4.4/ [Enter]
$ mkdir build [Enter]
$ cd build [Enter]
```

上記の最後の2つのコマンドで「build」という作業フォルダを作成して、そこに移動しています。

続いて、次の長いコマンドを実行して、コンパイル前の設定をしておきます。

```
$ cmake -D CMAKE_BUILD_TYPE=RELEASE \
  -D CMAKE_INSTALL_PREFIX=/usr/local \
  -D INSTALL_C_EXAMPLES=OFF \
  -D INSTALL_PYTHON_EXAMPLES=ON \
  -D OPENCV_EXTRA_MODULES_PATH=~/workspace/opencv_contrib-3.4.4/modules \
  -D BUILD_EXAMPLES=ON \
  -D ENABLE_NEON=ON .. Enter
```

「-D OPENCV_EXTRA_MODULES_PATH=~/workspace/opencv_contrib-3.4.4/modules」を間違いが無いように気をつけて入力してください。作業するフォルダとコンパイルしようとするOpenCVのバージョン番号を確認してください。

このコマンド実行時間は、みなさんの環境によりますが、通常数分間かかります。このコマンドの実行が完了した後にコンパイルをします。

■いざコンパイル

コンパイルはmakeです。次のようにコマンドを入力します。

```
$ sudo make -j4 Enter
```

「-j4」はマルチコアを使用するという指示です。コンパイルはみなさんの環境によりますが、筆者のRaspberry Pi 3B+では約2.5時間かかりました（画面7）。

▼画面7　OpenCVコンパイル中

万が一エラーになった場合、次のコマンドを実行して、実行途中のものを一旦クリアして、再度コンパイルをしてみてください。

```
$ sudo make clean Enter
$ sudo make Enter
```

コンパイルが終了すると画面8のようになります。

▼画面8　コンパイル終了後の画面

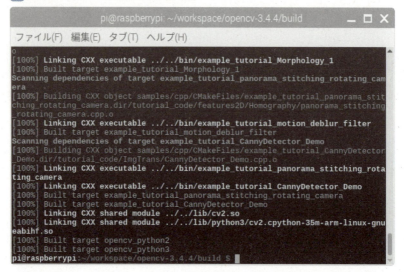

■インストール

　コンパイルによって、Pythonプログラムから参照できるsoファイルが作成されています。このsoファイルはコンパイルされたOpenCVのバイナリファイルで、Pythonのプログラムにインポートされて利用が可能になります。

　make installを実行することで必要なバイナリファイルを適宜なロケーションに配置してくれます。また、ldconfigは共有ライブラリの設定ファイルを更新したり、最新のライブラリのキャッシュを更新したりしてくれます。

```
$ sudo make install Enter
$ sudo ldconfig Enter
```

　make installも数分かかります。終了すると画面9のようになります。

▼画面9　make install終了後の画面

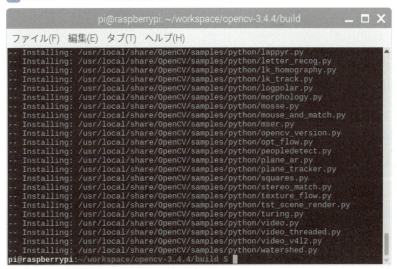

■OpenCVのsoファイルを参照できるようにする

インストールが終わった段階では、まだPythonからはOpenCVのモジュールを使えません。

このステップで行うことは、実際に、Pythonのプログラムを実行する時に、OpenCVのモジュールをPythonプログラムが見つけ、使えるようにするという設定です。このステップを実施しないとOpenCVが見つからないというエラーが表示されてしまいます。

コンパイルとインストールが終わった後に、soファイル（cv2.cpython-34m-arm-linux-gnueabihf.so）が作られています。

作成されたファイルは、/usr/local/python/cv2/python-3.5フォルダにあります。そのフォルダに移動して確認しましょう。

```
$ cd /usr/local/python/cv2/python-3.5 Enter
```

このディレクトリに移動したら、lsコマンドで「cv2.cpython-35m-arm-linux-gnueabihf.so」という名前のファイルを確認できます（画面10）。

▼画面10 「so」ファイルの確認

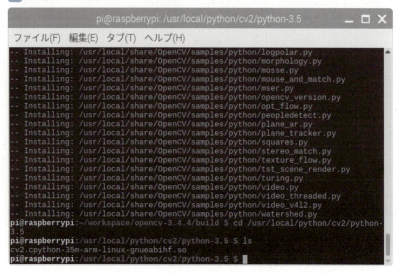

　このファイル(cv2.cpython-35m-arm-linux-gnueabihf.so)を別名(cv2.so)でコピーします。soファイルは実際に確認したファイル名を使ってください。cv2.soという別名でコピーしたファイルが実際に使うファイルとなります。

```
$ sudo cp cv2.cpython-35m-arm-linux-gnueabihf.so cv2.so [Enter]
```

　このcv2.soファイルは、「/usr/local/lib/python3.5/dist-packages」に配置する必要があります。このディレクトリは「python3 app.py」のようにプログラムを実行するときに、依存しているライブラリをこのディレクトリに探しにきます。ここに配置することで、Python 3がOpenCVパッケージを認識するようになります。
　次のコマンドで作業場所を移動します。

```
$ cd /usr/local/lib/python3.5/dist-packages [Enter]
```

　Python 3がモジュールを認識できるようにします。上記のディレクトリにシンボリックリンクを作成します。

```
$ sudo ln -s /usr/local/python/cv2/python-3.5/cv2.so cv2.so [Enter]
```

　これで準備完了です。OpenCVのコンパイルも完了して、Python 3プログラム(python3コマンド実行時)から使えるようになりました。実際にファイルをここにコピーせずに、仮想のリンクを貼ることで、実際のファイルにたどり着くことができるという仕組みです。

■最後にswapfileサイズを戻す

swapfileサイズを(100に)戻します。/etc配下の「dphys-swapfile」ファイルを開きます。

```
$ sudo nano /etc/dphys-swapfile [Enter]
```

CONF_SWAPSIZEを100に戻します。ファイル内のCONF_SWAPSIZEという部分を見つけて、次のように変更しておいてください。

```
# CONF_SWAPSIZE=2048
CONF_SWAPSIZE=100
```

[Ctrl]+[x]でファイルを閉じます。保存しますかと尋ねられますので、[Y]+[Enter]で答えて、ファイルを上書き保存します。

swapfileサイズを拡大するときと同じように、「dphys-swapfile」サービスを再起動させます。

```
$ sudo /etc/init.d/dphys-swapfile stop [Enter]
$ sudo /etc/init.d/dphys-swapfile start [Enter]
$ free -m [Enter]
```

最後に実行するコマンドは、メモリを確認するコマンドです。メモリの状態が元に戻ったことを確認します。

■インストール後の確認

最後にOpenCVが問題なくインストールされているかをチェックしてみましょう。

```
$ python3 [Enter]
Python 3.5.3 (default, Sep 27 2018, 17:25:39)
[GCC 6.3.0 20170516] on linux
Type "help", "copyright", "credits" or "license" for more information.
>>> import cv2 [Enter]
>>> cv2.__version__ [Enter]
'3.4.4'
>>>
```

終了するにはexit()[Enter]と入力します。

問題なく、上記のコマンドが実行され、OpenCVのバージョン番号(3.4.4)が正確に

表示されれば、Raspberry Piに問題なく、OpenCVがインストールされています。
次に、カメラモジュールを準備します。

▶調理手順

■Raspberry Piカメラモジュールの用意

　Raspberry Piの専用カメラモジュールが発売されています（写真1、2）。筆者が持っているもののバージョンはV2.1です。Raspberry Piの専用カメラモジュールはRaspberry Piに搭載しているGPUと直接繋がることができて、映像処理等のパフォーマンスが少し向上します。

▼写真1　Raspberry Pi カメラ

▼写真2　本体と接続しているRaspberry Pi カメラモジュール

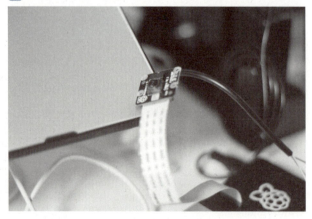

■PiCameraパッケージのインストール

PiCameraを接続するだけでは、まだ動作しません。必要なパッケージpicameraをインストールします。次のようにコマンドを実行します。

```
$ sudo pip3 install picamera Enter
```

■PiCameraを使えるようにRaspberry Piを設定する

次にPiCameraを使えるようにRaspberry Piの設定をします。次のようにコマンドを実行します。

```
$ sudo raspi-config Enter
```

コマンドを実行するとRaspberry Piの設定画面が表示されます。画面11のように「5 Interface Options」を選びます。

▼画面11　Raspberry Piインタフェース設定メニュー項目

続いて、画面12のように「P1 Camera Enable/Disable connection to the Raspberry Pi Camera」を選んで、Cameraの利用を許可します。デフォルトではカメラを接続しても使えないようになっています。ここで使用できるように設定します。

▼画面12　Cameraの設定メニュー項目

次は、画面13のように「カメラを有効にしますか」という確認の画面になります。ここで、[はい]をクリックします。

▼画面13　Cameraの利用を許可する

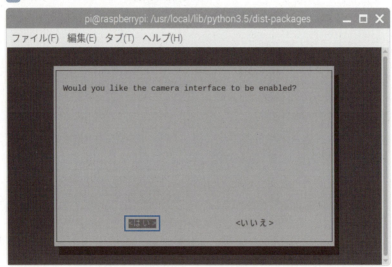

続いて、画面14のように「設定が有効になった」画面が表示されます。

▼画面14　Cameraの利用を許可する

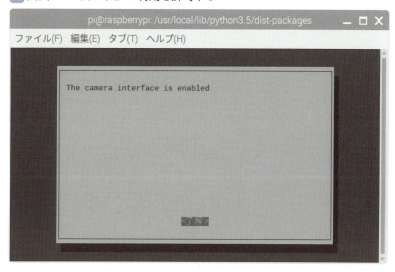

　[了解]をクリックして、設定プログラムを終了すれば、完了です。最後にrebootが必要ですので、設定画面の最後でrebootとなります。

■カメラの動作確認

　Raspberry Piが再起動したら、カメラが正常に接続され、正常に動作するかどうかを確認します。

　ホームディレクトリのworkspaceに移動して、画面15のように、次のコマンドを実行してみてください。

```
$ raspistill -o test.jpg Enter
```

▼画面15　raspistillコマンドを実行する画面

そうすると、ファイルエクスプローラで、ホームディレクトリの配下のworkspaceの中に、test.jpgが作成されたことが確認できます（画面16）。

▼画面16　test.jpgが作成された

「test.jp」アイコンをダブルクリックして、カメラで撮った写真かどうかを確認しましょう。

■OpenCVのサンプルコードを実行しよう

workspaceフォルダに移動して、nanoあるいは、ThonnyなどのEditorでfind_face.pyというプログラムを作成します。find_face.pyには次のプログラムを記入します。プログラムの動作はプログラムの中のコメントで説明しています。本書用のデータをダウンロード済の方はworkspaceの配下にbook-ml/python/04-02.pyをそのままコピーして利用できます。

```
# -*- coding: utf-8 -*-

import cv2
import time
from picamera import PiCamera
from picamera.array import PiRGBArray

# フレームサイズ
FRAME_W = 320
FRAME_H = 240

# 顔検出用カスケード分類器
cascadeFilePath = '/usr/local/share/OpenCV/lbpcascades/lbpcascade_frontalface.xml'
# 分類器をセットします
frontalFaceCascadeClf = cv2.CascadeClassifier(cascadeFilePath)
```

```python
# カメラインスタンス作成
v_camera = PiCamera()
# カメラの解像度を設定します
v_camera.resolution = (FRAME_W, FRAME_H)
# カメラのフレームレートを設定します(FPS)
v_camera.framerate = 16
# v_cameraインスタンスから、画像のRGB配列取得します。そのままnumpyで処理できます
rawCapture = PiRGBArray(v_camera, size=(FRAME_W, FRAME_H))
# timeモジュールのsleep関数です。ここでは1秒待ちます
time.sleep(1)

# v_camera.capture_continuousは明示的に停止指示があるまで、無限にイメージを取得し続けます
for raw_camera_data in v_camera.capture_continuous(rawCapture, format="bgr", use_video_port=True):
    # 画像を配列データを変数frameに代入します
    frame = raw_camera_data.array
    # 取得したBGRデータをグレースケールに変換します。
    gray_image = cv2.cvtColor(frame, cv2.COLOR_BGR2GRAY)
    # データを平坦化します
    gray_image = cv2.equalizeHist(gray_image)
    # 顔検出
    multipleFaces = frontalFaceCascadeClf.detectMultiScale(gray_image, 1.1, 3, 0, (20, 20))
    # 線の色
    line_color = (255, 102, 51)
    # 文字の色
    font_color = (255, 102, 51)
    # 検出した顔に枠を書く
    for (x, y, width, height) in multipleFaces:
        # 見つかった顔を線で囲みます
        cv2.rectangle(frame, (x, y), (x + width, y + height), line_color, 2)
        # 顔の上に「FACE」という文字を表示します
        cv2.putText(frame, 'FACE', (x, y), cv2.FONT_HERSHEY_SIMPLEX, 0.7, font_color, 1, cv2.LINE_AA)

    # ビデオに表示
    cv2.imshow('Video', frame)
    # キーボードの入力を処理します
    key = cv2.waitKey(1) & 0xFF
    rawCapture.truncate(0)
    # [q]キーと入力すると、プログラムを終了させます
    if key == ord("q"):
        break
# 終了処理、プログラムが作ったウィンドウを全部閉じます
cv2.destroyAllWindows()
```

■分類器のダウンロード

　顔認識するには、分類器が必要になります（分類器については後で説明します）。顔認識のための分類器は次のコマンドを実行して取得してください。先のPythonプログラム（04-02.py）と同じディレクトリで次のコマンドを実行して、ダウンロードします。

```
$ wget https://github.com/opencv/opencv/blob/master/data/lbpcascades/lbpcascade_frontalface.xml Enter
```

■実行と結果

　分類器が用意できたら、プログラムを実行します。次のコマンドで実行します。

```
$ python3 find_face.py Enter
```

　数秒後、1つのビデオのウィンドウが開きます。カメラを人物の写真あるいは、みなさん自身に向けると、顔の検出ができるはずです。
　画面17では、一人の人物の顔を検出しましたが、複数の顔も検出できますので、ぜひ試してみてください（ここでは筆者の写真を使用しています）。
　検出はとても早いです。プログラムの中の数値などを色々変えてみて、どんな変化が起きるかを実験してみてください。

▼画面17　顔認識の実行結果

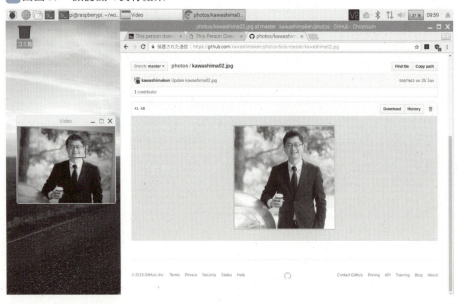

■検出方法

　このプログラムの検出方法について少し説明をします。今回使ったのは、カスケード分類器のHaar-Like特徴分類器（lbpcascade_frontalface.xml）です。

　Haar-Like特徴分類器は、画像の明暗差による特徴に「反応」するようになっています。特定領域の「明るい部分の画素の和と暗い部分の画素の和」の差を特徴量として認識記憶します。特徴としては、画像の画素値をそのまま利用する場合と比べて照明条件の変動やノイズの影響を受けにくいという点です。

　例えば、顔の目の部分は、「鼻の上は明るい」、「鼻の下が暗い」という特徴が共通しています。このような特徴をたくさん学習することで顔全体の特徴を捉えることができます。このレシピでは、この手法で顔などを検出するようにしています。速度も高速です。

　Haar-Like特徴分類器の弱点としては、正面の顔ではない場合、頭部が斜めや下向きになっている場合には検出精度が著しく落ちます。下を向いている人物の写真はほぼ検出できません。

▶まとめ

　今回は、OpenCVを使って顔認識のレシピを体験していただきました。コンパイルのところは少し時間がかかりましたが、プログラムの方は思ったより簡単ではないでしょうか？

　既存の「分類器」を使うことで、それなりに「高度」なことも簡単に試すことができました。みなさんもこの顔認識のプログラムを改造して、いろいろ試してみてください。顔認識のプログラムが入っているRaspberry Piをスピーカーやモーターなどと接続すれば、人間の顔を検出したら、挨拶するとか扉を開けるような簡単な電子工作もできそうです。

　また、OpenCVには他にもたくさんのHaar-like特徴分類器が用意されています。興味のある方はぜひ探索、実験してみてください。

　次のレシピからは、機械学習の内容になります。

04 03 初級レシピ

アヤメ分類チャレンジレシピ

約60分

— Colaboratory —

これからの2つのレシピを通して機械学習についての基本を勉強していきます。

まずscikit-learnの基本的な使い方を確認しながら、アヤメデータセットを使って、機械学習で有名なアヤメの分類課題の学習、分類（predict）する手順を見ていきます。

scikit-learnのデータは整備されているので、各特徴量も確認していきます。最初のレシピなので、データの見方も意識して内容を確認してください。

また、アヤメデータを使って、SVM（サポートベクターマシン）の動作をグラフで表現することも確認します（SVMは後ほど説明します）。

機械学習の中で、よくある分類の課題に役立つ超平面の概念についても解説します。

準備する環境やツール
- Colaboratory
- scikit-learn
- アヤメのデータ

このレシピの目的
- scikit-learnの基本を触れる
- scikit-learnの特徴を理解する
- 機械学習のためのデータの構造への理解を深める
- scikit-learnの操作を理解する
- SVMの基本を理解する
- 超平面のことを理解する

▶ scikit-learnとは

scikit-learnに初めて触れる読者もいるかもしれませんので、まずscikit-learnのことを見ていきましょう。

■ scikit-learnとはPython向けの機械学習フレームワーク

scikit-learn（サイキットラーン：https://scikit-learn.org/stable/）は Python向けの機械学習フレームワークです。

scikit-learnは機械学習のアルゴリズムを幅広くサポートしています。scikit-learnのサイトではチュートリアルのコンテンツが豊富に提供されており、特に機械学習の学習者にとってはscikit-learnはとても貴重な教材になるはずです。scikit-learnはBSDライセンスになっており、商用利用も可能です（https://github.com/scikit-learn/scikit-learn/blob/master/COPYING）。

■scikit-learnの特徴

scikit-learnの主要な特徴をまとめると次のようになります。

①機械学習で使われる様々なアルゴリズムに対応しています。
②サンプルデータが含まれています。そのため、すぐに機械学習を試すことができます。これから紹介する内容もデータセットに含まれていますので、データの用意は苦労せずに特徴量の抽出なども必要なく、すぐにデータを取得していろいろ実験を始められます。
③機械学習の結果を検証する機能が提供されています。
④機械学習でよく使われる他のPython数値計算ライブラリ(Pandas、NumPy、Scipy、Matplotlibなど)と連携しやすいように設計されています。
⑤一貫したわかりやすいAPIが提供されています。

例えば、モデルインスタンスを生成する場合で、学習させるメソッドは、

```
fit()
```

(学習済モデルを使って)予測する場合には、

```
predict()
```

とします。

■scikit-learnのdatasetsの種類

scikit-learnのdatasetsにどんなデータがあるのかを確認しましょう。scikit-learnのライブラリでは予めたくさんのデータセットが用意されています。

例えば執筆の時点で、scikit-learnには次の表1の7種類の練習用のデータセット (Toy datasets) があります。

▼表1　scikit-learnのデータセットリスト

データセット	データのロードメソッド
ボストンの住宅不動産の値段のデータセット(回帰の学習用)	datasets.load_boston()
乳がんのデータセット(分類の学習用)	datasets.load_breast_cancer()
アヤメの計測データセット(分類の学習用)	datasets.load_iris()
ワインのデータセット(分類の学習用)	datasets.load_wine()
手書き数字のデータセット(分類の学習用)	datasets.load_digits()
糖尿病患者の診断データ(回帰の学習用)	datasets.load_diabetes()
生理学的特徴と運動能力の関係(多変量回帰学習用)	datasets.load_linnerud()

これ以外にも、9種類の大規模データセット（Real world datasets）、自動生成データセット（Generated datasets）が提供されています。

また、外部からのデータセットの読み込みも可能です。

様々な種類のデータセットが用意されていて、機械学習の入門や勉強がとても始めやすくなっています。初心者にとってはとてもありがたい機械学習のライブラリです。

これから、Colaboratoryでscikit-learnを使って、アヤメのデータを見ていきましょう。

■scikit-learnのインストール

まずColaboratoryでscikit-learnが使えるように、インポートします。

Input
```
!pip install -U scikit-learn
```

Output
```
省略
```

■scikit-learnのバージョンの確認

scikit-learnのバージョンを確認します。

Input
```
import sklearn

print(sklearn.__version__)
```

Output
```
0.20.1
```

執筆時点では、scikit-learnのバージョンは 0.20.1 です。みなさんが実行した時に表示されるバージョンと異なる場合があります。

■課題を理解する

アヤメのデータセットは「Anderson's Iris data set」と呼ばれることもあります。1930年代の学術論文で取り上げられた統計学での有名な課題です。

この課題は、アヤメの花のデータから、アヤメの種類を分類することです。

与えられたアヤメのデータから、そのアヤメは3種類の中のどれなのかを分類しなければいけないという課題です。早速アヤメのデータを見ていきましょう。

■データに慣れる

アヤメのデータセットには150個のデータレコードが含まれています。それぞれ、4種類の特徴量が記録されています。「アヤメの萼片の長さ(sepal length)、アヤメの萼片の幅(sepal width)、アヤメの花弁の長さ(petal length)、アヤメの花弁の幅(petal width)、アヤメの種類(class)」の4種類です。4種類の特徴量以外にも特徴量名称、アヤメの種類は図1のようになります。それぞれ、後ほどプログラムを実行しながら説明します。

種明かしになりますが、実際はアヤメの種類はiris setosa, iris versicolor, iris virginicaの3種類です(図1)。

▼図1　アヤメのデータセット

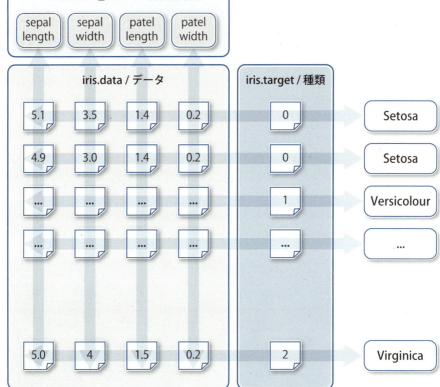

sklearnのdatasetsをインポートして、datasets.load_iris()メソッドを使ってデータをロードしてください。

Input
```
import matplotlib.pyplot as plt
#
from sklearn import datasets

# アヤメのデータを取り込みます
iris = datasets.load_iris()
```

Output
```
なし
```

特徴量の名称を見てみましょう。特徴量の名称は、iris.feature_namesに格納されています。

Input
```
print(iris.feature_names)
```

Output
```
['sepal length (cm)', 'sepal width (cm)', 'petal length (cm)', 'petal width (cm)']
```

特徴量が4つあることを確認できます（写真1）。

- sepal length (cm) 　　萼片長さ
- sepal width (cm) 　　萼片幅
- petal length (cm) 　　花弁長さ
- petal width (cm) 　　花弁幅

▼写真1　アヤメの花のpetal（花弁）とsepal（萼片）

■表形式でデータを見る

次は、Pandasを使って、どんなデータなのかをテーブル形式で見てみましょう。PandasはPythonでデータ解析の支援ツールです。特にデータを表形式で表示、処理、解析する機能が優れています。

Input
```
import pandas as pd

pd.DataFrame(iris.data, columns=iris.feature_names)
```

Output
```
    sepal length (cm)  sepal width (cm)    petal length (cm)
petal width (cm)
0   5.1      3.5      1.4      0.2
1   4.9      3.0      1.4      0.2
2   4.7      3.2      1.3      0.2
3   4.6      3.1      1.5      0.2
4   5.0      3.6      1.4      0.2
5   5.4      3.9      1.7      0.4
6   4.6      3.4      1.4      0.3
7   5.0      3.4      1.5      0.2
8   4.4      2.9      1.4      0.2
9   4.9      3.1      1.5      0.1
10  5.4      3.7      1.5      0.2
11  4.8      3.4      1.6      0.2
12  4.8      3.0      1.4      0.1
13  4.3      3.0      1.1      0.1
      --- 省略 ---
149     5.9      3.0      5.1      1.8
150 rows × 4 columns
```

アヤメの種類によっては、花弁(はなびら)と萼片(がくへん)のサイズが違うというのがなんとなくわかります。このデータの背後に隠された関連性を見つけ出すのがこのレシピのミッションです。

■データ全件を見る

データの全件を生の状態で見てみましょう。

Input
```
# 全てのデータを表示します
print(iris.data)
```

Output
```
[[5.1 3.5 1.4 0.2]
 [4.9 3.  1.4 0.2]
 [4.7 3.2 1.3 0.2]
 [4.6 3.1 1.5 0.2]
 [5.  3.6 1.4 0.2]
   --- 省略 ---
 [6.7 3.  5.2 2.3]
 [6.3 2.5 5.  1.9]
 [6.5 3.  5.2 2. ]
 [6.2 3.4 5.4 2.3]
 [5.9 3.  5.1 1.8]]
```

4つの特徴量があるのも確認できます。

■1つの特徴量を見てみる

今度は、1つの特徴量(ここでは萼片の長さ)を表形式で見てみましょう。iris_dataから取り出して、pandasに渡して、表形式にします。iris.data[:, :1]のところは、Pythonのスライス処理です。iris.dataは二次元配列です。前半の"start:end"は二次元配列に対して、取り出したい行の範囲を指定するものですが、startとendが両方省略されていますので、全ての行を取り出すことを意味します。後半の"start:end"は二次元配列に対して、取り出したい列の範囲を指定するものですが、ここで":1"になっていますので、最初の1列目まで取り出すことになります。結果として二次元配列、iris.dataの1列目のデータの全ての行を取り出すことになります。

iris.feature_names[:1]は、一次元配列なので、特徴量名称の最初の1個目を取り出します。

Input
```python
# 最初の1つの特徴量
first_one_feature = iris.data[:, :1]
pd.DataFrame(first_one_feature, columns=iris.feature_names[:1])
```

Output
```
  sepal length (cm)
0 5.1
1 4.9
2 4.7
3 4.6
4 5.0
5 5.4
```

```
6   4.6
7   5.0
8   4.4
9   4.9
10  5.4
11  4.8
12  4.8
   --- 省略 ---
149      5.9
150 rows × 1 columns
```

これは萼片の長さのデータとなります。

続いて、最初の2つの特徴量を見てみます。萼片の長さと幅です。上のデータにさらに1列増やしたイメージです。今度はiris.data[:, :1]からiris.data[:, :2]になります。そうすると、前の処理と同じで、全てのデータから2列までの全ての行をスライス処理でデータを取り出します。

Input

```
# 最初の2つの特徴量を使います (sepal length (cm)  sepal width (cm))
first_two_features = iris.data[:, :2]
# 最初の2列のデータを表示します (今回使うデータ)
print(first_two_features)
```

Output

```
[[5.1 3.5]
 [4.9 3. ]
 [4.7 3.2]
 [4.6 3.1]
 [5.  3.6]
   --- 省略 ---
 [6.7 3. ]
 [6.3 2.5]
 [6.5 3. ]
 [6.2 3.4]
 [5.9 3. ]]
```

上の結果の通り、最初の「2列」が表示されていることが確認できます。

最初のデータは「4列」、つまり4つの「特徴量」がありました。

今度は、その中の最後の「2列」の2つの「特徴量」（花弁の長さと幅）だけを表示してみます。今度はiris.data[:, :2]からiris.data[:, 2:]になります。そうすると、前の処理と同じで、全てのデータから2列から最後まで（最後の2つの特徴量）の全ての行をスライス処理でデータを取り出します。

Input

```
# 0,1,2,3のなかの2,3のデータ
# 最後の2つの特徴量を使います (petal length (cm) petal width (cm))
last_two_features = iris.data[:, 2:]
# 最初の2列のデータを表示します (今回使うデータ)
print(last_two_features)
```

Output

```
[[1.4 0.2]
 [1.4 0.2]
 [1.3 0.2]
 [1.5 0.2]
 [1.4 0.2]
 --- 省略 ---
 [5.2 2.3]
 [5.  1.9]
 [5.2 2. ]
 [5.4 2.3]
 [5.1 1.8]]
```

次は、iris.targetを見てみます。iris.targetは実際の分類です。つまり花の種類の名称です。これはいわゆる、教師あり学習の教師ラベルデータです。ここでteacher_labelsという名前を使います（本書では機械学習、深層学習で、教師あり学習の場合、教師ラベルデータは全部teacher_labelsで始めるようにしています）。

Input

```
teacher_labels = iris.target
print(teacher_labels)
```

Output

```
[0 0 0 0 0 0 0 0 0 0 0 0 0 0 0 0 0 0 0 0 0 0 0 0 0 0 0 0 0 0 0 0 0 0 0 0 0
 0 0 0 0 0 0 0 0 0 0 0 0 0 1 1 1 1 1 1 1 1 1 1 1 1 1 1 1 1 1 1 1 1 1 1 1 1
 1 1 1 1 1 1 1 1 1 1 1 1 1 1 1 1 1 1 1 1 1 1 1 1 1 1 2 2 2 2 2 2 2 2 2 2 2
 2 2 2 2 2 2 2 2 2 2 2 2 2 2 2 2 2 2 2 2 2 2 2 2 2 2 2 2 2 2 2 2 2 2 2 2 2
 2 2]
```

出力されたデータの中にある「0、1、2」というのはそれぞれの、アヤメの種類を指しています（0：Setosa、1：Versicolour、2：Virginicaに対応しています）。

分類するというのは、入力データ、例えば花びらの幅と長さだけを入れれば、分類器（あるいは学習済モデル）が、Setosa、Versicolour、Virginicaのどれかを判断することです。それが正確にできることが最終目標です。

全ての特徴量が入っているデータの変数を「all_features」と命名します。その上で、all_featuresから特徴量を選んでグラフで描画してみましょう。

今まで、生のデータを見てきましたが、これからは、データをよりわかりやすく、平面上のグラフにしてデータの特徴を探ってみたいと思います。

次の順番で、グラフにしてデータを見ていきたいと思います。

- まずは、全ての特徴量を使わずに、1列目と2列目の特徴量（萼片の長さと幅）とteacher_labelsを使って散布図を生成してみます
- 次は3列目と4列目（花弁の長さと幅）の特徴量とteacher_labelsを使って散布図を生成してみます。
- 最後は全ての特徴量を主成分分析で圧縮した後、三次元散布図でデータの分布を見てみたいと思います。

■1列目、2列目のデータを使う場合

まず、1列目と2列目の特徴量（萼片の長さと幅）を使ってみます。plt.scatter()を利用して散布図を作成します。

Input

```python
# 最初の全ての特徴量の入っているアヤメデータです
all_features = iris.data

x_min, x_max = all_features[:, 0].min(), all_features[:, 0].max()
y_min, y_max = all_features[:, 1].min(), all_features[:, 1].max()

plt.figure(2, figsize=(12, 9))
plt.clf()
# 散布図を描画します
plt.scatter(all_features[:, 0], all_features[:, 1], s=300, c=teacher_labels, cmap=plt.cm.Set2,
            edgecolor='darkgray')
plt.xlabel('Sepal length')
plt.ylabel('Sepal width')
plt.grid(True)
```

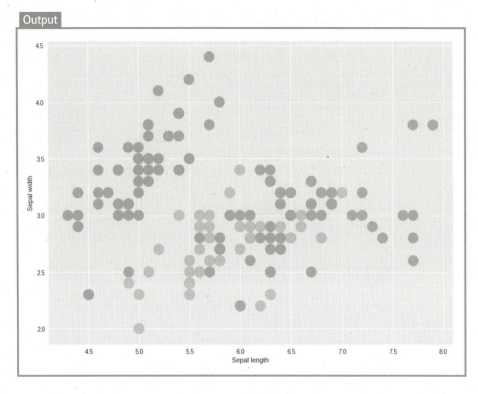

　これが最初の2列の特徴量（萼片の長さと幅）です。紙面では色がわかりませんが、色で3つに分かれています。左上の青い色の方は綺麗に固まっていますが、右下のエリアは2種類が混在しているように見えます。別の特徴量を使ってグラフを描画してみましょう。

■3列目、4列目のデータを使う場合

　今度は、3、4列目のアヤメの花弁の長さ(petal length)、アヤメの花弁の幅(petal width)のデータを使ってみます。

　上の処理と同様に、all_features[:, 2]は3列目のデータを取り出します。all_features[:, 3]は4列目のデータを取り出します。このデータを使って、plt.scatter()を利用して散布図を作成します。

Input

```
x_min, x_max = all_features[:, 2].min(), all_features[:, 3].max()
y_min, y_max = all_features[:, 2].min(), all_features[:, 3].max()

plt.figure(2, figsize=(12, 9))
plt.clf()

# 描画します
```

```
plt.scatter(all_features[:, 2], all_features[:, 3], s=300, c=teacher_labels, cmap=plt.cm.Set2,
            edgecolor='darkgray')
plt.xlabel('Petal length')
plt.ylabel('Petal width')
plt.show()
```

Output

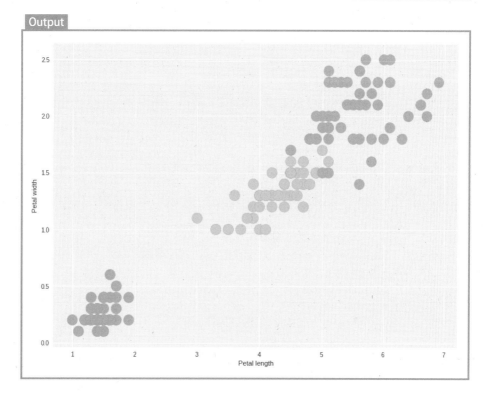

　前の萼片のデータより、3列目と4列目の花弁の特徴量を使うと、少しデータのグルーピングがわかりやすくなっていますね。
　このように、いきなりデータを学習させるのではなく、始める前に、いろんな角度から対象データを見て、データの「特徴」と「個性」を理解するのも、重要な作業の一つです。
　今までは、平面上でデータの特徴を見てみました。平面だけでは、まだ特徴を「発見」しにくい場合があります。そういう時には、データを三次元空間で見ることもできます。
　次は、データを三次元の空間に描画してみましょう。
　次のプログラムは、全ての特徴量を使います。しかし、4つの特徴量をそのまま使うのではなく、一回PCA（主成分分析）の処理をかけて、3次元散布図を描きやすくするために特徴量を4つから3つに「圧縮」します。PCAはPrincipal Component Analysisの略で、主成分分析といいます。PCA処理では、教師なしの機械学習で多次元の特徴量の「特徴（データの相関関係）」を失わない前提で、データの特徴量を圧縮することができます。その処理は次の1行です。

```
reduced_features = PCA(n_components=3).fit_transform(all_features)
```

4つの特徴量をPCA処理をして、3つの特徴量(3列のデータ)に変換され、reduced_featuresに格納します。

その後、reduced_featuresを使って三次元散布図を描画できます。

Input

```
# 三次元グラフを描くためのツールをインポートします
from mpl_toolkits.mplot3d import Axes3D

# Principal component analysis (PCA)主成分分析
from sklearn.decomposition import PCA

# 二番目の三次元のグラフです
# 同じデータですが、3次元で表現されたときの空間構造を観察しましょう
# 最初の三つの主成分分析次元を描画します
#
fig = plt.figure(1, figsize=(12, 9))
#
ax = Axes3D(fig, elev=-140, azim=100)

# 次元削減します
reduced_features = PCA(n_components=3).fit_transform(all_features)
# 散布図を作成します
ax.scatter(reduced_features[:, 0], reduced_features[:, 1], reduced_features[:, 2], c=teacher_labels,
           cmap=plt.cm.Set2, edgecolor='darkgray', s=200)
plt.show()
```

Output

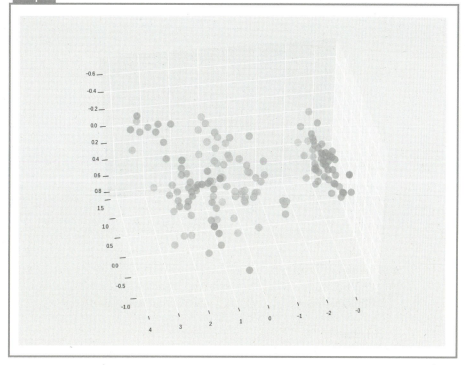

　三次元の散布図を作成後、混ざっている部分もありますが、人間の目で観察すると、何となく、三種類があるというのがわかります。感覚として、平面より三次元の空間の方が、よりデータの分布の特徴(相関関係)を捉えている気がします。
　データの中身や特徴など、これで大体把握できました。これからは実際に、データを学習させて分類器を作ってみましょう。

▶ 調理手順

■ 必要なパッケージのインポート

まず必要なパッケージをインポートします。

Input

```
from sklearn.svm import SVC

import numpy as np
import sklearn.datasets as datasets
import matplotlib.pyplot as plt
```

> Output

なし

アヤメのデータを準備します。今回は、2種類のデータ（SetosaとVersicolorのデータだけ）を使います。

> Input

```
iris = datasets.load_iris()

# 例として、最初の二つの特徴量の2次元データで使用
first_two_features = iris.data[:, [0, 1]]
teacher_labels = iris.target

# ターゲットはiris virginica以外のもの
# つまり iris setosa (0) と iris versicolor (1) のみを対象とします
# (領域の2分割)
first_two_features = first_two_features[teacher_labels != 2]
teacher_labels = teacher_labels[teacher_labels != 2]
```

> Output

なし

■分類と回帰

教師あり機械学習の重要な代表的な応用として、分類と回帰があります。

今回は分類の中で重要なSVM（Support Vector Machine）アルゴリズムを使ってみます。これはすでにscikit-learnで実装されているメソッドとなります。

■サポートベクターマシン（SVM : Support Vector Machine）

SVMは教師あり学習の機械学習において、重要な分類と回帰分析のアルゴリズムです。入力の学習データから、各データ点との距離が最大となる超平面を求める手法です。

SVMを使うことで、データセットにあるデータを分類してくれます。図2のように2つのクラスがあるとします。図のようにこの2つのクラスを綺麗に分ける境界線を引くことがSVMの仕事です。

scikit-learnで実装されているSVC（SVCはSVMの一種）です。今回はこれを使うことにします。

▼図2　SVMによってクラスの境界線を特定

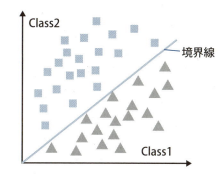

　実際にPythonのプログラムで、scikit-learnのSVCを使うことによって、2種類の花（setosaとversicolor）分類を実現することを見てみましょう。

Input
```
# 分類用にサポートベクトルマシン（Support Vector Classifier）を用意します
model = SVC(C=1.0, kernel='linear')

# 最初の二つの特徴量（萼片の長さと幅）を「学習」させます
model.fit(first_two_features, teacher_labels)
```

Output
```
SVC(C=1.0, cache_size=200, class_weight=None, coef0=0.0,
  decision_function_shape='ovr', degree=3, gamma='auto_deprecated',
  kernel='linear', max_iter=-1, probability=False, random_state=None,
  shrinking=True, tol=0.001, verbose=False)
```

　model.fit()メソッドを呼び出すだけで、機械学習が完了します。first_two_featuresという変数名ですが、上の処理で取り出した、setosaとversicolorの2種類の花の萼片の長さと幅データです。

■回帰係数と誤差

　次は、作図のために、回帰係数を確認しましょう。これは、次のプログラムで、回帰係数を使って、グラフの中で、分類するための直線を描くためです。

Input
```
# 回帰係数
print(model.coef_)
```

```
# 切片（誤差）
print(model.intercept_)
```

Output
```
[[ 2.22720466 -2.24959915]]
[-4.9417852]
```

グラフを描画するための準備をします。それぞれ、setosaとversicolorのデータを取り出して、散布図を作成します。

その後、setosaとversicolorを綺麗に分けるための直線も描画します。

Input
```
# figureオブジェクト作成サイズを決めます
fig, ax = plt.subplots(figsize=(12, 9))

# ------------------------------------------------------------------
# 花のデータを描画します
# iris setosa (y=0) のデータのみを取り出す
setosa = first_two_features[teacher_labels == 0]
# iris versicolor (y=1) のデータのみを取り出す
versicolor = first_two_features[teacher_labels == 1]
# iris setosa のデータ(白い丸)を描画します
plt.scatter(setosa[:, 0], setosa[:, 1], s=300, c='white', linewidths=0.5, edgecolors='lightgray')
# iris versicolor のデータ（浅い赤い丸）を描画します
plt.scatter(versicolor[:, 0], versicolor[:, 1], s=300, c='firebrick', linewidths=0.5, edgecolors='lightgray')
# ------------------------------------------------------------------
# 回帰直線を描画します
# グラフの範囲を指定します
Xi = np.linspace(4, 7.25)
# 超平面（線）を描画します
Y = -model.coef_[0][0] / model.coef_[0][1] * Xi - model.intercept_ / model.coef_[0][1]

# グラフに線描画します
ax.plot(Xi, Y, linestyle='dashed', linewidth=3)

plt.show()
```

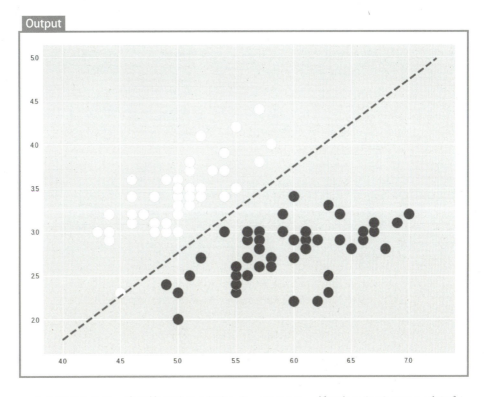

上の図のように、境界線が見つかりました。SVMの一種であるSVCのアルゴリズムによって、この境界線を見つけてくれました。つまり、これは、2つのクラスを分けてくれる、超平面（今回は直線）です。この境界線のことを専門用語では「超平面」と言います。

この境界線がある意味、欲しかった「分類器」でもあるのです。この「分類器」を使えば、どんなデータが来てもすぐに分類ができます。

■超平面（hyper-plane）とは？

超平面は一般化された平面のことです。三次元の場合、一つの超平面は三次元空間全体を2つの空間に分割する平面のイメージとなります。

三次元以上次元（次元数がnだとします）が増えると、少しイメージしにくいですが、超平面の次元数はn-1となります。

また、二次元つまり私たちにとっての平面に対して、超平面は（超平面というのに）直線になります。例えば、上のように、アヤメのデータが2つのグループを分ける超平面（この場合は直線になりますが）が一番イメージしやすいです。ここでは、二次元なので、n=2、超平面はn - 1なので、2 - 1 = 1次元となり、つまり一次元の直線になるということです。

分類するための機械学習というのは、簡単に言えば次元と関係なく、その超平面を見つけることです。

■交差検証

学習の結果を評価する手法として**交差検証**という手法があり、これを用いてモデルを評価する必要があります。

具体的には、データセットをモデルの学習に用いられる「訓練データ」(学習データとも言います) と、そのモデルの汎用的な性能を測る「検証データ」に分割します (本書では、これから学習データを train_data で始まる変数名を使います。検証データを test_data で始まる変数名を使います)。検証データは学習には使いません。

scikit-learn では交差検証が簡単にできる機能をいくつか実装してくれています。それを使うととても便利です。

train_test_split() メソッドを使って、簡単にデータを「学習データ、学習用教師ラベル」と「検証データ、検証用教師ラベル」に分けることができます。

Input

```
from sklearn.model_selection import train_test_split
from sklearn.preprocessing import StandardScaler

iris = datasets.load_iris()

# 例として、3,4番目の特徴量の2次元データで使用
last_two_features = iris.data[:, [2, 3]]
# クラスラベルを取得(教師ラベル)
teacher_labels = iris.target

# トレーニングデータとテストデータに分けます
# 今回は訓練データを80%、テストデータは20%とします
# 乱数を制御するパラメータ random_state は None にすると毎回異なるデータを生成するようになります
train_features, test_features, train_teacher_labels, test_teacher_labels = train_test_split(last_two_features,

teacher_labels,

test_size=0.2,

random_state=None)

# データの標準化処理
sc = StandardScaler()
sc.fit(train_features)

# 標準化された特徴量学習データと検証データ
train_features_std = sc.transform(train_features)
```

```
test_features_std = sc.transform(test_features)

from sklearn.svm import SVC

# 線形SVMのインスタンスを生成
model = SVC(kernel='linear', random_state=None)

# モデルを学習させます
model.fit(train_features_std, train_teacher_labels)
```

Output

```
SVC(C=1.0, cache_size=200, class_weight=None, coef0=0.0,
  decision_function_shape='ovr', degree=3, gamma='auto_deprecated',
  kernel='linear', max_iter=-1, probability=False, random_state=None,
  shrinking=True, tol=0.001, verbose=False)
```

今度はグラフを描画せず、学習データを使って分類の精度を確認します。

Input

```
from sklearn.metrics import accuracy_score

# 学習済モデルに学習データを分類させるときの精度
predict_train = model.predict(train_features_std)
# 分類精度を計算して表示します。
accuracy_train = accuracy_score(train_teacher_labels, predict_train)
print('学習データに対する分類精度: %.2f' % accuracy_train)
```

Output

```
学習データに対する分類精度: 0.96
```

上のプログラムを実行した結果、学習データに対して、96％の精度（正解率）となりました。

次は、検証データを使って、分類の精度を確認します。

Input

```
# 学習済モデルにテストデータを分類させるときの精度
predict_test = model.predict(test_features_std)
accuracy_test = accuracy_score(test_teacher_labels, predict_test)
```

```
#
print('テストデータに対する分類精度：%.2f' % accuracy_test)
```

Output

検証データに対する分類精度：0.97

　検証データを使った場合、分類の精度（正解率）は97%です。

　ここからは、グラフを作成するプログラムです。分類の結果をグラフ上で表現するとどうなるかを見てみましょう。上記はSetosaとVersicolorの2種類でしたが、今度は3種類を全部対象とします。
　ここでは、mlxtend(https://rasbt.github.io/mlxtend/)というライブラリを使います。mlxtendのplot_decision_regionsメソッドは分類器の決定境界を描いてくれます。
　そのために、plot_decision_regionsメソッドに、データと正解教師ラベルデータ、分類器を渡す必要があります。まずそれらの準備から始めましょう。

Input

```
import matplotlib.pyplot as plt
from mlxtend.plotting import plot_decision_regions as pdr

# 学習と検証用の特徴量データと教師データをそれぞれ結合させます
combined_features_std = np.vstack((train_features_std, test_features_std))
combined_teacher_labels = np.hstack((train_teacher_labels, test_teacher_labels))

fig = plt.figure(figsize=(12, 8))

# 散布図関連設定
scatter_kwargs = {'s': 300, 'edgecolor': 'white', 'alpha': 0.5}
contourf_kwargs = {'alpha': 0.2}
scatter_highlight_kwargs = {'s': 200, 'label': 'Test', 'alpha': 0.7}
#
pdr(combined_features_std, combined_teacher_labels, clf=model, scatter_kwargs=scatter_kwargs,
    contourf_kwargs=contourf_kwargs,
    scatter_highlight_kwargs=scatter_highlight_kwargs)
plt.show()
```

Output

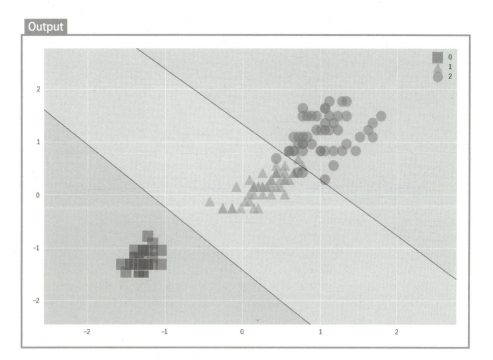

　グラフでは、3つの領域が線分で分かれているのが確認できます。3つのエリアが2本の線で分けられ、この2本の線は3つのクラスを分ける「超平面」です。既存のライブラリの機能をそのまま利用することで、非常に簡単に機械学習の課題をこなすことができました。

　続いて、学習させたデータは3番目と4番目の特徴量（花弁の長さと幅）なので、そのつもりで架空のデータを作って、分類（predict）してもらいます。例えば、長さ：4.1、幅が5.2のアヤメの花弁があるとします。これはどの種類のアヤメになるのでしょうか？

Input

```
test_data = np.array([[4.1, 5.2]])
print(test_data)
test_result = model.predict(test_data)
print(test_result)
```

Output

```
[[4.1 5.2]]
[2]
```

　分類の結果が2：Virginicaです。
　こうやって、機械学習の結果を使って、実際に「わからない」アヤメを分類することができます。

■最後に一番シンプルな学習と検証

わかりやすくするために、データの全ての特徴量（萼片の長さ、萼片の幅、花びらの長さ、花びらの幅）を使います。

Input

```python
# 分類用にサポートベクトルマシンを用意します
model = SVC(C=1.0, kernel='linear', decision_function_shape='ovr')

all_features = iris.data
teacher_labels = iris.target

#「学習」させます
model.fit(all_features, teacher_labels)

# データを分類器に与え、分類(predict)させます
result = model.predict(all_features)

print('教師ラベル')
print(teacher_labels)
print('機械学習による分類(predict)')
print(result)

# データ数をtotalに格納します
total = len(all_features)
# ターゲット（正解）と分類(predict)が一致した数をsuccessに格納します
success = sum(result == teacher_labels)

# 正解率をパーセント表示します
print('正解率')
print(100.0 * success / total)
```

Output

```
教師ラベル
[0 0 0 0 0 0 0 0 0 0 0 0 0 0 0 0 0 0 0 0 0 0 0 0 0 0 0 0 0 0 0 0 0 0 0 0
 0 0 0 0 0 0 0 0 0 0 0 0 0 0 1 1 1 1 1 1 1 1 1 1 1 1 1 1 1 1 1 1 1 1 1 1
 1 1 1 1 1 1 1 1 1 1 1 1 1 1 1 1 1 1 1 1 1 1 1 1 1 1 1 1 2 2 2 2 2 2 2 2
 2 2 2 2 2 2 2 2 2 2 2 2 2 2 2 2 2 2 2 2 2 2 2 2 2 2 2 2 2 2 2 2 2 2 2 2
 2 2]
```

```
機械学習による分類(predict)
[0 0 0 0 0 0 0 0 0 0 0 0 0 0 0 0 0 0 0 0 0 0 0 0 0 0 0 0 0 0 0 0 0 0 0 0
 0 0 0 0
 0 0 0 0 0 0 0 0 0 0 1 1 1 1 1 1 1 1 1 1 1 1 1 1 1 1 1 1 1 1 1 1 1 1 1 1
 1 1 1 1
 1 1 1 1 1 1 1 1 2 1 1 1 1 1 1 1 1 1 1 1 1 1 1 1 2 2 2 2 2 2 2 2 2 2 2 2
 2 2 2 2
 2 2 2 2 2 2 2 2 2 2 2 2 2 2 2 2 2 2 2 2 2 2 2 2 2 2 2 2 2 2 2 2 2 2 2 2
 2 2 2 2
 2 2]
正解率
99.33333333333333
```

全ての特徴量を使って学習させた場合、正解率は99.3%になりました。

■分類(predict)してもらう

一個だけ、all_featuresから、データを取り出して、これを判定してもらいます。このデータはデータセットの中にあるデータで、「実在する」データです。test_dataという名前をつけます。

Input

```
test_data = all_features[:1, :]
print(test_data)
test_result = model.predict(test_data)
print(test_result)
```

Output

```
[[5.1 3.5 1.4 0.2]]
[0]
```

学習の時も使ったデータなので、もちろん、正確に分類できました。0番のラベル、つまり、0：Setosaです。

では、次に架空のデータを作って、分類してもらいましょう。

Input

```
test_data = np.array([[2, 3, 4.1, 5.2]])
print(test_data)
test_result = model.predict(test_data)
print(test_result)
```

Output
```
[[2.  3.  4.1 5.2]]
[2]
```

2という結果が出ました。つまり、分類の結果が2：Virginicaですね。もちろん、これは架空のデータですので、本物のアヤメを見つけて、花びら、萼片を実際に計測して、上のモデルにかけて、分類(predict)してみてください！

▶ まとめ

　初めての機械学習レシピいかがだったでしょうか？　機械学習で一番有名な課題レシピ、理解できましたでしょうか？
　これで、みなさんも機械学習の力を借りてアヤメの分類作業ができるようになりました。
　データを用意して、学習させて、「学習済モデル」を使って、未知のデータを分類(predict)するという一連の流れを意識してプログラムを実行すれば、理解が深まるはずです。今回は花のアヤメの分類ですが、課題へのアプローチ、データの見方、学習のアルゴリズムなど全部共通するものなので、他の課題にも応用できます。
　このレシピでは、SVMを使って分類を試しましたが、分類のアルゴリズムは他にも多数存在します。興味のある読者はぜひ他の分類アルゴリズムを調べて実際に動かしてみてください。
　では、次のレシピ、もう1つscikit-learnの代表的なものを調理してみましょう。

04 04 scikit-learnで機械学習手書き数字認識レシピ

初級レシピ

― Colaboratory ―

 約60分

前節のレシピはscikit-learnのアヤメのデータを使って、機械学習の基本を学びました。ところが、アヤメのデータは、アヤメの画像データではなく、萼片や花びらの長さと幅の数値データでした。いわゆる画像そのもののデータではありませんでした。今回のレシピでは手書き数字の画像データを使います。

準備する環境やツール
- Colaboratory
- scikit-learnの手書き数字データ

このレシピの目的
- scikit-learnの手書き数字のデータセットを把握する
- 学習の方法を再確認する
- 画像データの学習のイメージを持つ
- 機械学習の基本概念理解を深める
- NumPyやMatplotlibの理解を深める

▶ 手書き数字の画像データの特徴量を調べる

今回のレシピの対象データは、手書き数字の画像データです。1つの画像は8×8の画像です。全部で64ピクセルです。言い換えれば64の特徴量があるわけです。64次元のデータとも言います。早速、その64ピクセルを見てみましょう。

■データセットモジュールのインポート

まず、datasetsをインポートします。

Input
```
from sklearn import datasets
```

Output
```
なし
```

次にデータを取得します。scikit-learnのメソッドを使って、手書きデータセットを取得するときはdatasets.load_digits()メソッドを使います。

Input
```
# digitsというデータセットをロードします。
digits = datasets.load_digits()
```

Output
なし

■データを表示する

手書きのデータセットは次のような構成になっています。
まず生の手書きデータを見てみましょう（図1）。

▼図1 scikit-learn 手書きデータ

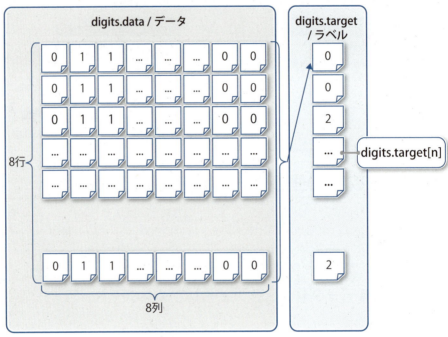

Input
print(digits.data) print('次元：',digits.data.ndim)

Output
[[0. 0. 5. ... 0. 0. 0.] [0. 0. 0. ... 10. 0. 0.] [0. 0. 0. ... 16. 9. 0.] ... [0. 0. 1. ... 6. 0. 0.] [0. 0. 2. ... 12. 0. 0.]

```
 [ 0.  0. 10. ... 12.  1.  0.]]
次元：2
```

これだけだと、少しイメージしにくいので、次のプログラムも実行してみましょう。digits.dataの形状を見てみます。

Input
```
print(digits.data.shape)
```

Output
```
(1797, 64)
```

データの形状を見ると、全体の手書きの画像データは1,797個があります。それぞれ、8×8＝64ピクセルのデータが含まれることがわかります。上のdigits.dataは1行64個の数値（ピクセル）があって、トータルで1797行となります。

続いて、教師ラベルのdigits.targetを見てみましょう。

Input
```
print(digits.target)
```

Output
```
[0 1 2 ... 8 9 8]
```

今度は手書き数字の教師ラベルです。つまり、それぞれの画像が手書き数字の0から9までのどれかといったラベルです。

続いて、試しに、3番目のデータを取り出してみましょう。

Input
```
digits.images[2]
```

Output
```
array([[ 0.,  0.,  0.,  4., 15., 12.,  0.,  0.],
       [ 0.,  0.,  3., 16., 15., 14.,  0.,  0.],
       [ 0.,  0.,  8., 13.,  8., 16.,  0.,  0.],
       [ 0.,  0.,  1.,  6., 15., 11.,  0.,  0.],
       [ 0.,  1.,  8., 13., 15.,  1.,  0.,  0.],
       [ 0.,  9., 16., 16.,  5.,  0.,  0.,  0.],
       [ 0.,  3., 13., 16., 16., 11.,  5.,  0.],
       [ 0.,  0.,  0.,  3., 11., 16.,  9.,  0.]])
```

これは、1つの数字の画像です。8×8の数字の配列のみで表現されています。わかりにくいですが、少し遠くから数字の大きいところを結ぶとなんとなく数字の「2」に見えるはずです。次は実際にこのデータを画像にしてみましょう。

■データを画像として描画する

画像として使うときは matplotlib.pyplot.imshow を使います。

Input
```
from sklearn import datasets
import matplotlib.pyplot as plt

# 3番目の数字を表示します
plt.imshow(digits.images[2], cmap=plt.cm.gray_r, interpolation='nearest')
plt.show()
```

Output

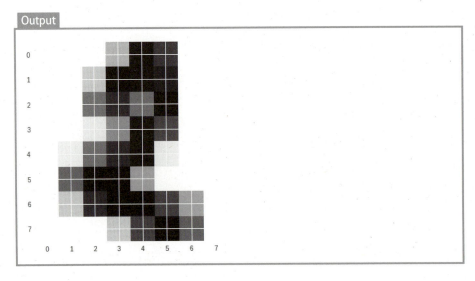

何に見えますか？　なんとなく数字の「2」のように見えませんか。少しわかりづらいです。人間にとっても画像を見て「分類」をする時に、難しい場面があります。

もう1つ別の数字を描画してみましょう。

Input
```
# 例えば31番（配列の要素は0から数えますので、31番目は30で取り出します）
plt.imshow(digits.images[30], cmap=plt.cm.gray_r, interpolation='nearest')
plt.show()
```

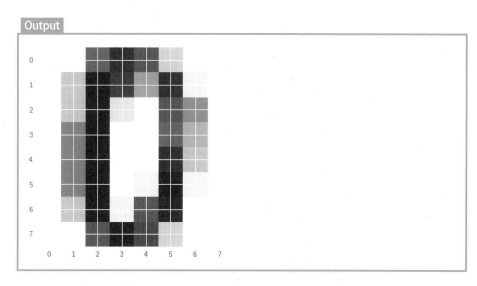

　こちらは「0」のようです。もう1つ表示します。今度は、cmapをplasmaに指定してデータを表示します。matplotlibでは、いくつかデフォルトのカラーマップ(color map)が用意されています。カラーマップは、数字と色の関係を表します。データを可視化するときに、適切なカラーマップを使うと、データが見やすくなります。plasmaはシーケンシャルなカラーマップの1つです。本書ではカラーで表現できませんので、実際に試して確認してみてください。

Input

```
# 任意の数字を表示する（例えば48番）
plt.imshow(digits.images[47], cmap='plasma', interpolation='bicubic')
plt.show()
```

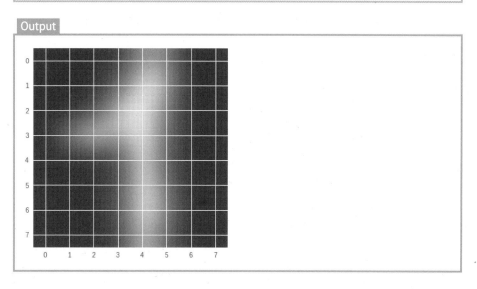

こちらは数字の「1」ですね。

■複数データを描画してみよう

描画の方法については03-02節を参照してください。

```
import numpy as np

# 数字を表示するための行と列の数
# 行
ROWS_COUNT = 4
# 列
COLUMNS_COUNT = 4
#
DIGIT_GRAPH_COUNT = ROWS_COUNT * COLUMNS_COUNT
# データオブジェクト保持用
subfig = []
# x軸データ
x = np.linspace(-1, 1, 10)

# figureオブジェクト作成サイズを決めます
fig = plt.figure(figsize=(12, 9))

#
for i in range(1, DIGIT_GRAPH_COUNT + 1):
    # 順序i番目のsubfigに追加します
    subfig.append(fig.add_subplot(ROWS_COUNT, COLUMNS_COUNT, i))
    # y軸データ(n次式)
    y = x ** i
    subfig[i - 1].imshow(digits.images[i],interpolation='bicubic', cmap='viridis')

# グラフ間の横とたての隙間の調整
fig.subplots_adjust(wspace=0.3, hspace=0.3)
plt.show()
```

Output

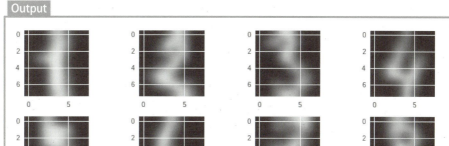

このデータセットにはこういった手書きの数字で構成されていることがはっきり確認できました。このような数字データは全部で1,797個あります。各数字にそれぞれ約180個の画像データがあります。

次はこの1,797個のデータを全部一気に三次元の空間に表示してみましょう。何が見えるかでしょうか。

■手書き数字データセットを三次元の空間で見る

三次元データの描画のプログラムについては、03-02節を参照してください。

Input

```
from sklearn import decomposition
from mpl_toolkits.mplot3d import Axes3D

# 手書き数字のデータをロードし、変数digitsに格納
digits = datasets.load_digits()

# 特徴量のセットを変数Xに、ターゲットを変数yに格納
all_features = digits.data
teacher_labels = digits.target
```

Output

なし

　getcolor(color)は0から9の数字データの色を指定する関数です。結果をわかりやすくするために色を調整してみてください。

Input

```
def getcolor(color):
    if color == 0:
        return 'red'
    elif color == 1:
        return 'orange'
    elif color == 2:
        return 'yellow'
    elif color == 3:
        return 'greenyellow'
    elif color == 4:
        return 'green'
    elif color == 5:
        return 'cyan'
    elif color == 6:
        return 'blue'
    elif color == 7:
        return 'navy'
    elif color == 8:
        return 'purple'
    else:
        return 'black'
```

Output

なし

　64個も特徴量がありますので、ここで次元削減します。三次元の空間にデータを可視化するときは、x、y、zの3つの軸でデータの三次元区間上の位置が決められます。そのため、64個の特徴量から3つに次元削減する必要があります。

　ここでは、scikit-learnで実装されているPCAを使って次元削減を行います。PCAはPrincipal Component Analysisの略で、主成分分析といいます。PCA処理では、教師なしの機械学習で多次元の特徴量の「特徴（データの相関関係）」を失わない前提で、データの特徴量を圧縮することができます。

Input

```python
# 主成分分析を行って、三次元へと次元を減らします
pca = decomposition.PCA(n_components=3)

# 主成分分析により、64次元のall_featuresを三次元のthree_featuresに変換
three_features = pca.fit_transform(all_features)
```

Output

なし

　続いて、三次元散布図を描画します。手書き数字のデータが三次元空間でどのように見えるかを確認しましょう。map(getcolor, teacher_labels)はteacher_labelsの値を取り出して、一個ずつgetcolor関数に渡す処理です。ここのmapはPythonの中で、**高階関数**と呼びます。高階関数は関数を引数に取ることができます（ここでは、getcolorがmapの引数として渡しています）。その処理した結果さらにlistに変換しておいて、変数colorsに渡します。これで、三次元の散布図を描画するときは、教師ラベル（すなわち0,1,2…などの数字の名称）によって色が決められます。

Input

```python
# figureオブジェクト作成サイズを決めます
fig = plt.figure(figsize=(12, 9))
#
subfig = fig.add_subplot(111, projection = '3d')
# 教師データ (teacher_labels)に対応する色のリストを用意
colors = list(map(getcolor, teacher_labels))

# 三次元空間へのデータの色付き描画を行う
subfig.scatter(three_features[ : , 0 ], three_features[ : , 1 ], three_features[ : , 2 ], s=50, c=colors, alpha=0.3)

# 描画したグラフを表示
plt.show()
```

Output

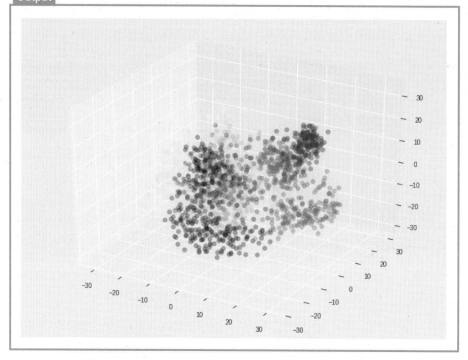

　紙面では色の違いがわからないので実際に実行して確認してください。何となく、手書き数字のデータがそれぞれ、三次元の空間に固まっている(それらのデータの特徴が近似している)ことが視覚的にわかります。グラフ上の「塊」がそれぞれの「0〜9」の手書きの数字の特徴を表しています。

　グラフを見ると、blue(数字の6)とgreen(数字の4)のデータがわかりやすく固まっています。三次元空間上に表示されているので、その「点」の位置はx、y、zの相関関係です。さらにそのx、y、zは主成分分析で64の「特徴量」から圧縮されたものです。つまり、言い換えれば、その三次元区間上の位置は64の「特徴量」間の相関関係の現れと理解しても良いでしょう。64の特徴量はもちろん、64のピクセルのことですので、1枚の数字の中にある全ての64個のピクセルの相互の相関関係が同じ手書き数字であれば、共通するものが多いはずです。例えば同じ3という手書きの数字は人によって揺らぎがあるものの、特徴は共通しています。三次元空間に固まったグループはその共通特徴の三次元での表現となります。共通している特徴を人間が表現できなくても、機械学習ではこの三次元で表示しているように、それを見つけ出すことができます。

　特徴(学習済モデル)を把握すれば、未知の手書きの数字でも、その特徴(学習済モデル)を利用して、推論、判別ができます。

▶ 調理手順

今回は、04-03節のアヤメのデータセットのように属性値ではなく、画像そのもののデータを使って学習させます。

三次元の空間に、SVMアルゴリズムを使って、それぞれの数字の塊を分ける「超平面」を見つけます。超平面の解説は前のレシピを参照してください。

■分類器をインポートする

必要なパッケージをインポートし、教師データを確認します。zip()はdigits.imagesとdigits.targetをそれぞれ2つの配列のデータを1個ずつ取り出して、セットにした上に1つの配列を作成します。これは、次に手書き数字とそのラベルを複数表示するためのものです。

Input
```python
# 分類器 (Classifiers) SVM と metrics をインポートします
from sklearn import svm, metrics
# 画像ファイルは同じサイズでなければいけません
images_and_labels = list(zip(digits.images, digits.target))
print('教師データ：',digits.target)
```

Output
```
教師データ： [0 1 2 ... 8 9 8]
```

教師データが確認できました。手書き数字が0～9のどの数字なのかというラベルです。

続いて、学習用データと検証用データに分けた後に、学習データを描画して確認しましょう。次のプログラムのimages_and_labels[: 8]の1行の処理は、先ほど用意したデータを使って、最初の8個を取り出します。取り出したデータを画像とその画像のラベルを一緒に表示します。これは、データセットの中身の確認となります。もちろん、この8の数値を変えれば表示する画像の数を変更することができます。

Input
```python
# figureオブジェクト作成サイズを決めます
fig = plt.figure(figsize=(12, 9))
#
for index, (image, label) in enumerate(images_and_labels[ : 8 ]):
    plt.subplot(2, 4, index + 1)
    # 座標軸を表示しない
    plt.axis('off')
    plt.imshow(image, cmap=plt.cm.gray_r, interpolation='nearest')
    plt.title('Train Data: %i' % label)
```

Output

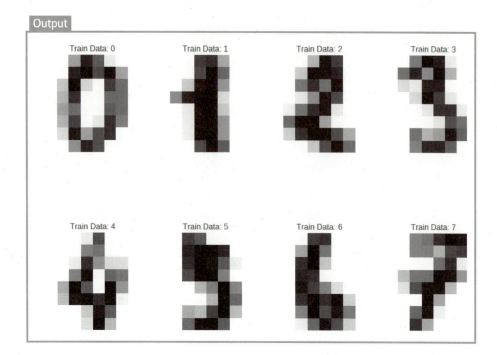

次に、データの数を確認します。

Input
```
# データの個数
num_samples = len(digits.images)
print(num_samples)
```

Output
```
1797
```

データの内容を確認してみましょう。1,797個のデータです。間違いありません。

■データを再構成

　データを学習するためのインプットフォーマットにあわせるために、8×8の二次元配列を64の一次元配列に変換する必要があります。そのため、データセットの形状を変更します。

　形状変更する前に、次のプログラムでdigits.imagesの形状を確認してみましょう。

Input
```
print(digits.images.shape)
```

Output
```
(1797, 8, 8)
```

　次は形状変更するプログラムです。reshapeの「-1」の意味は目的行列の次元の長さは他の指定された次元の値から自動的に推測して決めるということです。この1行のプログラムは実行結果(1797,8,8)の形状から、(1797,64)という形状にします。

Input
```
data = digits.images.reshape((num_samples, -1))

import sklearn.svm as svm
```

Output
```
なし
```

　処理後の行列のshapeを次のプログラムで確認してください。形状は変換前の(1797,8,8)から(1797,64)になりました。これで、学習に渡す入力データフォーマットになりました。

Input
```
print(data.shape)
```

Output
```
(1797, 64)
```

■分類器（SVC）の作成

　分類器（SVC）を作成して学習させます。SVCは前のレシピでも使っていた「Support Vector Classifier」の略です。
　Model＝svm.SVC(gamma=0.001)の中のgammaは「1つの訓練データがデータを「分ける」超平面という結果に与える影響の範囲」を意味します。gammaが小さいほど「遠く」、大きいほど「近く」まで影響します。このレシピが終わったあと、実際にこの値を変化させて、結果への影響を確認してみてください。

Input
```
model = svm.SVC(gamma = 0.001)

# 学習用の学習データと教師データ
train_features=data[ : num_samples // 2 ]
train_teacher_labels=digits.target[ : num_samples // 2 ]
```

```
# 検証用の学習データと教師データ
test_feature=data[num_samples // 2 : ]
test_teacher_labels=digits.target[num_samples // 2 : ]

# 最初の半分のデータを学習データとして、学習させます。
model.fit(train_features,train_teacher_labels)
```

Output

```
SVC(C=1.0, cache_size=200, class_weight=None, coef0=0.0,
  decision_function_shape='ovr', degree=3, gamma=0.001, kernel='rbf',
  max_iter=-1, probability=False, random_state=None, shrinking=True,
  tol=0.001, verbose=False)
```

これで学習完了です。

残り半分のデータセットはテスト（評価）データとして使います。classification_report()メソッドを使って簡単に分類の結果を出力してくれます。

Input

```
expected = test_teacher_labels
#
predicted = model.predict(test_feature)

from sklearn.metrics import confusion_matrix
from sklearn.metrics import classification_report

print("分類器が分類した結果 %s: ¥n %s ¥n" % (model, classification_report(expected, predicted)))
print("コンフュージョンマトリックス:¥n %s" % confusion_matrix(expected, predicted))
```

Output

```
分類器からの分類結果 SVC(C=1.0, cache_size=200, class_weight=None, coef0=0.0,
  decision_function_shape='ovr', degree=3, gamma=0.001, kernel='rbf',
  max_iter=-1, probability=False, random_state=None, shrinking=True,
  tol=0.001, verbose=False):
             precision    recall  f1-score   support
```

```
              0       1.00    0.99    0.99      88
              1       0.99    0.97    0.98      91
              2       0.99    0.99    0.99      86
              3       0.98    0.87    0.92      91
              4       0.99    0.96    0.97      92
              5       0.95    0.97    0.96      91
              6       0.99    0.99    0.99      91
              7       0.96    0.99    0.97      89
              8       0.94    1.00    0.97      88
              9       0.93    0.98    0.95      92

   micro avg          0.97    0.97    0.97     899
   macro avg          0.97    0.97    0.97     899
weighted avg          0.97    0.97    0.97     899
```

コンフュージョンマトリックス：
```
[[87  0  0  0  1  0  0  0  0  0]
 [ 0 88  1  0  0  0  0  0  1  1]
 [ 0  0 85  1  0  0  0  0  0  0]
 [ 0  0  0 79  0  3  0  4  5  0]
 [ 0  0  0  0 88  0  0  0  0  4]
 [ 0  0  0  0  0 88  1  0  0  2]
 [ 0  1  0  0  0  0 90  0  0  0]
 [ 0  0  0  0  0  1  0 88  0  0]
 [ 0  0  0  0  0  0  0  0 88  0]
 [ 0  0  0  1  0  1  0  0  0 90]]
```

最後のコンフュージョンマトリックスは**混同行列**と言います。expected（実際の正解教師ラベル）とpredicted（学習済モデルを使って分類した結果）がどのぐらい離れているかのマトリックスです。expectedに対して、predictedがどのぐらいの正解したかが表示されています。

混同行列の見方は、行は、左から右まで、それぞれ0から9までの実際の予測した結果のデータの個数です。1行目は、0と判定したデータの個数です（投入した検証データの個数は899個です）。2行目は、1と判定したデータの個数です。という具合に最後の10行目は9と判定したデータの個数です。例えば1行目の5列目（5番目）は「1」になっています。本来は、0の正解に対して、4（5番目に「1」となっているので4）として予測の結果を出してしまいました。もちろん、不正解です。

理想としては、一番左上からそのまま斜めに、対角線上一番下の行の右下まで、全部「正解教師ラベルの数」になり、対角線上以外は0になれば、完璧になりますが、実際には上記に表示されているように、対角線上の数字が90未満になっているのがほどんどです。対角線上以外一部、0になっていない箇所もあり、それは誤認の数となります。

■検証とグラフ

最後に検証データを使って、検証を行います。同時に分類の結果と画像を一緒に描画していきます。

Input

```
# figureオブジェクト作成サイズを決めます
fig = plt.figure(figsize=(12, 9))
#
digits_and_predictions = list(zip(digits.images[num_samples // 2 : ], predicted))
for index, (image, prediction) in enumerate(digits_and_predictions[ : 4 ]):
    plt.subplot(2, 4, index + 5)
    plt.imshow(image, cmap='PiYG', interpolation='bicubic')
    plt.title('Prediction: %i' % prediction)

plt.show()
```

Output

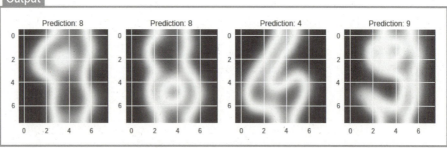

上記で表示されている画像の場合は、たまたま全部正解となっているようです。

■一回整理しよう

今まで、データを用意して、学習データと検証データに分けて、学習とその後の検証と分類を行いました。

その一連の作業の大きな流れを簡単にまとめます。

・データの前処理

データの整形操作ですが、今回は、scikit-learnのデータをそのままロードして、使用したため、特に煩雑なデータの前処理はありませんでした。

・モデルの選択
　今回は、scikit-learnのSVMの一つを分類器として選んで利用しました。他にもたくさんの分類器のアルゴリズムを選択可能です。

・モデルの学習
　scikit-learnではmodel.fit()メソッドを利用します。scikit-learnフレームワークのおかげで、簡単に機械学習が実行できます。

・モデルによる予測
　予測したいデータモデルに渡して予測してもらいます。model.predict()メソッドを利用します。

▶ まとめ

　いかがでしょうか？　このレシピでは、scikit-learnのデータセットを使って、手書きの数字の機械学習とその検証をしてみました。2つのレシピを通して、SVMというアルゴリズムを使っていましたが、他にもいくつかがあります。ぜひそちらの内容も確認して、試してみてください。

　scikit-learnを使ったレシピはこの2つでおわりますが、興味のある方はscikit-learnという機械学習ライブラリを活用して、機械学習の様々の手法とツールをマスターしてください。

　では、次のレシピに行きましょう。次のレシピからは、深層学習（ディープラーニング）の世界に入ります。

04 05 中級レシピ

Chainer + MNIST 手書き数字分類レシピ

―― Colaboratory + Raspberry Pi ――

約60分

Chainer(https://chainer.org/)は、日本発の機械学習フレームワークです。
これからのレシピで順次に紹介するTensorFlowやPyTorch(04-07節と04-08節)と同様に、深層学習を行うための様々な高度な機能を提供しているフレームワークです。

準備する環境やツール
- Chainerと必要なPythonパッケージ
- MNIST手書き数字データセット
- PC、Raspberry Pi 3B+Colaboratory

このレシピの目的
- Chainerという深層学習のフレームワークの基本を理解する
- MNISTの手書き数字のデータ構造を把握する
- Chainerを用いて、学習と分類、及びモデルの作成について勉強する
- 簡単なウェブアプリケーションの作り方を勉強する
- ウェブアプリケーションで学習済モデルの利用方法を勉強する

▶ Colaboratoryで学習、Raspberry Piで手書き認識ウェブアプリケーションを作成

このレシピでは、前半ではColaboratory上で、Chainerを使ってニューラルネットワークの基本的なプログラミング手法を紹介し、1つの学習済みのモデルの取得まで実践します。

レシピの後半では、その学習済みのモデルをRaspberry Piに移して、Flaskフレームワークを使って簡単な手書き認識ウェブアプリケーションを作成します(第3部の「Pythonでできるウェブサーバ」参照)。ブラウザ上でマウスを使って数字を描いて、サーバに送信し、サーバ側で学習済みのモデルを使って、数字を「分類」してもらう構成になっています。やや長いレシピになりますが、とても実践的な内容になっています。

■Chainerとは

Chainerは日本のPreferred Networksという会社が主導で開発しているPythonベースのオープンソース深層学習のフレームワークです。ニューラルネットワークを簡単に構築できる国産の深層学習(ディープラーニング)フレームワークです。

■MNISTとは

このレシピでは、MNISTのデータセットを使います。MNIST (http://yann.lecun.com/exdb/mnist/) とは、「Mixed National Institute of Standards and Technology database」の略で、手書きの数字「0～9」とその正解ラベルがセットになっているデータセットです。手書き数字の画像データセットが70,000個あります。

データセットにある手書き文字は28ピクセル×28ピクセルの画像になっており、784次元のデータとなります。この784次元のデータを使って0～9を分類します。

04-04節のscikit-learnのレシピでも手書き数字の認識を機械学習のアプローチで体験してみましたが、今回は、ニューラルネットワークの手法を用いて、学習させていきます。また、scikit-learnの手書き数字の1つの画像は8×8の画像で、全部で64ピクセルに対して、MNISTのデータは28×28の画像で、全部で784ピクセルあります。1つの手書き数字においてMNISTデータの「量」はscikit-learnのデータと比べ、より多く、ピクセルとしての特徴の量も多くなっています。

MINISTの手書き数字データセットは様々な機械学習フレームワークから簡単に利用することができます。

例えば、Keras、PyTorch、Chainerも1行でデータセットのロードをすることができます。

では、早速MINISTのデータを見てみましょう。

■Chainerのインストール

次の1行で、インストールが完了します。

Input
```
!pip install chainer
```

Output
```
省略
```

■Chainerのバージョンの確認

次にChainerをインポートして、バージョン番号をprintします。

Input
```
import chainer

print(chainer.__version__)
```

Output
```
5.0.0
```

執筆時点では、Chainerのバージョンは5.0.0でした。

次に、chainer.print_runtime_info()メソッドを使って、Chainerの実行環境の情報を表示します。例えば、OSの情報（Ubuntu-18.04-bionic）、Chainerのバージョン情報（5.0.0）、NumPyのバージョン情報（1.14.6）などが確認できます。

Input

```
!python -c 'import chainer; chainer.print_runtime_info()'
```

Output

```
Platform: Linux-4.14.65+-x86_64-with-Ubuntu-18.04-bionic
Chainer: 5.0.0
NumPy: 1.14.6
CuPy:
  CuPy Version          : 5.0.0
  CUDA Root             : /usr/local/cuda
  CUDA Build Version    : 9020
  CUDA Driver Version   : 9020
  CUDA Runtime Version  : 9020
  cuDNN Build Version   : 7201
  cuDNN Version         : 7201
  NCCL Build Version    : 2213
iDeep: 2.0.0.post3
```

■Chainerの基本部品のインポート

これからChainerを使って、深層学習の処理を実行していきます。まず、必要なライブラリをインポートします。

Input

```
import numpy as np
import chainer
```

Output

なし

■MNISTのデータをロードする

ChainerのフレームワークではMNISTデータセットを取得する手段が用意されています。chainer.datasets.get_mnist()でデータの取得ができます。chainer.datasets.get_mnist()は2つのデータセットを返すようになっています。データを取得した後は、train_data（学習用データ）とtest_data（検証用データ）に分けてデータを格納します。

train_data, test_data= chainer.datasets.get_mnist()はリスト型データのアンパックです。アンパックとは複数の変数に展開して代入することです。取得してきた2つのMNISTデータセットをそれぞれ、train_dataとtest_dataに代入します。

withlabel=Trueの指定で、教師ラベルデータも一緒に取得するようにデータを取得します。

Input

```
train_data, test_data = chainer.datasets.get_mnist(withlabel=True, ndim=1)
print(train_data)
print(test_data)
```

Output

```
Downloading from http://yann.lecun.com/exdb/mnist/train-images-idx3-ubyte.gz...
Downloading from http://yann.lecun.com/exdb/mnist/train-labels-idx1-ubyte.gz...
Downloading from http://yann.lecun.com/exdb/mnist/t10k-images-idx3-ubyte.gz...
Downloading from http://yann.lecun.com/exdb/mnist/t10k-labels-idx1-ubyte.gz...
<chainer.datasets.tuple_dataset.TupleDataset object at 0x7f0c682576d8>
<chainer.datasets.tuple_dataset.TupleDataset object at 0x7f0c13230c50>
```

タプル (tuple) のデータフォーマットになっていることが確認できます。

タプル (tuple) はPythonのデータ型の1つです。タプルは、リストと似ていますが、タプルはプログラムの中で、要素の順番、データの内容の変更はできません。今回のように、学習データや訓練データは、要素の順番、データの内容変更する予定がないので、タプル型のデータを使います。

■数字の画像を見る

取得したデータを表示してみましょう。まず、最初に画像を描画するためにmatplotlibをインポートします。

任意の数字を表示してみましょう。ここでは、61番目の数字を表示します。

Input

```
import matplotlib.pyplot as plt

data_location=60
```

```
data, teacher_label = train_data[data_location]
plt.imshow(data.reshape(28, 28), cmap='inferno', interpolation='bic
ubic')
plt.show()
```

Output

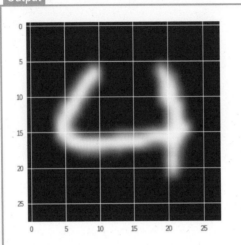

　Outputで表示された画像は、数字の「4」に見えます。04-04節でscikit-learnの手書きのデータを見てきましたので、ここでは少しイメージはしやすいかと思います。データ量が多いためscikit-learnの数字より、少し鮮明になっています。
　今回表示した「data」は784次元のベクトルです。
　続いて、このデータの教師ラベルデータを見てみましょう。

Input

```
print(teacher_label)
```

Output

```
4
```

　Outputからわかるように、この画像が意味する数字の「4」になっています。
　次に複数の数字を表示してみましょう。

Input

```
# 数字を表示するための行と列の数
# 行
ROWS_COUNT = 4
# 列
COLUMNS_COUNT = 4
```

```python
#
DIGIT_GRAPH_COUNT = ROWS_COUNT * COLUMNS_COUNT
# データオブジェクト保持用
subfig = []
# x軸データ
x = np.linspace(-1, 1, 10)

# figureオブジェクト作成サイズを決めます
fig = plt.figure(figsize=(12, 9))

#
for i in range(1, DIGIT_GRAPH_COUNT + 1):
    # 順序i番目のsubfigに追加します
    subfig.append(fig.add_subplot(ROWS_COUNT, COLUMNS_COUNT, i))
    # y軸データ(n次式)
    y = x ** i
    data, teacher_label = train_data[60+i]
    subfig[i - 1].imshow(data.reshape(28, 28),interpolation='bicubic', cmap='viridis')

# グラフ間の横と縦の間隔の調整
fig.subplots_adjust(wspace=0.3, hspace=0.3)
plt.show()
```

Output

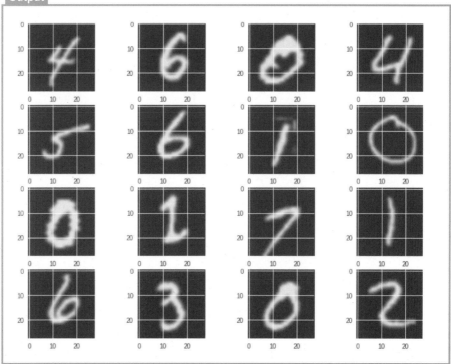

様々な「くせ」のある手書き数字が並んでいることが確認できます。

■学習用データセットと検証用データセットの数

学習用データセットと検証用データセットの数を見てみましょう。

Input
```
print('学習用データセットの数:', len(train_data))
print('検証用データセットの数:', len(test_data))
```

Output
```
学習用データセットの数: 60000
検証用データセットの数: 10000
```

データセットを取得して、アンパックした際に、60,000 と 10,000 にそれぞれ分けられました。ここまでやってくれるのもフレームワークの便利なところです。

▶ 調理手順

先述したとおり、このレシピでは、前半と後半に手順を分けています。まず前半部分ですが、Chainer の概念を理解して、モデルの作成、ダウンロードまで行います。

次に後半部分では、モデルを Raspberry Pi に移して、手書き数字認識ウェブアプリを作成します。

■必要なパッケージをインポートする

まず必要なパッケージをインポートします。これから、Chainer のフレームワークの手法に則って、ニューラルネットワークを構築します。そのための「部品 (chainer.links、chainer.functions)」をインポートします。

Input
```
import chainer
import chainer.links as L
import chainer.functions as F
```

Output
```
なし
```

■ニューラルネットワークの定義

今回のレシピでは、マルチレイヤーパーセプトロン（ニューラルネットワーク）のクラス(MLP)を作成します（01-03節参照）。まず、学習対象のモデルを定義します。

今回のMLPの定義は、Chainerフレームワークが提供しているchainer.Chainというクラスを継承する形で定義します。これはChainerフレームワークを使ってニューラルネットワークを定義するときの一般的なやり方となります。

ここで、__init__()と__call__()はChainerではなく、Pythonの特殊関数の定義をする必要があります。

__init__は初期化の時に実行されます。__call__はクラスのインスタンスが作成されてから関数のように呼び出すことができます。例えば、model = MLP()で__init__が実行されます。model(input_data)を実行すると__call__が実行されます。

Input

```
class MLP(chainer.Chain):
  def __init__(self, number_hidden_units=1000, number_out_units=10):
    # 親クラスのコンストラクタを呼び出し、必要な初期化を行います。
    super(MLP, self).__init__()
    #
    with self.init_scope():
      self.layer1=L.Linear(None, number_hidden_units)
      self.layer2=L.Linear(number_hidden_units, number_hidden_units)
      self.layer3=L.Linear(number_hidden_units, number_out_units)

  def __call__(self, input_data):
    #
    result1 = F.relu(self.layer1(input_data))
    result2 = F.relu(self.layer2(result1))
    return self.layer3(result2)
```

Output

なし

1行目ではchainer.Chainクラスを継承することで、MLPクラスがchainer.Chainのメソッドや構造、属性など全部持つようになります。また、学習後、モデルを保存したり読み込んだりすることができ、この後、Raspberry Piに学習済みモデルを持ち出せます。

2行目ではクラスのコストラクタでいくつかニューラルネットワークの構成を定義します。まずnumber_hidden_unitsは中間層（隠れ層）のユニットの数で、ここでは1,000に

します。number_out_unitsは出力層のユニットの数で、ここでは0～9の数字の分類を出力しなければいけないので、10にします（出力クラスの数と同じです）。

6行目では今回の入力層、中間層（隠れ層）、出力層を定義していきます。

7行目のL.Linearは全結合層として定義しますが、最初の第1引数がNoneになっているのはデータがその層に入力されたタイミングで、入力側ユニット数を自動的に必要な数に計算して設定するためです。その下の行も同様です。

次は、定義したMLPのクラスのインスタンスを作成します。そのインスタンス名はmodelです。

Input
```
model = MLP()
```

Output
```
なし
```

layer1（入力層）がLinkクラスとして定義されていますのでLinkクラスの属性をそのまま持つことになります。したがって、Linkクラスが定義しているパラメータはlayer1が持っています。そのパラメータを見ることができます。

例えば、入力層のバイアスパラメータのshapeとその値を見てみましょう。

Input
```
print('入力層のバイアスパラメータ配列の形は', model.layer1.b.shape)
#
print('初期化直後のその値は、', model.layer1.b.data)
```

Output
```
入力層のバイアスパラメータの形は (1000,)
初期化直後のその値は、[0. 0. 0. 0. 0. 0. 0. 0. 0. 0. 0. 0. 0. 0. 0. 0. 0.
 0. 0. 0. 0. 0. 0. 0.
 0. 0. 0. 0. 0. 0. 0. 0. 0. 0. 0. 0. 0. 0. 0. 0. 0. 0. 0. 0. 0. 0. 0.
 0. 0.
 0. 0. 0. 0. 0. 0. 0. 0. 0. 0. 0. 0. 0. 0. 0. 0. 0. 0. 0. 0. 0. 0. 0.
 0. 0.
 0. 0. 0. 0. 0. 0. 0. 0. 0. 0. 0. 0. 0. 0. 0. 0. 0. 0. 0. 0. 0. 0. 0.
 0. 0.
   --- 省略 ---
 0. 0. 0. 0. 0. 0. 0. 0. 0. 0. 0. 0. 0. 0. 0. 0. 0. 0. 0. 0. 0. 0. 0.
 0. 0.
 0. 0. 0. 0. 0. 0. 0. 0. 0. 0. 0. 0. 0. 0. 0. 0. 0. 0. 0. 0. 0. 0. 0.
 0. 0.
```

```
 0. 0. 0. 0. 0. 0. 0. 0. 0. 0. 0. 0. 0. 0. 0. 0. 0. 0. 0.
 0. 0.
 0. 0. 0. 0. 0. 0. 0. 0.]
```

　初期化直後で、指定された1,000ユニット（パーセプトロン）です。その中は全部「0」で埋めています。もちろんこれはまだ学習していないからです。学習の後でもう一度見て、どのよう変化するのかを確認しましょう。

　同様に、学習前の入力層の重みの配列も見てみましょう。

Input
```
print('学習前の入力層の重み配列',model.layer1.W.array)
```

Output
```
学習前の入力層の重み配列 None
```

　こちらも当然ですが、まだ学習していないため、重み付けのデータ配列はまだ作られていません。当然中身もありません。

　続いて、学習データを操作するための準備をします。

■iteratorsとは

　iteratorは連続処理をシンプルするための反復子のことです。深層学習では、大量のデータを使って、同じ「演算」や「処理」を繰り返すことが多いので、反復子を用意しているフレームワークが多くあります。ChainerではいくつかのIteratorが用意されています。

chainer.iterators.SerialIterator
chainer.iterators.MultiprocessIterator
chainer.iterators.MultithreadIterator
chainer.iterators.DaliIterator

　SerialIteratorはデータセットの中のデータを順番に取り出してくる最もシンプルなiteratorです。今回のプログラムではこれを使います。

　次のプログラムを見てみましょう。

　1行目では学習データセットを順番に取り出すための反復子をインポートしています。

　3行目ではBATCH_SIZEを設定しています。

　その後、学習用データの反復子train_iteratorと検証用データの反復子をそれぞれのデータセットから作成します。

Input
```
from chainer import iterators
```

```
BATCH_SIZE = 100

train_iterator = iterators.SerialIterator(train_data, BATCH_SIZE)
test_iterator = iterators.SerialIterator(test_data, BATCH_SIZE,
                                         repeat=False, shuffle=False)
```

Output

なし

■Optimizerの設定

　Chainerでは様々な最適化手法が提供されていますが、今回は、一番シンプルな**勾配降下法**の手法であるoptimizers.SGDを使います。（その他の最適化手法に興味のある方は、https://docs.chainer.org/en/stable/reference/optimizers.htmlを参照してください）。

　optimizers.SGDはモデルから設定するのではなく、optimizerのsetupメソッドで、モデルを指定します。次のプログラム中のSGDのlrというのはlearn rateの略で、学習率と言います。このパラメータも調整すれば、学習の結果に影響を与えます。Colaboratoryでいろんな数値に変えて結果の変化を確かめてみてください。ここでは学習率を0.01に設定します。

Input

```
from chainer import optimizers

optimizer = optimizers.SGD(lr=0.01)
optimizer.setup(model)
```

Output

```
<chainer.optimizers.sgd.SGD at 0x7f0c10cf09b0>
```

■検証の処理ブロック

　まず必要なモジュールをインポートします。学習の回数 MAX_EPOCHも設定します。次のプログラムで、データのリストを配列に結合するメソッド、chainer.dataset.concat_examplesをfrom chainer.dataset import concat_examplesの1行で導入します。

Input

```
import numpy as np
```

```
from chainer.dataset import concat_examples

import matplotlib.pyplot as plt

MAX_EPOCH = 20
```

Output

なし

まず、検証の処理ブロックを見てみます。まとめるために1つの関数の形にしています。次のようなプログラムになります。

testEpochは毎回1epoch学習の後呼び出され実行されます。呼び出される場所は次の「学習と検証」のプログラムで確認してください。

Input

```
def testEpoch(train_iterator,loss):
# 学習誤差の表示
  print('学習回数:{:02d} --> 学習誤差:{:.02f} '.format(
           train_iterator.epoch, float(loss.data)), end='')

  # 検証用誤差と精度
  test_losses = []
  test_accuracies = []
  #
  while True:
    test_dataset = test_iterator.next()
    test_data, test_teacher_labels = concat_examples(test_dataset)

    # 検証データをモデルに渡します
    prediction_test = model(test_data)

    # 検証データに対して得られた予測値と教師ラベルデータと比較して、ロスの計算
をします
    loss_test = F.softmax_cross_entropy(prediction_test, test_teach
er_labels)
    test_losses.append(loss_test.data)

    # 精度を計算します
    accuracy = F.accuracy(prediction_test, test_teacher_labels)

    test_accuracies.append(accuracy.data)

    if test_iterator.is_new_epoch:
```

```
        test_iterator.epoch = 0
        test_iterator.current_position = 0
        test_iterator.is_new_epoch = False
        test_iterator._pushed_position = None
        break

    print('検証誤差:{:.04f} 検証精度:{:.02f}'.format(
        np.mean(test_losses), np.mean(test_accuracies)))
```

Output

なし

■学習と検証

いよいよ学習のプロセスです。ここでは「while」を使って、メインの処理ループを作ります。ループの回数はMAX_EPOCHで決めます。ここでは20回に設定しましたが、5か20に設定してみて、学習結果にどう影響するかを試してみてください。

ループの中では、反復子からデータを取り出して、モデルにかけて学習させていきます。

Input

```
while train_iterator.epoch < MAX_EPOCH:
  # 学習データセットを反復子から取り出します
  train_dataset = train_iterator.next()

  # 学習データを学習データと教師ラベルデータにアンパックします
  train_data, teacher_labels = concat_examples(train_dataset)

  # モデルにかけて、予測値の計算をします
  prediction_train = model(train_data)

  # 得られた予測値と教師ラベルデータと比較して、学習誤差の計算をします
  loss = F.softmax_cross_entropy(prediction_train, teacher_labels)

  # ニューラルネットワークの中の勾配の計算をします
  model.cleargrads()
  # 誤差を逆伝播します
  loss.backward()

  # 誤差を反映して、パラメータの更新をします
  optimizer.update()
  # 一回学習 (epoch)が終わったら検証データに対する予測精度を計ります
  if train_iterator.is_new_epoch:
    testEpoch(train_iterator,loss)
```

Output

```
学習回数:01 --> 学習誤差:0.57 検証誤差:0.4963 検証精度:0.90
検証誤差:0.4851 検証精度:0.92
検証誤差:0.4868 検証精度:0.92
検証誤差:0.5063 検証精度:0.90
検証誤差:0.5191 検証精度:0.89

--- 省略 ---
検証誤差:0.1303 検証精度:0.96
検証誤差:0.1297 検証精度:0.96
検証誤差:0.1302 検証精度:0.96
検証誤差:0.1329 検証精度:0.96
検証誤差:0.1335 検証精度:0.96
```

　学習が進むに連れて、精度が上がっていくのが確認できます(みなさんの出力の結果とは多少異なる場合があります)。これが複数のパーセプトロンが構成しているニューラルネットワークが学習した結果です。

　学習の後、もう一度入力層の重み付けの中身を見てみましょう。次のプログラムを実行してください。学習の前は、model.layer1.W.arrayは未定義でした。

　学習後は、入力層の重み配列が全部数値で埋まっています。これが学習の「成果」です。入力層のみならず、定義しているニューラルネットワークの全体の重み配列の集合体が「学習済モデル」となります。

Input

```
print('入力層のバイアスパラメータ配列の形状は', model.layer1.b.shape)
#
print('学習後の入力層の値は、', model.layer1.b.data)
# 入力層の重み配列
print('学習後の入力層の重み配列',model.layer1.W.array)
print('学習後の入力層の重み配列の形状は',model.layer1.W.array.shape)
```

Output

```
入力層のバイアスパラメータの形状は (1000,)
学習後の入力層の値は、[  2.37424974e-03   1.36853820e-02  -4.81440313e-03
   7.44349184e-03
   6.15792535e-03  -2.94651883e-03   3.24223493e-03   7.05791870e-03
   1.19094383e-02   1.79354765e-03   2.12251325e-03   7.36099575e-03
   6.69788290e-03   1.15960801e-03   4.63578664e-03   1.47840986e-02
  -4.04570624e-03   7.26203155e-03   3.62025900e-03   6.68507535e-03
--- 省略 ---
   1.81262549e-02  -5.99585255e-05   6.53107790e-03   4.80248593e-03
   4.36806167e-03  -1.82293577e-03   7.11683091e-03   8.76740646e-03
```

```
       2.86110211e-02 -4.91078885e-04  1.48832211e-02  1.99571382e-02
       9.10064857e-03 -4.17935755e-03  5.60483616e-03  1.84890139e-03
       1.34626385e-02 -2.84785475e-03 -1.08935041e-02  2.47638281e-02]
学習後の入力層の重み配列 [[-0.0203619  -0.04505523 -0.02267165 ...  0.03621635  0.01681228
  -0.01693363]
 [ 0.01716008  0.03080458 -0.01060391 ... -0.01724374 -0.00518886
   0.01669631]
 [-0.03470124  0.02330724 -0.08853719 ...  0.01906068 -0.04616649
  -0.0136602 ]
 ...
 [ 0.04026327  0.01015668 -0.04173463 ...  0.06720794 -0.02959155
   0.03214978]
 [-0.00104379 -0.0448452   0.03055416 ... -0.00529555  0.00839957
   0.04876965]
 [-0.02028995  0.0627863  -0.02899054 ... -0.0619136  -0.04318894
  -0.03527277]]
学習後の入力層の重み配列の形状は (1000, 784)
```

■ 学習済モデルの保存

学習済モデルを保存するためのserializersモジュールをインポートします。chainer-mnist.modelが作成されたことを確認できます。

Input

```
from chainer import serializers

serializers.save_npz('chainer-mnist.model', model)

# 保存されているかどうかを確認します
%ls -la
```

Output

```
total 344
drwxr-xr-x 1 root root   4096 Jan 16 01:34 ./
drwxr-xr-x 1 root root   4096 Jan 16 01:30 ../
-rw-r--r-- 1 root root 333962 Jan 16 01:34 chainer-mnist.model
drwxr-xr-x 4 root root   4096 Jan  8 17:14 .config/
drwxr-xr-x 1 root root   4096 Jan  8 17:15 sample_data/
```

■学習済モデルのダウンロード

次のプログラムで学習済モデルをダウンロードすることができます。このダウンロードはColaboratoryの機能を使っています。このように任意のファイルをブラウザを使ってダウンロードすることができます。

Input
```
from google.colab import files
files.download('chainer-mnist.model')
```

Output
```
なし
```

次からは、学習済のモデルを使う「応用フェーズ」です。ここでいう応用フェーズは、実際に学習済みモデルを使って判定をするフェーズのことです。

■学習済のモデルを使う

学習済モデルを手に入れましたが、このモデルを使ってちゃんと手書き数字を認識できるのかを確認してみましょう。学習済モデルを使う場合の注意点として、必ず同じニューラルネットワークを定義するクラスを使うことです。学習する時に定義したニューラルネットワークで特徴を学習して「覚えた」ので、違うニューラルネットワークのクラスを使用すると、正常に動作しません。

検証データセットから、任意のデータを取り出したいので、もう一回get_mninst()を実行して、test_dataを用意します。

その後、データを取り出します（何番目でも構いません。ここではdata_location=6423）。学習済モデルを使って判定する前に、まず目で見て確かめてみましょう。

Input
```
model = MLP()

# 学習済モデルファイルをロードします
serializers.load_npz('chainer-mnist.model', model)

train_data, test_data = chainer.datasets.get_mnist(withlabel=True, ndim=1)
data_location=6423
# 検証データの一つを使います
predict_data, predict_lable = test_data[data_location]
plt.imshow(predict_data.reshape(28, 28), cmap='gray')
```

```
plt.show()
print('predict_lable:', predict_lable)
```

Output

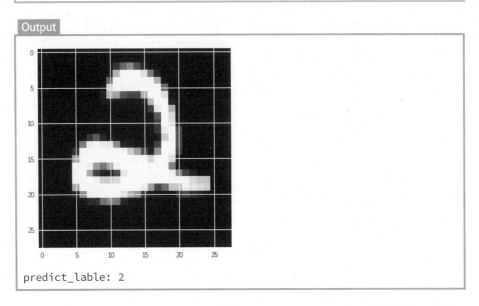

predict_lable: 2

　手書き数字の「2」ですね。ラベルも「2」と示しています。モデルの判定結果が「2」になれば成功です（ただしその確率は、上の学習の結果の通り、96%です。100%ではありません）。

　次は、モデルを使って判定します。データをmodelに渡す前に、一回学習時のデータフォーマットに変換しておく必要があります。プログラム中の次の1行です。

```
predict_data = predict_data[None, ...]
```

　これで、学習の時の入力データと同じ形になっています。

Input
```
# 分類したいデータをモデルに渡します
predict_data = predict_data[None, ...]
#
predict = model(predict_data)
result= predict.array
print(result)
probable_label = result.argmax(axis=1)
print('一番可能性の高いのは:', probable_label[0])
```

Output
```
[[ 1.9824224  -6.447914   14.793644    0.7218088   1.0506251  -2.4182048
   5.5060606  -8.450629    0.1327682  -6.2582    ]]
一番可能性の高いのは: 2
```

Outputを見ると「一番可能性の高いのは：2」となり、「2」と認識されました。上記のテスト用の「数字」(data_location=6423の数字部分)を変えて、実行してみてください。これで、Chainerという深層学習フレームワークを使って、MNISTのデータセットを学習させた手書き数字の認識精度96%の学習済モデルを手に入れました。次にこのモデルをRaspberry Piで使ってみましょう。

■Raspberry Pi側の作業

これから、Raspberry Piでの作業となります。第3部「Pythonでできるウェブサーバ」で解説しているFlaskというウェブアプリケーションフレームワークを使います。「Pythonでできるウェブサーバ」では、ウェブアプリケーションの「Hello World」を作成しています。

このレシピでは、このFlaskというウェブアプリケーションフレームワークをベースにして、いくつか簡単なウェブアプリケーションの機能として作成していきます。

他のレシピとも少し関連性がありますので、共通部分も少し紹介しておきます。

まず、これから使うウェブアプリケーションのソースコードを次のURLから取得してください。

https://github.com/Kokensha/book-ml

ダウンロードにはgitコマンドを使いcloneします。gitがインストールされていない場合は次のコマンドでgitをインストールしてからcloneしてください。

```
$ sudo apt-get install git    ←gitがインストールされていない場合はこのコマンドを実行します
$ git clone https://github.com/Kokensha/book-ml
```

cloneした後のフォルダの配下にある「docker-python3-flask-ml-app」フォルダには、04-05節、04-06節、05-01節、05-03節のレシピをまとめて、1つのウェブアプリの形にしています。

筆者はユーザーpiのホームディレクトリの配下にあるworkspaceにcloneしています。以降の説明では、その配下で作業していくものとします。

docker-python3-flask-ml-app/appフォルダに移動して、次のコマンドを実行して、直接Flaskのウェブアプリを起動させることができます（画面1）。PCで実行する場合は本節末のコラムを参照してください。

必要なパッケージは02-01節の説明でインストール済みです。

```
$ python3 app.py
```

▼画面1　Raspberry Piで起動した時の画面

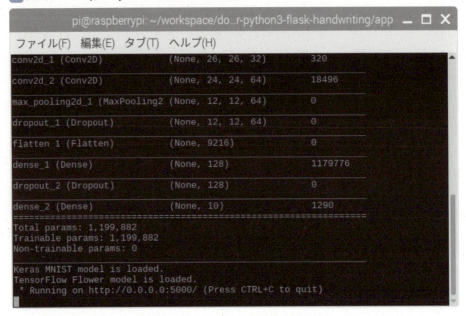

起動後、ブラウザから「http://0.0.0.0:5000/」(あるいは「http://localhost:5000/」) にアクセスしてみてください。アクセスすると画面2のように表示されます。

▼画面2　http://0.0.0.0:5000/にアクセス

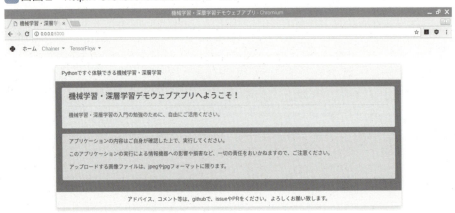

画面2の「ホーム」の右側に「Chainer」と「TensorFlow」のプルダウンメニューが表示されています。04-06節、04-06節、05-01節、05-03節の4つのレシピにメニューからアクセスできます。

■手書き数字の認識

「Chainer」のプルダウンを選択します。画面3のように、左側の白い四角いエリアにマウスを移動します。ここに0～9までの1つ数字を書いてから、[AIに聞いてみる]ボタンをクリックします。すると、右側の薄オレンジ色のエリアに書かれた数字の推測結果が表示されます。

▼画面3　Raspberry Piブラウザで動作する画面

早速、このウェブアプリのフォルダ構成を見ていきましょう。

docker-python3-flask-ml-app/appの配下は、Flaskアプリケーションの関連ファイル一式が格納されています（表1）。

▼表1　配布プログラムフォルダの説明

app.py	Flaskアプリケーションを起動するmainファイル
chainer_dogscatsフォルダ	04-06節のレシピで使う、サーバサイドプログラムと、学習済みモデルが格納されています。
chainer_mnistフォルダ	本レシピ（04-05節）で使う、サーバサイドプログラムと学習済みモデルが格納されています。
tensorflow_flowerフォルダ	05-03節のレシピで使う、サーバサイドプログラムと学習済みモデルが格納されています。
kares_mnistフォルダ	05-01節のレシピで使う、サーバサイドプログラムと学習済みモデルが格納されています。
imagesフォルダ	クライアント（ブラウザ）から送られてきた手書き数字のファイルや、アップロードされた写真ファイルを格納するフォルダです。

staticフォルダ	クライアント（ブラウザ）で使うCSSファイルとJavaScriptファイルが格納されています。
templatesフォルダ	各ページのhtmlテンプレートが格納されています。

今回のレシピに関連するファイルは次の4つです。（共通）とあるのは本レシピ以外でも共通に使用するファイルになります。

static/js/app.js（共通）
app.py（共通）
templates/chainer.html
chainer_mnist/mnistPredict.py

まずapp.jsですが、こちらは、localhostにアクセスがあったときに、ロードされ、実行されます。

```
function initOnLoad()
```

index.htmlにインクルードされているheader.htmlのなかで次のように初期化の呼び出しがあります。

```
<body onload="initOnLoad();">
```

ページがロードされるときに、initOnload();が実行されます。実行されることで、次のfunctionが呼び出されます。

```
function initDrawFunc() {
    main_canvas = document.getElementById("main_canvas");
    if (main_canvas) {
        main_canvas.addEventListener("touchstart", touchStart, false);
        main_canvas.addEventListener("touchmove", touchMove, false);
        main_canvas.addEventListener("touchend", touchEnd, false);
        main_canvas.addEventListener("mousedown", onMouseDown, false);
        main_canvas.addEventListener("mousemove", onMouseMove, false);
        main_canvas.addEventListener("mouseup", onMouseUp, false);
        canvas_context = main_canvas.getContext("2d");
        canvas_context.strokeStyle = "black";
        canvas_context.lineWidth = 18;
        canvas_context.lineJoin = "round";
        canvas_context.lineCap = "round";
        clearCanvas();
    }
}
```

上記のプログラムで手書き数字を入力するcanvasを用意します。マウスでの描画処理についての説明はここで割愛しますが、詳細はソースコードを参照してください。

■画像データの送信

描画された文字データをサーバに送ります。app.jsの次の部分は手書き文字データをサーバに送る処理です。

```javascript
function sendDrawnImage2Chainer() {
    //まず結果を非表示にしておきます。
    $('#answer').html('');
    var image = document.getElementById("main_canvas").toDataURL('image/png');
    image = image.replace('image/png', 'image/octet-stream');
    $.ajax({
            type: "POST",
            url: "/chainer",
            data: {
                "image": image
            }
        })
        .done((data) => {
            //結果が返ってきたら、表示します。
            $('#answer').html('<span class="answer-text">' + data['result'] + '</span>');
        });
}
```

jQueryのAjax機能を利用して、canvasに描画した内容をサーバに送ります。送る先はhttp://localhost/chainerで、methodは「POST」です。

続いて、これを受け取るサーバ側の処理を見てみましょう。

■画像データの受け取り

サーバ側はデータを受け取って、app.pyの中にある次の部分で処理をします。

```python
@app.route('/chainer', methods=['GET', 'POST'])
def chainer():
    if request.method == 'POST':
        result = getAnswerFromChainer(request)
        return jsonify({'result': result})
    else:
        return render_template('chainer.html')
```

/chainerというディレクトリに「POST」というmethodで送られてきた画像データを次の関数で処理します。

```python
result = getAnswerFromChainer(request)
```

getAnswerFromChainer()で処理した後、その結果をresultに返すという処理の流れになります。

さらに、getAnswerFromChainer()を見てみましょう。

```
def getAnswerFromChainer(req):
    prepared_image = prepareImage(req)
    result = mnistPredict.result(prepared_image)
    return result
```

getAnswerFromChainerは、requestを処理して、prepareImage(req)で画像を処理します。学習時に使ったMNISTのデータフォーマットに合わせて処理しておく必要があります。

処理後の画像データをmnistPredict.result()に渡して、予測してもらいます。

それぞれ処理を見ていきましょう。

```
def prepareImage(req):
    image_result = None
    image_string = regexp.search(r'base64,(.*)', req.form['image']).group(1)
    nparray = np.fromstring(base64.b64decode(image_string), np.uint8)
    image_nparray = cv2.imdecode(nparray, cv2.IMREAD_COLOR)
    # 画像を学習データのように黒い背景、白い文字に変換します
    image_nega = 255 - image_nparray
    # グレースケールに変換します
    image_gray = cv2.cvtColor(image_nega, cv2.COLOR_BGR2GRAY)
    image_result = cv2.resize(image_gray, (28, 28))
    cv2.imwrite('images/mnist_number.jpg', image_result)
    return image_result
```

prepareImageの中で、ブラウザから送られてきたデータを「文字列」からnumpyの配列に変換し、その後、グレースケールに変換した上、それを返します。最後に画像として保存していますが、これは生成した画像の確認用です。判定用はそのまま、画像ファイルではなく、画像の配列データが使われています。

そして、後続の処理では、検証時MNISTの手書き数字データを分類するのと同じように、ブラウザから送られてきたデータを「分類」することができます。

次のmnistPredict.resultで、Colaboratoryで作った学習済みモデルを使って、実際にこのサーバに送られてきた手書き数字データをインプットして「分類」します。

```
result = mnistPredict.result(prepared_image)
```

ministPredictのプログラムの全体は次のようになります。

```
# -*- coding: utf-8 -*-
# ---------------------------------------------------------------------------
#
```

```python
#
import os

import chainer
import chainer.functions as F
import chainer.links as L
from chainer import serializers


# -----------------------------------------------------------------------------
#
# 学習モデルの定義
class MLP(chainer.Chain):
    def __init__(self, number_hidden_units=1000, number_out_units=10):
        # 親クラスのコンストラクタを呼び出し、必要な初期化を行います。
        super(MLP, self).__init__()
        #
        with self.init_scope():
            self.layer1 = L.Linear(None, number_hidden_units)
            self.layer2 = L.Linear(number_hidden_units, number_hidden_units)
            self.layer3 = L.Linear(number_hidden_units, number_out_units)

    def __call__(self, input_data):
        #
        result1 = F.relu(self.layer1(input_data))
        result2 = F.relu(self.layer2(result1))
        return self.layer3(result2)


# 学習済みモデル
chainer_mnist_model = MLP()
serializers.load_npz(
    os.path.abspath(os.path.dirname(__file__)) + '/chainer-mnist.model',
    chainer_mnist_model)
print('Chainer MNIST model is loaded.')


def result(input_image_data):
    # print('渡された画像データ¥n')
    # print(input_image_data)
    # print('¥n')

    input_image_data = input_image_data.astype('float32')
    input_image_data = input_image_data.reshape(1, 28 * 28)
    # print('配列形状変換¥n')
    # print(input_image_data)
    # print('¥n')

    input_image_data = input_image_data / 255
    # print('255で割ります¥n')
    # print(input_image_data)
```

```
        # print('\n')

        input_image_data = input_image_data[None, ...]
        # print('ミニバッチの形状に\n')
        # print(input_image_data)
        # print('\n')

        # input_image_data = chainer_mnist_model.xp.asarray(input_image_data)
        predict = chainer_mnist_model(input_image_data)
        result = predict.array
        probable_label = result.argmax(axis=1)

        # print('モデルの判定結果\n')
        # print(result)
        # print('\n')

        print('最終結果\n')
        print(probable_label[0])
        print('\n')

        return str(probable_label[0])
```

このレシピの前半でも触れましたが、この部分は、学習させるフェーズでのMLPの構成と同じにしなければなりません。基本はそのまま、学習モデル定義の部分をコピーして構いません。MLPは「調理手順」の一番最初に定義したニューラルネットワークです。マルチレイヤーパーセプトロンとも言います。

続いて、result()という関数でモデルをロードして、そのモデルを予測させます。
最後に確率の一番大きいラベルがpredict_label[0]で取得できます。取得したpredict_label[0]をブラウザに返し、ブラウザがそれを受け取って表示することができます。ブラウザが受け取る処理はapp.jsの次の関数で記述しています。

```
function sendDrawnImage2Chainer()
```

この関数では、サーバへ送信後、サーバ側の処理が終わったらdone()の部分が実行されます。data['result']の中は、実際に「4」とか「7」などの分類の結果文字列が格納されています。それをそのままHTMLに表示する処理です。こうやってブラウザの画面で「AI」の判定結果を確認することができます。

```
.done((data) => {
    //結果が返ってきたら、表示します。
    $('#answer').html('<span class="answer-text">' + data['result'] + '</span>');
});
```

このように、ブラウザからサーバ、サーバでモデルを使って分類、分類した結果をブラ

ウザに返し、表示するという一連の処理が完成しました。

▶ まとめ

　Chainerを用いて深層学習で得られた手書き数字の学習済モデルをウェブアプリケーションに組み込むことができました。Raspberry PiではRaspberry PiのCPUで処理するので、処理スピードはPCの環境と比べてやや遅いです。［AIに聞いてみる］ボタンをクリックして結果ができるまで数秒かかります。

　処理の流れを簡単に説明しましたが、細かい処理はぜひダウンロードファイルのソースコードをじっくり確認して理解を深めてください。

Column

Dockerで試してみることもできる

　PCの場合はdockerを使って起動させることができます。Dockerの使い方は本書の対象外ですので、興味のある読者はDocker（https://www.docker.com/）の使い方を調べてみてください。

　Dockerでアプリを開発、検証する場合は、**必要な特定のバージョンのPython、必要なパッケージなど、全部コンテナの「中」にインストールするかたちになりますので、ホストPCには何もインストールせず、ホストPCは影響一切受けません**ので、たくさんの異なる構成のプロジェクトを並行して開発できます。開発の手法の一つとして、お勧めします。

　Dockerで本書のウェブアプリを実行するには、docker-python3-flask-ml-appの直下で次のコマンドを実行してください。

```
$ docker-compose up Enter
```

　初回の起動は、docker imageのダウンロード、docker imageのビルドで少し時間がかかりますが、2回目以降はすぐ起動します。

```
server_1  | Chainer Dogs & Cats model is loaded.
server_1  | Chainer MNIST model is loaded.
server_1  | _____
server_1  | Layer (type)                 Output Shape              Param #
server_1  | =================================================================
server_1  | conv2d_1 (Conv2D)            (None, 26, 26, 32)        320
server_1  | _____
```

```
server_1  |                                         ----------
server_1  | conv2d_2 (Conv2D)            (None, 24, 24, 64)        18496
server_1  | _____
server_1  | max_pooling2d_1 (MaxPooling2 (None, 12, 12, 64)        0
server_1  | _____
server_1  | dropout_1 (Dropout)          (None, 12, 12, 64)        0
server_1  | _____
server_1  | flatten_1 (Flatten)          (None, 9216)              0
server_1  | _____
server_1  | dense_1 (Dense)              (None, 128)               1179776
server_1  | _____
server_1  | dropout_2 (Dropout)          (None, 128)               0
server_1  | _____
server_1  | dense_2 (Dense)              (None, 10)                1290
server_1  | =================================================================
server_1  | Total params: 1,199,882
server_1  | Trainable params: 1,199,882
server_1  | Non-trainable params: 0
server_1  | _____
server_1  | Keras MNIST model is loaded.
server_1  | TensorFlow Flower model is loaded.
server_1  |  * Serving Flask app "app" (lazy loading)
server_1  |  * Environment: production
server_1  |    WARNING: Do not use the development server in a production environment.
server_1  |    Use a production WSGI server instead.
server_1  |  * Debug mode: off
server_1  | Using TensorFlow backend.
server_1  |  * Running on http://0.0.0.0:5000/ (Press CTRL+C to qu
```

it)

他のサンプルコードも含まれますので、それぞれのモデルもロードされます。

```
Running on http://0.0.0.0:5000/ (Press CTRL+C to quit)
```

上記のような文字が表示されていれば、ブラウザで「http://0.0.0.0:5000/」にアクセスしてみてください。

04 06 中級レシピ

Chainerで作る
犬と猫認識ウェブアプリ

— Colaboratory + Raspberry Pi —

120分

　今回のレシピは、前の節のレシピの内容を踏まえて、Chainerで畳み込みニューラルネットワークを構築して、学習させます。

　本書では、このレシピで初めて、深層学習（ディープラーニング）を体験することになります。学習させるデータは犬と猫の写真データです。

　前回と同様に前半はColaboratoryで学習までの処理を調理します。後半は学習済モデルをRaspberry Piにコピーして、ブラウザから写真をアップロードしてサーバに送信し、犬と猫を区別してもらうというウェブアプリケーションに仕上げます。

準備する環境やツール
- Chainer
- Cat & Dogデータセット
- Colaboratory
- GPU

このレシピの目的
- Chainerの使い方の理解を深める
- Chainerを使って畳み込みニューラルネットワークの設定方法を理解する

▶ データの準備

　今回、使っている犬と猫のデータはKaggleのコンペでも使っているデータとなります。そのデータはKaggle（https://www.kaggle.com/）でも公開されている画像の犬と猫を分類するコンペティション課題（https://www.kaggle.com/c/dogs-vs-cats）です。世界中の人が参加しています。犬と猫のデータはKaggleのアカウントを作成すれば、ダウンロード可能です。

　Kaggle（カグル）は世界で最大規模の機械学習コンペティションフラットフォームです。常にたくさんのコンペが開催しているので、興味のある読者はぜひ覗いてみてください。

■ ChainerとCuPyの用意

まずChainerをインポートします。

Input
```
import chainer
```

Output
```
なし
```

Chainerだけでは、GPUを使えません。GPUを使うためには、別途CuPyをインポートする必要があります。

Input
```
import cupy
```

Output
```
なし
```

■データセットのダウンロード

Kaggleにログインしてダウンロードしてください。ここではKaggleへのユーザ登録の手順は割愛します。

犬と猫の写真を「wget」でダウンロードしましょう。

■ダウンロードしたファイルを確認する

ファイル一覧を表示させ、ダウンロードしたファイルを確認します。ダウンロードしたファイルはdogscats.zipという名前としましょう。

Input
```
ls
```

Output
```
dogscats.zip   sample_data/
```

■データセットを解凍する

圧縮ファイルを解凍します。

Input
```
!unzip dogscats.zip
```

Output
```
Archive:  dogscats.zip
inflating: dogscats/sample/train/cats/cat.2921.jpg
  inflating: dogscats/sample/train/cats/cat.394.jpg
  inflating: dogscats/sample/train/cats/cat.4865.jpg
  inflating: dogscats/sample/train/cats/cat.3570.jpg
  --- 以下省略 ---
```

ファイルを解凍後の学習データは次のように解凍され、保存されています。

dogscats/train/dogs/dog.xxx.jpg
dogscats/train/cats/cat.xxx.jpg

検証データは次のように解凍され、保存されています。

dogscats/valid/dogs/dog.xxx.jpg
dogscats/valid/cats/cat.xxx.jpg

テストデータは次のように解凍され、保存されています。

dogscats/test/dogs/dog.xxx.jpg
dogscats/test/cats/cat.xxx.jpg

上記のようなフォルダの構成になっています。ここまででデータの準備ができました。

▶ 調理手順

調理する前に、まずいつもの通りデータの中身を見て、データに慣れましょう。

■学習データを確認する（任意画像）

必要なパッケージをインポートして、上記の学習データフォルダから任意の画像ファイル名を選び、下のtrain_image_pathに設定してください。ここではcat.3533.jpgとしています。

Input
```
from PIL import Image

train_image_path = './dogscats/train/cats/cat.3533.jpg'
Image.open(train_image_path)
```

Output
```
省略
```

■検証データを確認する（任意画像）

今度は、検証データフォルダから、任意の画像を表示してみましょう。

Input
```
from PIL import Image

valid_image_path = './dogscats/valid/cats/cat.4282.jpg'
Image.open(valid_image_path)
```

Output
```
省略
```

Outputは省略していますが、猫の写真です。画像のサイズが違います。確認してみてください。

■学習データと検証データを分ける

先ほど、確認したフォルダをそれぞれパスの変数として設定します。これはTransformDataset型にするためです。

Input
```
cats_images_train_path = 'dogscats/train/cats/'
dogs_images_train_path = 'dogscats/train/dogs/'
cats_images_valid_path = 'dogscats/valid/cats/'
dogs_images_valid_path = 'dogscats/valid/dogs/'

image_and_teacher_label_list = []
```

Output
```
なし
```

■関数 get_image_teacher_label_list() の定義

今回は、犬と猫のデータを取得しましたが、犬と猫の画像がそれの正解教師ラベルとは紐づいていません。それぞれの画像とその画像の教師ラベルをセットにする処理が必要です。これから定義する関数は画像のデータとそれに対応する教師ラベルデータのリストを作る関数です。教師ラベルは「0：猫」、「1：犬」とします。

関数の引数は、フォルダと、教師ラベルデータです。処理した後、全ての画像ファイルを漏らさず全部スキャンして、画像とラベルをセットで返します。

Input
```
import os
```

```
def get_image_teacher_label_list(dir, label):
    filepath_list = []
    files = os.listdir(dir)
    for file in files:
        filepath_list.append((dir + file, label))
    return filepath_list
```

Output

なし

■学習データと検証データをリストにする

ここでは、先のプログラムのget_image_teacher_label_list()関数を利用して、画像ラベルデータと教師ラベルデータをtupleの配列に構築します。

Input

```
# 学習データ猫の画像のフォルダ、ラベルは0：猫です
image_and_teacher_label_list.extend(get_image_teacher_label_list(cats_images_train_path, 0))
# 学習データ犬の画像のフォルダ、ラベルは1：犬です
image_and_teacher_label_list.extend(get_image_teacher_label_list(dogs_images_train_path, 1))
# 検証データ猫の画像のフォルダ、ラベルは0：猫です
image_and_teacher_label_list.extend(get_image_teacher_label_list(cats_images_valid_path, 0))
# 検証データ犬の画像のフォルダ、ラベルは1：犬です
image_and_teacher_label_list.extend(get_image_teacher_label_list(dogs_images_valid_path, 1))
```

Output

なし

何が入っているのかを確認してみましょう。

Input

```
print(image_and_teacher_label_list)
```

Output

```
[('dogscats/train/cats/cat.4430.jpg', 0), ('dogscats/train/cats/cat.244.jpg', 0), ('dogscats/train/cats/cat.4131.jpg', 0),
   --- 以下省略 ---
```

('dogscats/train/cats/cat.4430.jpg', 0)のように、全ての画像が教師ラベルデータとセットになりました。

■画像データ形式の整備

　ChainerのConvolution2Dなどを使う際には、データ形式を対応したものに整備しておく必要があります。Convolution2Dは畳み込み層を定義するクラスです。このクラスを使って、畳み込みニューラルネットワークの畳み込み層を構築していきます。畳み込み層については、01-03節を参照してください。

　transpose(2,0,1)によりPILからnp.arrayに変換を行いますが、逆にnp.arrayからPILに変換を行う場合は、transpose(1,2,0)で行うことができます。このPILはPillowパッケージのことです。Pillowのデータ構造をNumPyのnp.arrayに変更する必要があります。PillowとNumPyは内部配列の構造が違うためです。

Input

```python
# 画像データをChainerのConvolution2Dに使えるように整備します
# 最後を先頭(x,y,color) => (color,x,y)
def data_reshape(width_height_channel_image):
    image_array = np.array(width_height_channel_image)
    return image_array.transpose(2, 0, 1)
```

Output

なし

　最初に画像を確認したときに画像サイズはそれぞれ異なっていました。そこで、画像サイズを統一するために、画像をリサイズする必要があります。画像をリサイズするために、入力画像のサイズを決めます。ここでは縦横ともに128ピクセルにします。これから、画像を全部このサイズにリサイズします。

Input

```python
INPUT_WIDTH = 128
INPUT_HEIGHT = 128
```

Output

なし

■データ形状変換の結果確認

　Convolution2Dで使うためのデータ形状変換の結果を確認しましょう。

Input
```
import cv2

# 配列形状変換する前の画像データのshape（画像の幅、高さ、チャンネル）
image_before_reshape = cv2.imread('./dogscats/train/cats/cat.9021.jpg')
print(image_before_reshape.shape)

# 配列形状変換した後の画像データのshape
image_after_reshape = data_reshape(image_before_reshape)
print(image_after_reshape.shape)
```

Output
```
(251, 216, 3)
(3, 251, 216)
```

チャンネルの順番も変わったことが確認できますね。

■画像の前処理関数　adapt_data_to_convolution2d_format()

次のプログラムのadapt_data_to_convolution2d_format()関数では、次の前処理をします。

- 画像リサイズ

このままtrainとvalidのフォルダの配下にある画像を使うと、画像のサイズがバラバラですので、画像のサイズを統一させます。

この関数を使うことで、全ての画像を、同じサイズに統一することができます。11行目のimg.resizeはPillowの機能です。

- Image.LANCZOS

同じ11行目ですが、resizeする際に、指定するfilterです。resize後の画質が良いですが、処理速度が少し遅くなります。

他にもNEAREST、BOX、BILINEAR、HAMMING、BICUBICというフィルタがありますので、それぞれ特徴が違います。ぜひ試してみてください。

- 画像データの変換

14行目では、ChainerのConvolution2Dなどを使う際のデータ形式に対応させています。

Input

```
def adapt_data_to_convolution2d_format(input_image):
    image, label = input_image

    # image のデータを8ビットの符号なし整数に変換します
    image = image.astype(np.uint8)
    # Chainerの中データを用意する段階で、image.transpose(2, 0, 1)しまし
たので、(最後を先頭 (x,y,color)=> (color,x,y))
    # 正しくリサイズできるため、一回データの構造を戻して(先頭を最後に => (x,
y,color))
    image = Image.fromarray(image.transpose(1, 2, 0))

    # 共通の画像のリサイズ処理です。第5章の1番目のレシピを参照してください
    result_image = image.resize((INPUT_WIDTH, INPUT_HEIGHT), Image.
LANCZOS)

    # リサイズしたら、画像データをChainerのConvolution2Dに使えるように戻し
ます(もう一回最後を先頭に  => (color,x,y))
    image = data_reshape(result_image)

    # データを0～1の間の値に変換します
    image = image.astype(np.float32) / 255

    return image, label
```

Output

なし

■データセットの作成

今回は、教師あり学習の場合です。画像とラベルをセットにしたデータセットを作成する場合はLabeledImageDatasetを使うのが最適です。

これまでにLabeledImageDatasetにデータを作ってもらうために、画像とそれの教師ラベルデータ(0：猫、1：犬)をセットにして用意してきました。

先のプログラムで作成した画像と教師ラベルデータを渡すだけで、データセットを作成してくれます。

Input

```
from chainer.datasets import LabeledImageDataset

dogscats_dataset = LabeledImageDataset(image_and_teacher_label_lis
t)
```

Output
```
なし
```

　また、LabeledImageDatasetを使うには、モデルに渡す前に、画像のフォーマットを変換する必要があります。例えば、RGBの画像とグレースケールの画像は、同じデータフォーマットに変換しておかないと、エラーになります。

　ここで、dogscats_datasetに対して、指定したadapt_data_to_convolution2d_format関数で、データの前処理を行います。整形したデータセットは、transformed_datasetに格納します。

Input
```python
from chainer.datasets import TransformDataset

transformed_dataset = TransformDataset(dogscats_dataset, adapt_data_to_convolution2d_format)
```

Output
```
なし
```

　これでようやく、ダウンロードした「未処理」の犬と猫のデータをChainerで処理できるデータセットの構成にできました。これでChianerに渡せます。

■学習データと検証データを分ける

　前処理済のデータを学習用データ(train_data)と検証用データ(test_data)に分けます。

Input
```python
from chainer import datasets

# 前処理済のデータを分けます
train_data, test_data = datasets.split_dataset_random(transformed_dataset, int(len(transformed_dataset) * 0.8), seed=0)
```

Output
```
なし
```

　datasets.split_dataset_randomは、datasetsモジュールが提供しているデータセットをランダムに2つに分けてくれる便利なメソッドです。

第1の引数は、分けたい対象データセットです。
第2の引数は、1つ目のデータセットのサイズです（ここでは、int(len(transformed_dataset) * 0.8)にセットしています。20,000個ですね）。
第3の引数は、乱数を発生させるシードです（ここではseed=0）。ランダムに学習データと検証データを分けてもらいます。
この関数は2つのデータセットを返します。
ここでは、それぞれ、train_data（学習用）とtest_data（検証用）に格納します。

Input
```
print(int(len(transformed_dataset) * 0.8))
print(len(train_data))
print(len(test_data))
```

Output
```
0000
20000
5000
```

train_dataの中身を確認しましょう。

Input
```
print(train_data)
```

Output
```
<chainer.datasets.sub_dataset.SubDataset object at 0x7fbf200b3588>
```

train_dataを確認したところ、datasetのSubDatasetオブジェクトになっていることを確認できます。これでデータの用意ができました。
次は、畳み込みニューラルネットワークのモデルを用意しましょう。
まずは、必要なパッケージをインポートします。

Input
```
import chainer
import chainer.functions as F
import chainer.links as L
from chainer import training, serializers, Chain, optimizers, iterators
from chainer.training import extensions, Trainer
```

Output
なし

　次に、必要な設定をしておきます。GPUをしない場合は、GPU_IDを「-1」に設定します。ここでは、ColaboratoryのGPUを使うことにします。学習のバッチサイズと学習回数も設定します。

Input
| ```
GPU_ID = 0
BATCH_SIZE = 64
MAX_EPOCH = 10
``` |

Output
なし

　MAX_EPOCH数が大きければ、大きいほど、回数が多くなり処理時間がかかります。ここで、反復学習の回数を10に設定しましたが、みなさんはこの数値を含めて、様々な数値で調整していろいろな値で試して、この後の学習の結果を観察してみてください。きっと理解が深まるでしょう。

■CNNを設定する

　前のレシピでは、MLP（マルチレイヤーパーセプトロン）を使って、学習モデルを構築しました。今回のレシピでは、CNN（畳み込みニューラルネットワーク）学習モデルを用いて、学習をさせます。MLPとCNNの説明は01-03節を参照してください。
　04-05節のレシピと同様に、Chainerを継承して上で、クラスを作ります。

Input
| ```
class CNN(Chain):
    # コンストラクタ
    def __init__(self):
        super(CNN, self).__init__()

        with self.init_scope():
            self.conv1 = L.Convolution2D(None, out_channels=32, ksize=3, stride=1, pad=1)
            self.conv2 = L.Convolution2D(in_channels=32, out_channels=64, ksize=3, stride=1, pad=1)
            self.conv3 = L.Convolution2D(in_channels=64, out_channels=128, ksize=3, stride=1, pad=1)
            self.conv4 = L.Convolution2D(in_channels=128, out_chann
``` |

```
els=256, ksize=3, stride=1, pad=1)
            self.layer1 = L.Linear(None, 1000)
            self.layer2 = L.Linear(1000, 2)

    #
    def __call__(self, input):
        func = F.max_pooling_2d(F.relu(self.conv1(input)), ksize=2, stride=2)
        func = F.max_pooling_2d(F.relu(self.conv2(func)), ksize=2, stride=2)
        func = F.max_pooling_2d(F.relu(self.conv3(func)), ksize=2, stride=2)
        func = F.max_pooling_2d(F.relu(self.conv4(func)), ksize=2, stride=2)
        func = F.dropout(F.relu(self.layer1(func)), ratio=0.80)
        func = self.layer2(func)
        return func
```

Output

なし

モデルのインスタンスを作成します。GPUがあれば、GPUを使います。次のプログラム中のmodel.to_gpu()は、このモデルの行列演算はGPUで行うという指示です。

Input

```
model = L.Classifier(CNN())
model.to_gpu(GPU_ID)
```

Output

```
<chainer.links.model.classifier.Classifier at 0x7f8555b0f240>
```

■反復子

学習用の反復子と検証用の反復子を用意します。Chainerの反復子はデータセットから学習用のミニバッチを自動的に反復して切り出してくれます。次のプログラムのように、それぞれ、学習用の反復子と検証用の反復子を作っています。MultiprocessIteratorはChainerで事前に定義済みの反復子のテンプレートのようなものです。

Input

```
# 学習用の反復子
train_iterator = iterators.MultiprocessIterator(train_data, BATCH_S
```

```
IZE)
# 検証用の反復子
test_iterator = iterators.MultiprocessIterator(test_data, BATCH_SIZ
E, False, False)
```

Output

なし

■Optimizerの設定

　最適化アルゴリズムの選択をします。今回のmodelに対して、Adamという最適化アルゴリズムを適用するという設定です。ニューラルネットワークの学習の過程では、損失関数を最小値になるように更新していく過程を最適化といいます。Adamは損失関数の最適化を行う際に使うoptimizerの一種です。他にも確率勾配降下法（SDG：stochastic gradient descent）などがあります。

Input

```
optimizer = optimizers.Adam().setup(model)
```

Output

なし

■updaterの設定

　updaterは、ミニバッチを学習させ、学習の結果を持ってニューラルネットワークを更新する役割を担っています。次のプログラムのようにupdaterがiteratorと連携して学習させます。これがChainerの標準の使い方です。

Input

```
updater = training.StandardUpdater(train_iterator, optimizer, devic
e=GPU_ID)
```

Output

なし

■trainerの設定

　次のプログラムのように、trainerもChainerの標準的な使い方で、学習プロセスを反復させ、自動化することを簡単にする仕組みです。

Input
```
trainer = Trainer(updater, stop_trigger=(MAX_EPOCH, 'epoch'))
```

Output

なし

trainerを利用することで、extensionと連携ができて、ログの出力もできるようになります。

■extensionsの設定

extensionsは、学習の過程で呼び出すことのできるオブジェクトのことです
Trainer.extend()という方法で追加することができます。extensionsはいくつか「付加的な」機能を追加するイメージで、次のプログラムのように、学習の精度、学習の誤差のグラフを出したい時や、進捗のメッセージを出したい時、ログを出力したい時などに設定しますが、データを学習するための必須な処理の一部ではありません。不要な時は、次の部分（次のプログラム全て）を省略して問題ありません。

Input
```
trainer.extend(extensions.LogReport())
trainer.extend(extensions.Evaluator(test_iterator, model, device=GPU_ID), name='validation')
trainer.extend(extensions.PrintReport(
    ['epoch', 'main/loss', 'main/accuracy', 'validation/main/loss',
'validation/main/accuracy', 'elapsed_time']))

# レポートのグラフを出力するextension
trainer.extend(extensions.PlotReport(['main/loss', 'validation/main/loss'], x_key='epoch', marker='^', grid=True,
                                    file_name='loss.png'))
trainer.extend(
    extensions.PlotReport(['main/accuracy', 'validation/main/accuracy'], x_key='epoch', marker='^', grid=True,
                          file_name='accuracy.png'))
```

Output

なし

ここで、全ての設定が終了しました。いよいよ学習です。
今までの手順を見てみると、本当に、Chainerというフレームワークのありがたさがわかります。

畳み込みニューラルネットワークの構成や、各所の動作や、適用する手法など、豊富なパーツが用意されていて、それを設定、組み合わせるだけで、深層学習ができる畳み込みニューラルネットワークを作成できてしまいます。

もし自分でゼロから実装することになれば、途方に遅れてしまうような、多大な労力がかかりますが、それを節約できたわけです。

■学習の実行

それでは学習を行います。大量な演算をここでは行いますので、時間がかかります。筆者が試したところ約15～20分かかりました。

Input
```
trainer.run()
```

Output

epoch	main/loss	main/accuracy	validation/main/loss	validation/main/accuracy	elapsed_time
1	0.669625	0.603235	0.591407	0.694027	164.995
2	0.545917	0.721755	0.491158	0.76246	316.337
3	0.43645	0.798373	0.403233	0.816258	465.731
4	0.35279	0.846204	0.34225	0.846519	614.124
5	0.283152	0.878794	0.265297	0.88568	761.601
6	0.228377	0.905298	0.25575	0.894185	908.915
7	0.185852	0.926767	0.247153	0.89557	1054.96
8	0.154049	0.936348	0.255613	0.900514	1201.21
9	0.12419	0.953025	0.253875	0.90447	1346.03
10	0.100095	0.961538	0.302963	0.898734	1489.72

■学習結果の確認

正解率（Accuracy）trainerのextensionsの設定で出力された学習精度を表すグラフです。横軸の学習回数の増加につれて、学習の精度が上がっていくのを確認できます。

Input

```
image.open('result/accuracy.png')
```

Output

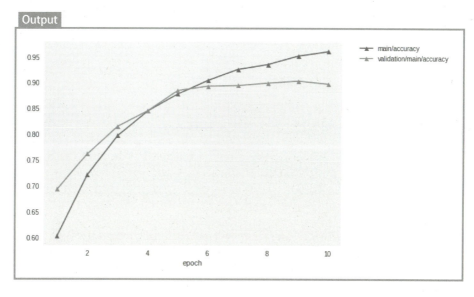

同様に、誤差のグラフも作られています。学習回数の増加につれて、学習の誤差がほぼ学習の精度と反対のトレンドで、下がっていくのが確認できます。

Input

```
Image.open('result/loss.png')
```

Output

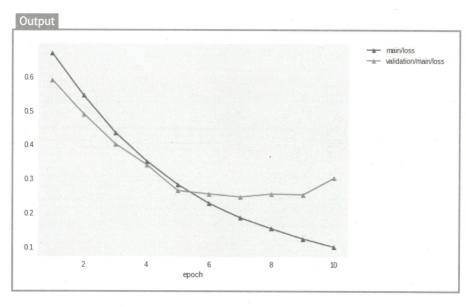

この2つのグラフから読み取れるのは、今回設定した畳み込みニューラルネットワークで、有効な学習を行うことができたということです。みなさんの環境で、同じプログラムを実行しても、全く同じにはなりませんが、類似しているグラフになるはずです。
　また、今まで、設定した様々なパラメータをチューニングすれば、違うグラフになります。それらの良い組み合わせで、一番精度の高い学習プロセスを見つけてみてください。

■検証する（学習済モデルを使う）

　このステップでは、検証データを使って検証を行います。まずモデルを書き出す前のディレクトリを確認します。モデル書き出し後はこのディレクトリにファイルが作成されるはずです。

Input
```
ls
```

Output
```
dogscats/   dogscats.zip   result/   sample_data/
```

■モデルを書き出す

　同じプログラムからモデルにアクセスすることはできますが、ここでモデルをファイルとして書き出して、書き出したモデルをファイルとして読み込んで利用できるようにします。ファイルとして書き出してしまえば、そのモデルのファイルを他のPCや、Raspberry Piに持って行っても使えるということになります。

Input
```
serializers.save_hdf5("chainer-dogscats-model.h5", model)
```

Output
```
なし
```

　書き出したかどうかを確認します。

Input
```
ls
```

Output
```
chainer-dogscats-model.h5   dogscats/   dogscats.zip   result/   sample_data/
```

「chainer-dogscats-model.h5」というファイルが作成されたことが確認できました。これで、学習済のモデルが手に入りました。ここまでは学習のプロセスでした。

ここからは、学習済のモデルを使う「応用フェーズ」です。まずColaboratoryで学習済モデルを使ってみます。

■関数の定義　convert_test_data()

学習済のモデルを使う「応用フェーズ」に進む前に、データを変換する関数を用意します。次のプログラムのconvert_test_data()関数は、学習済モデルに画像を渡す前の処理をします。前処理を行う理由は、学習の時にモデルに渡したデータと同じフォーマットでないといけないからです。

Input
```
def convert_test_data(image_file_path, size, show=False):
    image = Image.open(image_file_path)

    # 共通の画像のリサイズ処理です。第5章の1番目のレシピを参照してください
    result_image = image.resize((INPUT_WIDTH, INPUT_HEIGHT), Image.LANCZOS)

    # 画像データをChainerのConvolution2Dに使えるように整備します
    image = data_reshape(result_image)

    # 型をfloat32に変換します
    result = image.astype(np.float32)
    # 学習済みモデルに渡します
    result = model.xp.asarray(result)
    # モデルに渡すデータフォーマットに変換します
    result = result[None, ...]
    return result
```

Output
なし

■検証用の写真を選ぶ

検証のために任意の写真を選びましょう。まず写真の一覧を表示して、その中から、任意のファイルを選び、ファイル名を次の「画像のサイズの設定」のプログラムに記入します。

Input
```
ls dogscats/test1
```

Output
```
10000.jpg   11609.jpg   1966.jpg   3573.jpg   5180.jpg   6789.jpg   8396.jpg
10001.jpg   1160.jpg    1967.jpg   3574.jpg   5181.jpg   678.jpg    8397.jpg
10002.jpg   11610.jpg   1968.jpg   3575.jpg   5182.jpg   6790.jpg   8398.jpg
--- 以下省略 ---
```

■画像のサイズの設定

学習のフェーズで設定したのと同様に、同じファイルの画像サイズを指定しておきます。

Input
```
INPUT_WIDTH = 128
INPUT_HEIGHT = 128
```

Output
```
なし
```

次にテストしたい画像のパスをtest_image_urlに指定します。

Input
```
test_image_url = 'dogscats/test1/3680.jpg'

from PIL import Image
import numpy as np

image_path = test_image_url
Image.open(image_path)
```

Output
```
省略
```

　Outputは省略していますが、犬の写真です。プログラムではどうでしょうか？　次のプログラムで確認してみましょう。
　次のプログラム中のto_cpu(test_teacher_labels.array)ですが、GPUを利用して計算する場合は、データを一旦GPUのメモリ上に持っていきます。そのため、プログラム中

の to_cpu(test_teacher_labels.array) では、それまでGPUで処理していたデータの行列をCPUの方に持ってくる指示となっています。そうしないとデータがGPUのメモリ上にしか保存されていないため、そのままデータにアクセスすることができないからです。

Input

```python
from chainer.cuda import to_cpu

# 学習時と同じ画像のサイズにしなければいけません
test_data = convert_test_data(test_image_url, (INPUT_WIDTH, INPUT_H
EIGHT))
with chainer.using_config('train', False), chainer.using_config(
        'enable_backprop', False):
    test_teacher_labels = model.predictor(test_data)
    test_teacher_labels = to_cpu(test_teacher_labels.array)
    test_teacher_label = test_teacher_labels.argmax(axis=1)[0]
    if test_teacher_label == 0:
        retval = '猫'
    else:
        retval = '犬'

print(retval)
```

Output

```
犬
```

正しく認識していることが確認できます。参考までに筆者の環境で他の写真について試してみたところ次のようになりました。

3005.jpgは正解「猫」、結果猫で「○」
3007.jpgは正解「犬」、結果犬で「○」
3008.jpgは正解「猫」、結果猫で「○」
6005.jpgでは正解「猫」、結果犬で「×」
6006.jpgは正解「猫」、結果猫で「○」

■Google Driveにドキュメントとして保存する

このレシピの学習済モデルは前節のレシピと比べて、ファイルサイズが大きいので、直接にダウンロードする際に、通信が切れることがあります。Google Driveに保存する方が確実で高速ですので、今回のレシピのモデルをGoogle Driveに保存し、その上でダウンロードするとにします。まず必要なモジュールをインストールします。

PyDriveは一度インストールするだけで構いません。PyDriveはPython用の

Google Driveを操作するAPIのラッパーライブラリです。PyDriveを使うことで、PythonプログラムからGoogle Driveの操作が簡単に行えるようになります。

Input
```
!pip install -U -q PyDrive
```

Output
```
なし
```

次のプログラムを実行すると、認証コードが要求されます。

認証コードを取得する（読者のみなさんのGoogle Driveへの承認）リンクも表示されます。

リンクをクリックして「アカウントの選択」という画面が表示されますが、今、読者が使っているGoogleアカウントが表示されます。複数表示された場合は、使いたいアカウントを選んで構いません（「「Google Cloud SDK」に移動」という表示もありますが、今の操作と無関係なので、それは無視します）。

次の「Google Cloud SDK が Googleアカウントへのアクセスをリクエストしています」で「許可」のボタンをクリックして進んでください。

許可すると、次の画面に遷移して、「このコードをコピーし、アプリケーションに切り替えて貼り付けてください。」のテキストの下に、長い文字列が表示されます。それが認証コードです。

ColaboratoryのNotebookに戻って、認証コードの入力欄に上で取得した認証コードを入力して認証させます。この一連の操作は、既存のGoogleアカウントのGoogleドライブにColaboratoryから、ファイルをアップロードすることを許可するだけです。新たな費用は発生しません。

この手続きはランタイムを再起動しなければ、一回だけ行えばよい手続となります。

Input
```
from pydrive.auth import GoogleAuth
from pydrive.drive import GoogleDrive
from google.colab import auth
from oauth2client.client import GoogleCredentials

# 認証と PyDrive クライアントの作成
auth.authenticate_user()
gauth = GoogleAuth()
gauth.credentials = GoogleCredentials.get_application_default()
drive = GoogleDrive(gauth)
```

Output
```
なし
```

■ファイルの作成

次のプログラムは、ファイルをGoogle Driveに作成するための設定です。

Input
```
uploaded = drive.CreateFile({'title': 'chainer-dogscats-model.h5'})
uploaded.SetContentFile('chainer-dogscats-model.h5')
```

Output
```
なし
```

■保存(Google Driveへのアップロード)

ここで実際に、Google Dirveにファイルが「作成」されます。

Input
```
uploaded.Upload()
print('Uploaded file with ID {}'.format(uploaded.get('id')))
```

Output
```
なし
```

次は、Google Driveを開いて、「chainer-dogscats-model.h5」というファイルを見つけて、ダウンロードしておいてください。

この先はRaspberry Piでの作業になります。今回は、「犬」か「猫」の写真をアップロードして、ウェブアプリケーションに判別をしてもらいます。

■手書き犬と猫の判別

これは、ちょっとしたおまけの機能ですが、04-05節のMNIST手書き文字認識レシピとほとんど同じ処理になります。ここでは類似している手書きデータをサーバに送る部分のプログラム等の説明を省きます。前回のMNIST手書き文字認識の機能にはない機能として、今回のレシピではファイルをアップロードして犬か猫かを判定する機能があります。写真をファイル形式でサーバにアップロードして、それを学習済のモデルにかけて、認識してもらいます。結果をブラウザに返して、表示します。

画面1、2のように、「犬」や「猫」を描いてそれを入力として、判定きるようになります。

▼画面1　「猫」の絵を認識する画面

▼画面2　「犬」の絵を認識する画面

　手書きの場合は、画像をグレースケールに変換して、画素数も落とす上、学習時の犬と猫の写真の特徴と乖離しているため、手書きの認識の精度は非常に低くなります。現時点では、精細な絵を描く機能はないので、例えば、色をつけるとか、細い毛を描くなどはできません。そういった機能を追加すると、もっとリアリティのある猫や犬を描け、認識率が上がるかもしれません。

複雑な絵を描けるようにプログラムを改造してみるのもいいでしょう。

■写真をアップロードして認識させる

写真をサーバにアップロードして認識する部分を見ていきます（画面3）。

▼画面3　犬か猫の写真をアップロード/認識する画面

【ステップ1】
［ファイルを選択］ボタンをクリックして、用意した任意の「犬」あるいは「猫」の写真を選びます。

【ステップ2】
［アップロード］ボタンをクリックして、ファイルをアップロードします。

【ステップ3】
［AIに聞いてみる］ボタンをクリックして、認識してもらいます。

　結果が右側に表示されます。画面3では犬の写真をアップロードしましたので、犬の判定になりました。みなさんもぜひ試してみてください。

■写真を判定する処理

　写真アップロードして判定してもらう関連のプログラムは次のようになります。本書の

ソースコードをGitHubから複製していれば、このレシピの全てのファイルも用意されています。

 static/js/app.js（共通）
 app.py（共通）
 templates/dogscats_upload.html
 chainer_dogscats/dogscatsPredict.py

全体のフォルダの構造については、04-05節のMNIST手書き数字認識レシピの説明を参照してください。ダウンロードした「chainer-dogscats-model.h5」はchainer_dogscats/の配下に配置します（GitHubから複製済の場合は、モデルファイルも配置済ですが、みなさんが作成したモデルファイルを使って上書きしても良いです）。

プログラム中の写真をアップロードするところから、認識の結果を表示するところまで見ていきましょう。
ファイルアップロードの部分は、templates/dogscats_upload.htmlに記載しています。

```html
<form method="post" action={{ url_for('upload_file_dogscats')}} enctype="multipart/form-data">
    ステップ1：ファイル:<input class="form-control btn btn-default" type="file" name="from_client_file"><br>
    <input class="form-control btn btn-primary" type="submit" value="ステップ2：アップロード">
</form>
```

formの中で、アップロード処理のurlを記載しています。ここではurl_for('upload_file_dogscats')としています。
これで自動的に、upload_file_dogscatsの関数に対応するurlを取得してきます。
サーバ側ではapp.pyの次の部分で処理をします。

```python
@app.route('/dogscatsupload', methods=['GET', 'POST'])
def upload_file_dogscats():
    return upload_and_save_file(request,'dogscats_upload.html', 'dogscats.jpg')
```

upload_and_save_file関数は次のようになります。クライアント側から送られたファイルを保存した上、指定したテンプレートに移動します。この処理は共通のファイル（app.py）での処理となります。

```python
def upload_and_save_file(request,template_name,save_file_name):
    if request.method == 'POST':
        # リクエストオブジェクトに指定したファイルが存在しなければ、
        if 'from_client_file' not in request.files:
```

```
        print('ファイルパーツがない')
        return redirect(request.url)

    # ファイルが存在している場合
    file = request.files['from_client_file']
    # ファイル名が空の場合
    if file.filename == '':
        print('ファイル選択していない')
        return redirect(request.url)

    # ファイルが存在し、かつ許可されたファイルフォーマットであれば指定した場所と指定した名称で保存し
ます
    if file and allowed_file(file.filename):
        file.save(os.path.join(app.config['UPLOAD_FOLDER'], save_file_name))

    return render_template(template_name)
else:
    return render_template(template_name)
```

ブラウザから送信されてきたファイルをサーバ側で指定したUPLOAD_FOLDERに指定したファイル名で（ここでは「dogscats.jpg」という名前）で保存されます。

UPLOAD_FOLDERはapp.pyファイルの冒頭の方に記述しています。

```
UPLOAD_FOLDER = './images'
```

プログラムに記載した通り「./images」に指定しています。

アップロードしたファイルはサーバ側で受け取って、「./images」に格納されます。

この後、「AIに聞いてみる」ボタンを押したときに、サーバ側のプログラムは直接に「./images/dogscats.jpg」ファイルを取り出して、判定します。

その部分を見てみましょう。

```
@app.route('/dogscats', methods=['GET', 'POST'])
def dogscats():
    if request.method == 'POST':
        result = getAnswerDogsCats(request)
        return jsonify({'result': result})
    else:
        return render_template('dogscats.html')
```

POSTで来たリクエストは下記のプログラムに分岐します。

```
result = getAnswerDogsCats(request)
```

次の箇所で画像の準備と、予測プログラムdogscatsPredict.result()を実行します。

```
def getAnswerDogsCats(req):
    prepareDogscatsImage(req)
    result = dogscatsPredict.result()
    return result
```

dogscatsPredict.py全体は次のようになります。

```
# --------------------------------------------------------------------
#
#
import os

import chainer
import chainer.functions as F
import chainer.links as L
import numpy as np
from chainer import Chain, serializers
from chainer.cuda import to_cpu
from PIL import Image


# --------------------------------------------------------------------
#
INPUT_WIDTH = 128
INPUT_HEIGHT = 128

# 学習モデルの定義
class CNN(Chain):
    # コンストラクタ
    def __init__(self):
        super(CNN, self).__init__()

        with self.init_scope():
            self.conv1 = L.Convolution2D(
                None, out_channels=32, ksize=3, stride=1, pad=1)
            self.conv2 = L.Convolution2D(
                in_channels=32, out_channels=64, ksize=3, stride=1, pad=1)
            self.conv3 = L.Convolution2D(
                in_channels=64, out_channels=128, ksize=3, stride=1, pad=1)
            self.conv4 = L.Convolution2D(
                in_channels=128, out_channels=256, ksize=3, stride=1, pad=1)
            self.layer1 = L.Linear(None, 1000)
            self.layer2 = L.Linear(1000, 2)

    #
    def __call__(self, input):
        func = F.max_pooling_2d(F.relu(self.conv1(input)), ksize=2, stride=2)
        func = F.max_pooling_2d(F.relu(self.conv2(func)), ksize=2, stride=2)
        func = F.max_pooling_2d(F.relu(self.conv3(func)), ksize=2, stride=2)
        func = F.max_pooling_2d(F.relu(self.conv4(func)), ksize=2, stride=2)
```

```python
        func = F.dropout(F.relu(self.layer1(func)), ratio=0.80)
        func = self.layer2(func)
        return func


# 学習済みモデル
chainer_dogscats_model = L.Classifier(CNN())
serializers.load_hdf5(
    os.path.abspath(os.path.dirname(__file__)) + '/chainer-dogscats-model.h5',
    chainer_dogscats_model)

print('Chainer Dogs & Cats model is loaded.')


#
def data_reshape(image_data):
    image_array = np.array(image_data)
    return image_array.transpose(2, 0, 1)


def convert_test_data(image_file_path, size, show=False):
    image = Image.open(image_file_path)

    # 共通の画像のリサイズ処理です。第5章の1番目のレシピを参照してください
    result_image = image.resize((INPUT_WIDTH, INPUT_HEIGHT), Image.LANCZOS)

    # 画像データをChainerのConvolution2Dに使えるように整備します
    image = data_reshape(result_image)

    # 型をfloat32に変換します
    result = image.astype(np.float32)
    # 学習済みモデルに渡します
    result = chainer_dogscats_model.xp.asarray(result)
    #
    result = result[None, ...]
    return result


def result():
    retval = ''
    file_name = './images/dogscats.jpg'
    # 学習時と同じ画像のサイズにしなければいけません

    test_data = convert_test_data(file_name, (INPUT_WIDTH, INPUT_HEIGHT))
    with chainer.using_config('train', False), chainer.using_config(
            'enable_backprop', False):
        test_teacher_labels = chainer_dogscats_model.predictor(test_data)
        test_teacher_labels = to_cpu(test_teacher_labels.array)
        test_teacher_label = test_teacher_labels.argmax(axis=1)[0]
        if test_teacher_label == 0:
```

```
            retval = '猫'
        else:
            retval = '犬'

    return retval
```

前のレシピと同様に、まず同じモデルの定義を宣言します。モデルは学習フェーズと同じものにしなければならないです。

dogscatsPredict.pyでは次のように記述しています。

```
class CNN(Chain):
```

判別の処理では、「./images/dogscats.jpg」を渡して、test_teacher_label == 0 が0の場合は「猫」、0以外の場合(つまり、1の場合ここでは2つのクラスしかありません)は「犬」、猫か犬かを文字列でブラウザに返します。

▶ まとめ

いかがですか、これまで2つのレシピを通して、簡単なウェブアプリケーションも作成しました。学習させ、学習済みのモデルをウェブアプリケーションに移し、ウェブアプリケーションに「知能」を持たせることができました。簡単な例ではありますが、処理のフローは今後の開発にご参考になるかと思います。

Chainerというフレームワークの基本的な使い方も説明しましたが、Chainerの表面の一部しか触れていません。興味のある方はぜひChainerを深掘りして、学習を深めてください。

04-07 PyTorchでMNIST手書き数字学習レシピ

中級レシピ

約30分

— Colaboratory —

このレシピはColaboratoryのみで実施します。シンプルなMLPをPyTorchで作り、モデルの学習方法について説明します。Chainerのレシピの04-05節と類似している部分が多くあります。04-05節も参考にしてください。

MNISTの手書き数字のデータセットは既に04-05節で2回紹介していますので、このレシピでは、PyTorchの使い方に中心に説明をしていきます。

準備する環境やツール
- Colaboratory
- PyTorch
- Matplotlib
- MNISTデータセット

このレシピの目的
- PyTorchというフレームワークを触れる
- PyTorchの基本的な使い方を理解する

▶ PyTorchとは

PyTorch(http://pytorch.org/) はFacebookの人工知能研究グループにより開発されたPython向けのオープンソース機械学習のライブラリです。PyTorchは元々は「Torch(トーチ)」というLua言語で書かれていたもののPython版です。2018年10月前半にリリースされ、執筆時のバージョンは0.4.1です。

PyTorchは比較的新しいライブラリです。他の機械学習のフレームワークと比べると、後発ではありますが、最近人気のライブラリとなっています。注目すべき機械学習フレームワークの一つだと言えるでしょう。

■ PyTorchのインストール

PyTorchはRaspberry Piでのインストールはコンパイル等の作業も必要ですので、このレシピを含め、本書のPyTorchの2つのレシピでは、Colaboratoryで完結するようにします。

WindowsやmacOSにPyTorchをインストールするには、Anaconda Navigatorあるいはpipコマンドを使ってインストールできます。詳細はPyTorchのウェブサイト(https://pytorch.org/) を参照してください。

Input
```
!pip install torch torchvision
```

Output
```
省略
```

▶ 調理手順

まず、必要なパッケージをインストールしましょう。

■必要なパッケージのインストール

今回は、画像を処理しますので、torchivisionが必要です。torchvisionとは、PyTorchのコンピュータビジョン用のパッケージで、データセットのロードや画像の前処理の関数などが入っています。今回使うMNISTのデータセットの他に、16種類のデータセットが予め入っています。こちらのデータを使って、練習するのも良いでしょう。

今回は、torchvision.datasetsを使って、MNISTのデータを取得します。

Input
```python
import matplotlib.pyplot as plt
import torchvision.transforms as transforms
from torch.utils.data import DataLoader
from torchvision.datasets import MNIST
```

Output
```
なし
```

■データセットのダウンロード

データセットをダウンロードする際に、データを保存するフォルダ（任意で構いません）を設定する必要があります。ここでは、「~/data」としています。

Input
```python
data_folder = '~/data'
BATCH_SIZE = 8

mnist_data = MNIST(data_folder, train=True, download=True, transform=transforms.ToTensor())
#
data_loader = DataLoader(mnist_data, batch_size=BATCH_SIZE, shuffle=False)
```

Output
```
省略
```

■ データの中身を見てみる

　PyTorchで用意されている反復子から取り出したデータを見てみます。PyTorchの反復子はBATCH_SIZE(ここでは8です)で指定したサイズで、データセットから学習のためミニバッチデータを取り出します。data_iterator.next()は次のバッチを取り出してくださいという意味合いです。取り出したデータのバッチは、images(画像)とlabels(ラベル)という別々の変数に代入します。

Input
```python
data_iterator = iter(data_loader)
images, labels = data_iterator.next()

print(len(images))
print(len(labels))
```

Output
```
8
8
```

　設定した通り、出力した結果を確認して、反復子が用意した一回分は、8つのデータです。また教師ラベルも8つです。

■ データを可視化してみる

　Chainerの時と同様に、データを可視化してみます。

Input
```python
# 何番目の画像を表示しますか
location = 4
# numpy行列に変換した上、dataに代入します
data = images[location].numpy()
print(data.shape)
# matplotlibが描画するためにデータチャンネル調整します
reshaped_data = data.reshape(28, 28)
# データから画像を描画します
plt.imshow(reshaped_data, cmap='inferno', interpolation='bicubic')
plt.show()
print('ラベル:', labels[location])
```

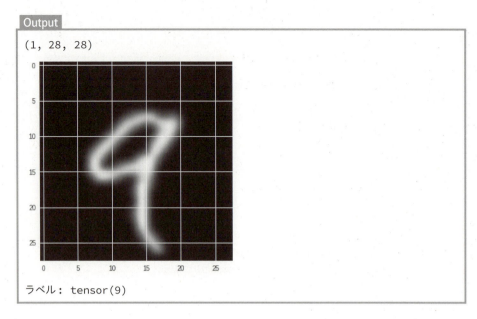

数字の「9」のようです。

■学習データと検証データを用意する

学習データか検証データかは、trainという引数で決めています。train=Trueの場合は、学習データとしてロードします。train=Falseの場合は、検証データとしてロードします。

PyTorchのこのやり方はわかりやすいかもしれません。

Input

```
# 学習データ
train_data_with_labels = MNIST(data_folder, train=True, download=True, transform=transforms.ToTensor())
train_data_loader = DataLoader(train_data_with_labels, batch_size=BATCH_SIZE, shuffle=True)

# 検証データ
test_data_with_labels = MNIST(data_folder, train=False, download=True, transform=transforms.ToTensor())
test_data_loader = DataLoader(test_data_with_labels, batch_size=BATCH_SIZE, shuffle=True)
```

Output

なし

■ニューラルネットワークの定義

ニューラルネットワークはtorch.nnパッケージを使用して構築します。

Chainerの時は、親クラスはchainer.ChainでしたがPyTorchでは、nn.Moduleとなります。

そして、マルチレイヤーパーセプトロン（ニューラルネットワーク）の定義をしていきます（04-08節のレシピでは、「CNN：畳み込みニューラルネットワーク」で学習モデルを構築します）。

ネットワークをフィードフォーワードニューラルネットワーク（feed forward neural network）にします。フィードフォーワードニューラルネットワークは01-03節で説明したMLP（マルチレイヤーパーセプトロン ）の典型的なニューラルネットワークアーキテクチャです。

Input

```python
from torch.autograd import Variable
import torch.nn as nn


class MLP(nn.Module):
    def __init__(self):
        super().__init__()
        # 入力層
        self.layer1 = nn.Linear(28 * 28, 100)
        # 中間層（隠れ層）
        self.layer2 = nn.Linear(100, 50)
        # 出力層
        self.layer3 = nn.Linear(50, 10)

    def forward(self, input_data):
        input_data = input_data.view(-1, 28 * 28)
        input_data = self.layer1(input_data)
        input_data = self.layer2(input_data)
        input_data = self.layer3(input_data)
        return input_data
```

Output

なし

■モデル

modelはMLPクラスのインスタンスとして次のように作成します。

Input
```
model = MLP()
```

Output
```
なし
```

■コスト関数と最適化手法を定義する

　Chainerと同様にPyTorch代表的なコスト関数や最適化手法はあらかじめ提供されています。

　コスト関数にクロスエントロピー (01-03節参照)、最適化手法にSGDをします。SDG(Stochastic Gradient Descent)は確率勾配降下法というコスト関数の最小値を見つける手法です。optimizer.SGDに引数として最適化対象のパラメーター一覧を渡しています。

　Chainerでは、

```
optimizer = optimizers.Adam().setup(model)
```

のように最適化手法をモデルに適用しますが、PyTorchでは、

```
optimizer = optimizer.SGD(model.parameters(), lr=0.01)
```

という形で、モデルに最適手法を適用しています。

Input
```
import torch.optim as optimizer

# ソフトマックス：クロスエントロピー
lossResult = nn.CrossEntropyLoss()
# SGD
optimizer = optimizer.SGD(model.parameters(), lr=0.01)
```

Output
```
なし
```

　ここまでで、用語などPyTorchとChainerでたくさんの類似点があることがわかりました。これは、どのフレームワークでも、同じ研究の成果に基づいて、同じ概念、手法で深層学習のニューラルネットワークを構築していくので、アルゴリズムも記述も類似してくるわけです。

　05-01節と05-02節のTensorFlowのレシピでも同様に類似したPythonプログラムの書き方で、ニューラルネットワークを構築することができます。機械学習や深層学習に

おいて抽象レベルの概念、手法とアルゴリズムを理解しておけば、使用するフレームワークのレベルでは割と共通するものが多く、フレームワークを使う側としてはメリットが多いです。

■学習

早速学習させてみましょう。まず、今回のレシピでは、学習を4回にしてみましょう

学習ループ内では次のような作業を順次実行していきます。プログラムの説明はプログラム内のコメントを参照してください。

Input

```python
# 最大学習回数
MAX_EPOCH = 4

for epoch in range(MAX_EPOCH):
    total_loss = 0.0
    for i, data in enumerate(train_data_loader):

        # dataから学習対象データと教師ラベルデータを取り出します
        train_data, teacher_labels = data

        # 入力をtorch.autograd.Variableに変換します
        train_data, teacher_labels = Variable(train_data), Variable(teacher_labels)

        # 計算された勾配情報を削除します
        optimizer.zero_grad()

        # モデルに学習データを与えて予測を計算します
        outputs = model(train_data)

        # lossとwによる微分計算します
        loss = lossResult(outputs, teacher_labels)
        loss.backward()

        # 勾配を更新します
        optimizer.step()

        # 誤差を累計します
        total_loss += loss.data[0]

        # 2000ミニバッチずつ、進捗を表示します
        if i % 2000 == 1999:
```

```
            print('学習進捗：[%d, %d]　学習誤差 (loss): %.3f' % (epoch
+ 1, i + 1, total_loss / 2000))
            total_loss = 0.0

print('学習終了')
```

Output

```
/usr/local/lib/python3.6/dist-packages/ipykernel_launcher.py:27: U
serWarning: invalid index of a 0-dim tensor. This will be an error
 in PyTorch 0.5. Use tensor.item() to convert a 0-dim tensor to a Py
thon number
学習進捗：[1, 2000]　学習誤差 (loss): 0.851
学習進捗：[1, 4000]　学習誤差 (loss): 0.387
学習進捗：[1, 6000]　学習誤差 (loss): 0.341
学習進捗：[2, 2000]　学習誤差 (loss): 0.318
学習進捗：[2, 4000]　学習誤差 (loss): 0.316
学習進捗：[2, 6000]　学習誤差 (loss): 0.301
学習進捗：[3, 2000]　学習誤差 (loss): 0.285
学習進捗：[3, 4000]　学習誤差 (loss): 0.300
学習進捗：[3, 6000]　学習誤差 (loss): 0.300
学習進捗：[4, 2000]　学習誤差 (loss): 0.276
学習進捗：[4, 4000]　学習誤差 (loss): 0.294
学習進捗：[4, 6000]　学習誤差 (loss): 0.292
学習終了
```

　上記のプログラムの説明は、コメントのところで詳しく書いていますが、データセットからのデータの取り出しから、勾配情報のリセット、学習、コスト関数の微分計算、勾配更新誤差の計算まで一連の構成がとてもスッキリしています。

■検証

　続いて、検証データを使って検証を行います。プログラムの説明はプログラム内のコメントを参照してください。

Input

```
import torch

# トータル
total = 0
# 正解カウンター
count_when_correct = 0
```

```
#
for data in test_data_loader:
    # 検証データローダーからデータを取り出した上、アンパックします
    test_data, teacher_labels = data
    # テストデータを変換した上、モデルに渡して、判定してもらいます
    results = model(Variable(test_data))
    # 予測を取り出します
    _, predicted = torch.max(results.data, 1)
    #
    total += teacher_labels.size(0)
    count_when_correct += (predicted == teacher_labels).sum()

print('count_when_correct:%d' % (count_when_correct))
print('total:%d' % (total))

print('正解率:%d / %d = %f' % (count_when_correct, total, int(coun
t_when_correct) / int(total)))
```

Output

```
count_when_correct:9130
total:10000
正解率:9130 / 10000 = 0.913000
```

検証データを使った検証も、91.3%の正解率を出しています。

■個別データで検証

次は、個別データを使って検証してみましょう。プログラムではlocation = 1ですが、locationの数値を変えて、検証をしてみてください。locationはデータセットの中の何番目のデータなのかを意味します。今回はMNISTのデータセットなので、上限は10,000個(test_data)までですので、locationの値はそれを超えないように注意してください。

Input

```
test_iterator = iter(test_data_loader)
# ここで回数を増減して、違うテストデータを取り出せます
test_data, teacher_labels = test_iterator.next()
# テストデータを変換した上、モデルに渡して、判定してもらいます
results = model(Variable(test_data))
_, predicted_label = torch.max(results.data, 1)

location = 1
```

```
plt.imshow(test_data[location].numpy().reshape(28, 28), cmap='infer
no', interpolation='bicubic')
print('ラベル：', predicted_label[location])
```

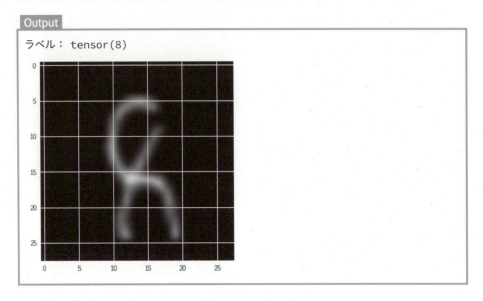

結果と画像が一致しています（手書き数字の8です）。

▶ まとめ

　いかがですか？　少し短めのレシピですが、PyTorchの使い方を理解することができましたでしょうか？
　前のレシピのChainerのMLPの定義、学習プロセスなどがとても類似しているため、わかりやすいかと思います。
　次は、PyTorchを使って画像の分類レシピに挑戦してみましょう！

04 08 中級レシピ
PyTorchでCIFAR-10の画像学習レシピ

約60分

— Colaboratory —

PyTorchのテンソルライブラリとニューラルネットワークの動作を理解するために、画像分類する学習を実際に体験してみましょう。

このレシピではColaboratoryでサイズの小さいカラー画像を使って深層学習を試してみましょう。

準備する環境やツール
- Colaboratory
- PyTorch
- CIFAR-10

このレシピの目的
- CIFAR-10データを触れる
- PyTorchでニューラルネットワークの基本を理解する

▶ CIFAR-10とは

　CIFAR-10 (https://www.cs.toronto.edu/~kriz/cifar.html)は、10のクラス (airplane, automobile, bird, cat, deer, dog, frog, horse, ship, truck) の教師ラベルが付いている32×32のカラー画像6万枚のデータセットです。約8,000万枚の画像がある「80 Million Tiny Images (http://groups.csail.mit.edu/vision/TinyImages/)」のサブセットとして整備されています。これを整備した人物は、SuperVision (またはAlexNet) と呼ばれる畳み込みニューラルネットワークを使ってILSVRC2012で優勝したカナダトロント大学のAlex Krizhevsky氏です。この2012年のAlexNetの優勝はディープラーニングの歴史の中では代表的な出来事です。1,000種類の画像分類課題にそれまでなかった高い正解率を出して、AIが再び注目されるようになったきっかけになったと言っても過言ではありません。

　CIFAR-10のデータセットの中、5万枚が学習用データで、1万枚が検証用データです。検証データは、1つのクラスからランダムに1,000枚の画像ずつを抽出して、合わせて1万枚になっています。

　画像ファイルが60,000枚提供されているわけではなく、ピクセルデータ配列としてPythonから簡単に読み込める形式で提供されています。前処理なども特に必要がなく始められます。

　CIFAR-10のデータセットもほとんどの機械学習・深層学習のフレームワークから簡単に取り込めるようになっています。またCIFAR-100というデータセットもあります。名前の通り、CIFAR-100は100のクラス (種類) の画像データセットとなります。

■PyTorchのインストール

前のレシピと同様です。インストール済みの場合、スキップしても構いません。

Input
```
!pip install torch torchvision
```

Output
```
省略
```

■必要なパッケージのインポート

必要なパッケージをインポートします。

Input
```
import torch
import torchvision
import torchvision.transforms as transforms
```

Output
```
なし
```

■transformを定義する

　04-06節のレシピでは、外部のKaggleの犬と猫のデータでしたので、専用の変換用のtransform関数を作りました。PyTorchでは、データを変換するツールを用意されています。transformでPyTorchに渡すためのデータを用意します。

　transforms.ToTensor()は、データをPyTorch用のTensor（TensorはPyTorchの独自の多次元配列と取り扱うデータ構造です）に変換します。

　transforms.Normalize()は、データの正規化を行います。変換前のデータは0と1の間に分布するデータですが、変換後、-1と1に分布するデータになります。

Input
```
transform = transforms.Compose([transforms.ToTensor(), transforms.Normalize((0.5, 0.5, 0.5), (0.5, 0.5, 0.5))])
```

Output
```
なし
```

■学習データと検証データの用意

04-07節のレシピと同様に、学習データと検証データを分けます。プログラムの説明はプログラム内のコメントを参照してください。

Input
```
# 学習データ
train_data_with_teacher_labels = torchvision.datasets.CIFAR10(root='./data', train=True, download=True,
                                                               transform=transform)
train_data_loader = torch.utils.data.DataLoader(train_data_with_teacher_labels, batch_size=4, shuffle=True,
                                                               num_workers=2)
# 検証データ
test_data_with_teacher_labels = torchvision.datasets.CIFAR10(root='./data', train=False, download=True,
                                                               transform=transform)
test_data_loader = torch.utils.data.DataLoader(test_data_with_teacher_labels, batch_size=4, shuffle=False,
                                                               num_workers=2)
```

Output

データがない場合はデータをダウンロードされます。省略

■クラスの中身を設定する

class_namesはグラフ表示するときに使います。'plane', 'car', 'bird', 'cat', 'deer', 'dog', 'frog', 'horse', 'ship', 'truck'を設定します。

Input
```
class_names = ('plane', 'car', 'bird', 'cat', 'deer', 'dog', 'frog', 'horse', 'ship', 'truck')
```

Output

なし

これで、準備ができました。調理の手順を見ていきましょう。

▶ 調理手順

ここから調理に入ります。まずはこのレシピに必要なパッケージをインポートします。

■必要なパッケージのインポート

必要なパッケージをインポートします。

Input
```
import matplotlib.pyplot as plt
import numpy as np
```

Output
なし

■画像を表示する関数

これまでにも何度か画像を表示するコードがありましたが、ここでは独立した1つの関数にしてみます。

Input
```
def show_image(img):
    img = img / 2 + 0.5
    npimg = img.numpy()
    plt.imshow(np.transpose(npimg, (1, 2, 0)))
    plt.show()
```

Output
なし

■CIFAR-10の中身を見る

どういうデータなのかを画像の形で表示してみましょう。

Input
```
# 学習データからちょっとデータを取ってきます
data_iterator = iter(train_data_loader)
images, labels = data_iterator.next()

# 画像を表示します
show_image(torchvision.utils.make_grid(images))
```

```
# ラベルを表示します
print(' '.join('%5s' % class_names[labels[j]] for j in range(4)))
```

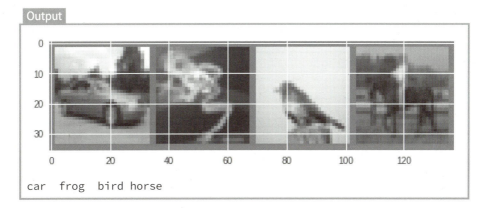

とても小さい画像なので、流石に、人間が見るのには少し見にくいですが、car(車)、frog(蛙)、bird(鳥)、horse(馬)だとわかるかと思います。

学習のニューラルネットワークの定義

学習のために畳み込みニューラルネットワークのモデルを定義します。

```
import torch.nn as nn
import torch.nn.functional as F


class CNN(nn.Module):
    def __init__(self):
        super(CNN, self).__init__()
        self.conv1 = nn.Conv2d(3, 6, 5)
        self.pool = nn.MaxPool2d(2, 2)
        self.conv2 = nn.Conv2d(6, 16, 5)
        self.layer1 = nn.Linear(16 * 5 * 5, 120)
        self.layer2 = nn.Linear(120, 84)
        self.layer3 = nn.Linear(84, 10)

    def forward(self, input_data):
        input_data = self.pool(F.relu(self.conv1(input_data)))
        input_data = self.pool(F.relu(self.conv2(input_data)))
        input_data = input_data.view(-1, 16 * 5 * 5)
        input_data = F.relu(self.layer1(input_data))
        input_data = F.relu(self.layer2(input_data))
```

```
            input_data = self.layer3(input_data)
            return input_data

model = CNN()
```

Output

なし

　04-05節のChainerのレシピととても類似しています。定義するときのメソッドが異なりますが、概念的には同じような処理をしています。例えば、Chainerのニューラルネットワークの畳み込み層の構造のクラスはchainer.links.Convolution2Dという名称ですが、PyTorchではtorch.nn.functional.conv2dとなっています。またこれから説明するoptimizerもChainerにはchainer.optimizers.SGDがあるのに対してPyTorchではtorch.optim.SGD()があります。具体的な文法（書き方）が異なりますが、背後にある理論は同じです。また使用している単語や単語の略も類似しています。

■optimizerの設定

　Chianerと同様に、最適化のためのoptimizerの設定をします。

Input

```
import torch.optim as optimizer

criterion = nn.CrossEntropyLoss()
optimizer = optimizer.SGD(model.parameters(), lr=0.001, momentum=0.9)
```

Output

なし

■学習

　いよいよ学習のプロセスを始めます。プログラムの説明はプログラム内のコメントを参照してください。

Input

```
# 最大学習回数
MAX_EPOCH = 3

#
```

```
for epoch in range(MAX_EPOCH):

    total_loss = 0.0
    for i, data in enumerate(train_data_loader, 0):
        # dataから学習対象データと教師ラベルデータを取り出します
        train_data, teacher_labels = data

        # 計算された勾配情報を削除します
        optimizer.zero_grad()

        # モデルでの予測を計算します
        outputs = model(train_data)

        # lossとwによる微分計算します
        loss = criterion(outputs, teacher_labels)
        loss.backward()

        # 勾配を更新します
        optimizer.step()

        # 誤差を累計します
        total_loss += loss.item()

        # 2000ミニバッチずつ、進捗を表示します
        if i % 2000 == 1999:
            print('学習進捗：[%d, %5d] loss: %.3f' % (epoch + 1, i + 1, total_loss / 2000))
            total_loss = 0.0

print('学習完了')
```

Output

```
学習進捗：[1,  2000] loss: 2.231
学習進捗：[1,  4000] loss: 1.875
学習進捗：[1,  6000] loss: 1.725
学習進捗：[1,  8000] loss: 1.614
学習進捗：[1, 10000] loss: 1.540
学習進捗：[1, 12000] loss: 1.481
学習進捗：[2,  2000] loss: 1.418
学習進捗：[2,  4000] loss: 1.366
学習進捗：[2,  6000] loss: 1.324
学習進捗：[2,  8000] loss: 1.304
学習進捗：[2, 10000] loss: 1.308
学習進捗：[2, 12000] loss: 1.261
```

```
学習進捗：[3,  2000] loss: 1.192
学習進捗：[3,  4000] loss: 1.218
学習進捗：[3,  6000] loss: 1.187
学習進捗：[3,  8000] loss: 1.162
学習進捗：[3, 10000] loss: 1.180
学習進捗：[3, 12000] loss: 1.161
学習完了
```

■個別データで検証

検証データから、個別データを取り出して、確認してみましょう。反復子を使ってデータを取り出し、その中の4枚を表示します。

Input

```
data_iterator = iter(test_data_loader)
images, labels = data_iterator.next()

# 画像を表示します
show_image(torchvision.utils.make_grid(images))
print('正解教師ラベル: ', ' '.join('%5s' % class_names[labels[j]] for j in range(4)))
```

Output

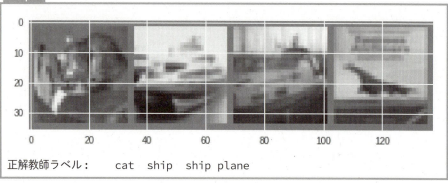

正解教師ラベル：　　cat　ship　ship plane

これは、正解教師レベル：cat（猫）、ship（船）、ship（船）、plane（飛行機）です。これを学習済のモデルに予測してもらいます。どんな結果になるのでしょうか？

■テスト

ここからはテストです。imagesをモデルに渡します。

Input

```
outputs = model(images)

_, predicted = torch.max(outputs, 1)

print('予測: ', ' '.join('%5s' % class_names[predicted[j]] for j in range(4)))
```

Output

```
予測:   frog  ship  ship  ship
```

　結果は、frog(蛙)、ship(船)、ship(船)、ship(船)となっています。猫と飛行機が間違っています。50%の正解率です。

■検証

　検証データを全部使って、全体としての検証精度はどうなるのでしょうか。見ていきましょう。

Input

```
count_when_correct = 0
total = 0
with torch.no_grad():
    for data in test_data_loader:
        test_data, teacher_labels = data
        results = model(test_data)
        _, predicted = torch.max(results.data, 1)
        total += teacher_labels.size(0)
        count_when_correct += (predicted == teacher_labels).sum().item()

print('10000 検証画像に対しての正解率: %d %%' % (100 * count_when_correct / total))
```

Output

```
10000 検証画像に対しての正解率: 58 %
```

　みなさんの結果と多少異なるかと思いますが、正解率はおそらく、50%～60%の間になるかと思います。

■ クラス毎の検証結果

今度は、それぞれのクラス（10種類）での精度を検証してみましょう。

Input

```
class_correct = list(0. for i in range(10))
class_total = list(0. for i in range(10))
#
with torch.no_grad():
    for data in test_data_loader:
        #
        test_data, teacher_labels = data
        #
        results = model(test_data)
        #
        _, predicted = torch.max(results, 1)
        #
        c = (predicted == teacher_labels).squeeze()
        #
        for i in range(4):
            label = teacher_labels[i]
            #
            class_correct[label] += c[i].item()
            class_total[label] += 1

for i in range(10):
    print(' %5s クラスの正解率は : %2d %%' % (class_names[i], 100 * class_correct[i] / class_total[i]))
```

Output

```
 plane クラスの正解率は : 50 %
   car クラスの正解率は : 68 %
  bird クラスの正解率は : 44 %
   cat クラスの正解率は : 46 %
  deer クラスの正解率は : 52 %
   dog クラスの正解率は : 47 %
  frog クラスの正解率は : 82 %
 horse クラスの正解率は : 63 %
  ship クラスの正解率は : 79 %
 truck クラスの正解率は : 53 %
```

この正解率も実行によって少し変動します。正解率が高いのはfrogとshipです。それに対して、正解率が低いのは、birdとcatなどがあります。40%～50%前後です。

▶ まとめ

　いかがですか？　小さい画像でも認識ができました。しかし認識の精度は高くありません。小さい画像で、データ量が少ない分学習は早いですが、データ量が少ないため特徴が失われている部分もあることが原因だと考えられます。またモデルの構築も、改良する余地があります。興味のある読者は今のプログラムの上で色々試行錯誤してみてください（例えば、ニューラルワークの層を増やす、各層のニューロンの数を増やす、学習回数を増やすなどが考えられます）。学習の正解率が上がるときっと嬉しい達成感を味わうことになるでしょう。

第5章 機械学習・深層学習のレシピ（中級・上級）

　第4章では、画像前処理でよく使うOpenCVの基本や、scikit-learnでの機械学習のレシピ、ChainerとPyTorchを使った深層学習のレシピも見てきました。04-05節、04-06節の学習済みのモデルをRaspberry Piに移して、手書き数字認識のウェブアプリも実装しました。犬や猫の画像の深層学習を通して、ニューラルネットワークの作り方の基本も紹介しました。

　この章の前半では、今最も注目されているGoogleのTensorFlowという深層学習のフレームワークの使い方を勉強していきます。第4章で登場したデータセットを一部利用することで、データセットの中身ではなく、TensorFlowの使い方にフォーカスしてもらいたいと考えています。

　また、この章の後半では、物体認識や、Raspberry Piの物理的な限界を突破するための、物理的な拡張やAIのクラウドAPIも紹介します。

05 01 中級レシピ

TensorFlow + Keras + MNIST 手書き数字認識ウェブアプリ

約30分 + 約30分

―― Colaboratory + Raspberry Pi ――

MNISTのデータセットを使ったレシピは3回目の紹介になりますMNISTのデータセットの特徴についての説明はここでは省きます。MNISTについては04-05節も参照してください。

本書ではこのレシピでは 初めてTensorFlowとKerasに触れますので、TensorFlowの使い方とKerasの使い方にフォーカスして、説明していきたいと思います。

準備する環境やツール

- TensorFlow
- Keras
- Colaboratory
- Flask
- Raspberry Pi
- MNISTの手書き数字データセット。こちらは、04-05節のレシピの説明を参照してください

このレシピの目的

- TensorFlowの基本を理解する
- Kearasの基本を理解する
- KerasからMNISTデータのロードの仕方を把握する
- Kerasでのニューラルネットワークモデルの構築方法を理解する
- Raspberry Piのウェブアプリで使用する学習済モデルの取得（ダウンロード）方法を把握する

▶ Kerasとは

今回のレシピで初登場するKerasについて、紹介していきたいと思います。

Kerasは、複数のバックエンドの深層学習フレームワーク（TensorFlow、Theano、CNTKなど）で共通な、Pythonプログラミング手法を提供するニューラルネットワークライブラリのラッパーです。複数の深層学習フレームワークで共通のモデルを開発できる共通のインタフェースを提供しています。

Netflix、Uber、Yelpなどの名前の知られている会社でも使われています。CERNやNASAなど大きな研究機関でもよく使われているフレームワークです。

04-03節で、紹介したscikit-learn APIのためのラッパーも持っています。

■Kerasのバックエンドとは？

畳み込みニューラルネットワークの様々な処理をKeras自身で行うことはありません。その代わりに、Kerasの**バックエンドエンジン**として、TensorFlowやCNTKなどの深層学習のフレームワークを使います。

Kerasは3つの異なるバックエンドエンジンにシームレスに接続できます。

- **TensorFlow**

Googleにより開発されたオープンソース深層学習のフレームワークです。詳細は後ほど紹介します。

- **Theano**

カナダのモントリオール大学が主導している数値計算のPythonライブラリで深層学習にもよく利用されています。

- **CNTK**

Microsoftによって開発されたオープンソースの深層学習のフレームワークです。

上記の3つ以外にも、将来さらに他のバックエンドエンジンが使えるようになるでしょう（図1）。

▼図1　Kerasが利用可能なバックエンドフレームワーク

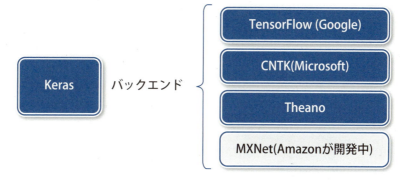

図1のように、多数の深層学習のフレームワークをバックエンドとして利用することができます。前述したようにKerasはTensorFlow、CNTKなどの深層学習フレームワークのラッパーとも言えます。Kerasを習得すれば、一種の「共通言語」が手に入れられると言えるかもしれません。

■なぜKerasを使うのか

既に紹介したChainer、PyTorch、これから紹介する人気のTensorFlowなどを含め、今現在、数多くの深層学習フレームワークが存在します。その中なぜKerasを使うのでしょうか？　次のような理由が挙げられます。

- Kerasは一貫性のあるシンプルなAPIを提供することで、一般的なユースケースで必要なユーザの操作（プログラミング）を最小限に抑えることができます。
- Kerasは簡単に学ぶことも使うことも簡単にできて、ユーザにとって生産性の高いプログラミングができます。

- Kerasはバックエンドとして他の深層学習フレームワークと統合しているため、ほとんどの深層学習を実装することができます。特にTensorFlowのワークフローとシームレスに統合されているメリットがとても大きいです。

これからのレシピの中でも実際に使ってみます。

■TensorFlowとは

TensorFlowはGoogleによって開発されました。ChainerやPyTorchのような機械学習・深層学習のフレームワークです。TensorFlowは、もともとはGoogleのGoogle Brainチームが研究用に開発したものでしたが、2015年11月にオープンソースのライセンスで公開され、2017年2月15日には正式版となるTensorFlow 1.0がリリースされました。執筆している時点での最新版は1.12.0です（2018年12月現在）。

今最も広く使われている、最も人気のある機械学習、深層学習のフレームワークだと言えます。

■Kerasを用いた処理フロー

次の図2がKerasを使うときの一般的な処理フローです。プログラミングを行う際もこのステップに沿っていきます。

▼図2　一般的なKerasを用いた処理フロー

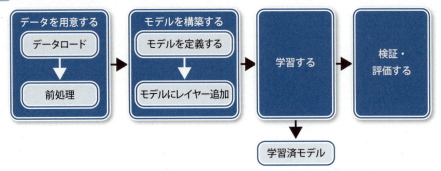

> **Column**
>
> **フレームワークの選び方**
> 　Kerasは標準なニューラルネットワークの構築や学習のパラメータの設定など、共通のインタフェースが提供されていてとても便利です。しかし、何でもKerasを使うのではなく、解決する問題の領域を見極め、手法についても検討する必要があります。Keras以外のフレームワークで最適なフレームワークがあれば、それを選定することも大事でしょう。

まず、データを用意して(データのロードと前処理)、学習モデルを構築(モデルを定義し、モデルに必要なレイヤーを追加していく)して、その後学習を経て、モデルの検証評価を行います。一連の標準的な処理はKerasのAPIとして提供されていて、この順番でプログラミングを組み立てば、深層学習のプログラミングが比較的に簡単に完成させられます。この後のプログラムを見ていくときに、この処理フローを意識してみてください。

▶ 調理手順

まずColaboratoryで実行してみましょう。

■TensorFlowのインストール

TensorFlowをまだインストールしていない場合は、次のコマンドでインストールしてください。

Input
```
!pip install tensorflow
```

Output
```
省略
```

■TensorFlowのバージョンの確認

インストールが終わったら、次のようにTensorFlowのバージョンを確認してみましょう。

Input
```
import tensorflow as tf

print(tf.__version__)
```

Output
```
1.13.1
```

執筆時のTensorFlowのバージョンは1.13.1です。

■Kerasのインストール

次に、Kerasをインストールします。

Input
```
!pip install keras
```

Output
```
省略
```

インストールが終わったら、次のようにKerasのバージョンを確認します。

Input
```
import keras

print(keras.__version__)
```

Output
```
2.2.4
Using TensorFlow backend.
```

執筆時のKerasのバージョンは2.2.4です。

■設定

今までのレシピと同様に、バッチサイズ、学習の回数、画像の縦横のサイズなどを設定します。

Input
```
BATCH_SIZE = 128
NUM_CLASSES = 10
EPOCHS = 10

IMG_ROWS, IMG_COLS = 28, 28
```

Output
```
なし
```

グラフ描画用のクラス名の配列を用意します。0～9までの手書き数字を認識させるプログラムを作成するので、それに対応した0～9の10個の文字列配列を作ります。

Input
```
handwritten_number_names = ['0', '1', '2', '3', '4', '5', '6', '7', '8', '9']
```

Output

なし

■MNISTデータセットのローディング

ここではKerasが用意しているmnist.load_data()メソッドを利用して、簡単にMNISTのデータを取得して、それぞれ、学習データ変数train_dataと、検証データ変数test_dataに格納します。MNISTについては04-05節も参照してください。

Input

```
from keras.datasets import mnist

#
(train_data, train_teacher_labels), (test_data, test_teacher_labels) = mnist.load_data()
print('ロードしたあとの学習データ　train_data shape:', train_data.shape)
print('ロードしたあとの検証データ　test_data shape:', test_data.shape)
```

Output

```
ロードしたあとの学習データ　train_data shape: (60000, 28, 28)
ロードしたあとの検証データ　test_data shape: (10000, 28, 28)
```

学習データは実際に学習フェーズで使用するデータです。データセットの7割、8割を学習データとして使うのが一般的です。これに対して、学習後、学習済モデルの性能(どのぐらい正確に分類、推論できるか)をテストするためのデータは検証データと言います。データセットの学習データ以外の2、3割のデータを使うのが一般的です。

出力結果Outputに示したように、train_dataとtest_dataは(num_samples, 28,28)のグレースケール画像データのunit8 (8ビット符号なし整数)配列となります。train_teacher_labelとtest_teacher_labelはカテゴリーラベル(0〜9の整数)のunit8配列となります。

Outputのように、学習データが60,000個、検証データが10,000個あります。

■学習モデルに合わせたデータ配列の形状変換

ここでは、モデルに学習させる前に、渡すデータを変換しておく必要があります。reshape()メソッドを使います

最初の入力層はConv2Dクラス(TensorFlowの2次元畳み込み層のクラス)ですので、Conv2Dに渡す引数にデータの形状(input_shape)を渡さなければなりません。

正しいデータの形状を渡すために、少し処理が必要です。そこで、まず画像データのフォーマットを知る必要があります。Keras.image_data_format()はKerasの内部設定されている画像におけるデフォルトのフォーマット規則(channels_firstあるいは、

channels_last)を返してくれます。

Keras.image_data_format()='channels_first'の場合、train_dataはreshapeを利用してtrain_dataを (size, channels, rows, cols) の4階テンソル (ここは、train_data.shape[0], 1, IMG_ROWS, IMG_COLS) にします。つまりchannelをrowsとcolsの前に移動させることが必要です。

そして、Conv2Dに渡すinput_shapeもinput_shape = (1, IMG_ROWS, IMG_COLS)にします。

テンソルという言葉が出てきましたが、ここでは、多次元配列だと思ってください。4階テンソルは、ここでは4次元配列だと思ってください。

それに対してKeras.image_data_format()='channels_last'の場合 (else以降の処理)、train_dataはreshapeを利用してtrain_dataを (size, rows, cols, channels) の4階テンソル (ここでは、test_data.shape[0], 1, IMG_ROWS, IMG_COLS) にする必要があります。つまりchannelをrowsとcolsの後ろに移動させることが必要です。

そして、Conv2Dに渡すinput_shapeもinput_shape = (IMG_ROWS, IMG_COLS, 1)になります。

上記はtrain_dataのみ例として説明しましたが、test_dataも同様のロジックで処理されます。

Input

```
from keras import backend as Keras

print('Channel調整変換前  train_data shape:', train_data.shape)
print('Channel調整変換前  test_data shape:', test_data.shape)
#
if Keras.image_data_format() == 'channels_first':
    train_data = train_data.reshape(train_data.shape[0], 1, IMG_ROWS, IMG_COLS)
    test_data = test_data.reshape(test_data.shape[0], 1, IMG_ROWS, IMG_COLS)
    input_shape = (1, IMG_ROWS, IMG_COLS)
else:
    train_data = train_data.reshape(train_data.shape[0], IMG_ROWS, IMG_COLS, 1)
    test_data = test_data.reshape(test_data.shape[0], IMG_ROWS, IMG_COLS, 1)
    input_shape = (IMG_ROWS, IMG_COLS, 1)

print('Channel調整変換後  train_data shape:', train_data.shape)
print('Channel調整変換後  test_data shape:', test_data.shape)
```

Output

```
Channel調整変換前  train_data shape: (60000, 28, 28)
Channel調整変換前  test_data shape: (10000, 28, 28)
Channel調整変換後  train_data shape: (60000, 28, 28, 1)
Channel調整変換後  test_data shape: (10000, 28, 28, 1)
```

　Outputが示したように、train_dataもtest_dataもデータ配列の形状が変わり、最後に1というchannelsの数字が入っています。これで、conv2Dに渡せるデータフォーマットにできました。

■学習モデルに合わせてデータ調整

　Kerasから取得したデータはnumpyの配列になっていますが、データの型は「unit8」（8ビット符号付整数）になっています。学習用のモデルに渡すには、データをfloat32に変換する必要があります。

　そのためず、「unit8」（8ビット符号付整数）を「float32」（32ビット浮動小数点数）に変換します。astypeではtrain_dataとtest_dataを変換したいデータの型として指定して変換します（float32という型にします）。

Input

```
train_data = train_data.astype('float32')
test_data = test_data.astype('float32')

print(test_data)
```

Output

```
[[[[0.]
   [0.]
   [0.]
   ...
   [0.]
   [0.]
   [0.]]

  [[0.]
   [0.]
   [0.]
---  以下省略  ---
```

　次のプログラムの処理後、255で割って小数点の数値になりました。
　データセットのデータはそもそも「0」と「255」の間に分布している値なので、そのデー

タを「0」と「1.0」の間に分布するように変換する必要があります。

その値を255で割ることで、「0」と「1.0」の間に分布するようになります。

この処理は、学習データのみならず、検証データも同様にしなければなりません。

ChainerもPyTorchもKerasもこの正規化処理が必要です。画像のピクセルの0～255までの数値を0～1の間に分布するように変換するこの正規化処理は、内部で計算するために必要な変換です。また、次に説明する教師ラベルデータを「One-hotベクトル」に変換するのも内部で計算するためです。

Input

```
train_data /= 255
test_data /= 255

print('学習データ  train_data shape:', train_data.shape)
print(train_data.shape[0], 'サンプルを学習します')
print('検証データ  test_data shape:', test_data.shape)
print(test_data.shape[0], 'サンプルを検証します')
```

Output

```
学習データ  train_data shape: (60000, 28, 28, 1)
60000 サンプルを学習します
検証データ  test_data shape: (10000, 28, 28, 1)
10000 サンプルを検証します
```

■教師ラベルデータの変換

Kerasで分類を行う際、教師ラベルを**One-hotベクトル**（1-of-k表現）変換する必要があります。

変換前のクラスベクトル（0からNUM_CLASSESまでの整数、ここではNUM_CLASSES =10なので、0～9までの整数）を「One-hot ベクトル」に変換します。One-hotベクトルの意味はこの次の例の後で説明します。

変換で使うメソッドは「keras.utils.to_categorical」です。

例えば、変換前の教師ラベルは次のようになるとします（実際は、違う順番で、数も多いです）。

```
[0 1 2 3 4 5 6 7 8 9]
```

上のこの教師ラベルはクラスベクトルです。

One-hot ベクトルに変換した後は次のようになります。

```
0: [1,0,0,0,0,0,0,0,0,0]
1: [0,1,0,0,0,0,0,0,0,0]
2: [0,0,1,0,0,0,0,0,0,0]
```

```
3: [0,0,0,1,0,0,0,0,0,0]
4: [0,0,0,0,1,0,0,0,0,0]
5: [0,0,0,0,0,1,0,0,0,0]
…
9: [0,0,0,0,0,0,0,0,0,1]
```

これは、One-hotベクトルです。文字通り、このベクトルの中に、1つだけ「hot」、つまり「1」になっています。それ以外は全部「0」になっています。上のデータの「1」の位置に注目してください。

こういうようなベクトルで数値を表現するものをOne-hotベクトルと呼びます。

この変換は次の学習する段階のプログラムで、学習のプロセスのmodel.fit()に渡すデータのフォーマットに合わせるためです。

次のプログラムでは、それぞれtrain_teacher_labels（学習用教師ラベル）とtest_teacher_labels（検証用教師ラベル）を変換して、その結果を表示しています。

Input

```
# 学習用教師ラベルデータをOne-hotベクトルに変換します
print('Keras変換前学習用教師ラベルデータ  train_teacher_labels shape:', train_teacher_labels.shape)
train_teacher_labels = keras.utils.to_categorical(train_teacher_labels, NUM_CLASSES)
print('Keras変換後学習用教師ラベルデータ  train_teacher_labels shape:', train_teacher_labels.shape)

# 検証用教師ラベルデータをOne-hotベクトルに変換します
print('Keras変換前検証用教師ラベルデータ  test_teacher_labels shape:', test_teacher_labels.shape)
print(test_teacher_labels)
test_teacher_labels = keras.utils.to_categorical(test_teacher_labels, NUM_CLASSES)
print('Keras変換後検証用教師ラベルデータ  test_teacher_labels shape:', test_teacher_labels.shape)
print(test_teacher_labels)
```

Output

```
Keras変換前学習用教師ラベルデータ  train_teacher_labels shape: (60000,)
Keras変換後学習用教師ラベルデータ  train_teacher_labels shape: (60000, 10)
Keras変換前検証用教師ラベルデータ  test_teacher_labels shape: (10000,)
[7 2 1 ... 4 5 6]
Keras変換後検証用教師ラベルデータ  test_teacher_labels shape: (10000,
```

```
10)
[[0. 0. 0. ... 1. 0. 0.]
 [0. 0. 1. ... 0. 0. 0.]
 [0. 1. 0. ... 0. 0. 0.]
 ...
 [0. 0. 0. ... 0. 0. 0.]
 [0. 0. 0. ... 0. 0. 0.]
 [0. 0. 0. ... 0. 0. 0.]]
```

　学習用、検証用教師ラベルデータも全部One-hotベクトル変換されたことを確認できます。例えば、変換前の検証用ラベルデータと変換後の検証用ラベルデータは、クラスベクトルとOne-hotベクトルになっています。

　変換前は [7 2 1 ... 4 5 6] でしたが変換後は、

```
[[0. 0. 0. ... 1. 0. 0.]
 [0. 0. 1. ... 0. 0. 0.]
 [0. 1. 0. ... 0. 0. 0.]
 ...
```

のようになっています。これはOne-hotベクトルです。

■ シーケンシャルモデル指定

　ここからいよいよニューラルネットワークのモデルの構築を始めます。

　次のプログラムで、KerasでSequential Model(シーケンシャルモデル) として指定しておきます。シーケンシャルモデルは層を積み重ねたものです。Kerasでは、ニューラルワークを構築するには3つの方法があります。

- Sequential Modelを使って定義する
- Functional APIを使って定義する
- Modelクラスを継承して定義する

　ここではSequential Modelを使って定義する方法が一番直感的なのでこのSequential Modelを使います。他の方法は、Kerasのドキュメントを参照して、試してみてください。

Input
```
from keras.models import Sequential

model = Sequential()
```

Output

なし

■学習モデルの構築

モデルを構築するためのClassをインポートします。

この後詳しく説明しますが、Kerasを使ってニューラルネットワークを構築するレイヤー単位の「部品」はKerasが用意してくれています。ここでは、Dense、Dropout、Flatten、Conv2D、MaxPooling2Dをインポートします。次のプログラムに示したように、これらは、全部keras.layersというパッケージからインポートしています。

Input

```
from keras.layers import Dense, Dropout, Flatten
from keras.layers import Conv2D, MaxPooling2D
```

Output

なし

■ニューラルネットワークの構築

これから、今回のレシピで使うニューラルネットワークを定義していきます。ニューラルネットワークを構築する際に、層あるいはレイヤー単位で考えることができます。Kerasでは、それを可能にするAPIを用意しています。

レイヤーの追加は「.add()」メソッドを使って簡単にできます。

例えば、1行目のmodel.add(Conv2D(...))というのは、このモデルにまず、最初の入力層を追加します。

Conv2Dは、二次元の畳み込みレイヤーです。画像に対する空間的畳み込みを行うレイヤーです。ここでは使いませんが他にConv1Dのオブジェクトも用意されています。畳み込みレイヤーや畳み込み処理についての詳説は01-03節の深層学習のところを参照してください。

1行目のConv2D()の中のパラメータは、最初の入力としてのニューロン（ユニット）は何個（ここでは32）なのか、2次元の畳み込みエリアの幅と高さは何か（kernel_size=(3, 3)）、このレイヤーはどんな活性化関数（ここでReLUを使います）を使うか、入力データのデータ形状（ここはinput_shapeを渡します）はどうなっているかを引数として渡します。こうすることによって、Kerasはこのレイヤーを作成します。

同様に、2行目でも畳み込みレイヤーを追加します。model.add()に渡したのはConv2D(64, (3, 3), activation='relu')なので、64ニューロンを入力として持ち、活性化関数をRelUに設定しています。

3行目はmodel.add(MaxPooling2D(pool_size=(2, 2)))で、プーリング層です。

4行目はドロップアウト層です。過学習を防ぎます。

5行目はFlatten()、入力を平滑化します。

6行目はDense(128, activation='relu')、全結合レイヤー、活性化関数はReLUを使います。

7行目はドロップアウト層です。過学習を防ぎます。

8行目は出力層、ソフトマックス関数で、出力の各クラス（0～9までの数値の確率）の確率の形に変換します。Dense(NUM_CLASSES, activation='softmax')のNUM_CLASSは上で解説したクラスベクトルです。最後のレイヤーは、出力の各クラスの確率になりますので、活性化関数をsoftmax関数にするのが一般的です。

9行目は文字通り、今まで定義したニューラルネットワークのサマリーを表示します。

これで、一通り今回のニューラルネットワークの定義が完了しました。

Input

```
model.add(Conv2D(32, kernel_size=(3, 3),
                 activation='relu',
                 input_shape=input_shape))

model.add(Conv2D(64, (3, 3), activation='relu'))
model.add(MaxPooling2D(pool_size=(2, 2)))
model.add(Dropout(0.25))
model.add(Flatten())
model.add(Dense(128, activation='relu'))
model.add(Dropout(0.5))
model.add(Dense(NUM_CLASSES, activation='softmax'))

model.summary()
```

Output

```
_____
Layer (type)                 Output Shape              Param #
=================================================================
conv2d_1 (Conv2D)            (None, 26, 26, 32)        320
_____
conv2d_2 (Conv2D)            (None, 24, 24, 64)        18496
_____
max_pooling2d_1 (MaxPooling2 (None, 12, 12, 64)        0
_____
dropout_1 (Dropout)          (None, 12, 12, 64)        0
_____
flatten_1 (Flatten)          (None, 9216)              0
_____
dense_1 (Dense)              (None, 128)               1179776
_____
```

```
dropout_2 (Dropout)          (None, 128)              0
_____
dense_2 (Dense)              (None, 10)               1290
=================================================================
Total params: 1,199,882
Trainable params: 1,199,882
Non-trainable params: 0
_____
```

■モデルのコンパイル

モデルの学習を始める前に、compileメソッドを通して、どのような学習処理を行うかを設定する必要があります。次の項目の設定が必要です。

- 最適化アルゴリズム
- 損失関数
- 評価関数のリスト

・最適化アルゴリズム (optimizer)

Kerasでは8種類のoptimizer(最適化アルゴリズム)が提供しています。今回のプログラムでは、keras.optimizers.Adadelta()を使います。

・損失関数 (loss)

Kerasから設定できるのは、14種類の損失関数があります。今回のプログラムでは、keras.losses.categorical_crossentropyを使います。

・評価関数のリスト (metrics)

分類問題では精度としてmetrics=['accuracy']を指定することが多いです。引数として自分で定義した関数を関数として与えることもできます。

最適化アルゴリズムと損失関数の選定は自由ですが、それぞれ特徴と効果が異なります。解決したい課題に応じて、最適化アルゴリズムと損失関数など、変更して結果を観察するのは実際によくある作業です。全ての最適化アルゴリズムと損失関数の特徴をここで詳しく説明しませんが、みなさんの練習と実践の中で、いろいろ試してみてください。

Input

```
model.compile(optimizer=keras.optimizers.Adadelta(),
              loss=keras.losses.categorical_crossentropy,
              metrics=['accuracy'])
```

Output
なし

■学習

まず学習前のデータを一度確認しましょう。これまでに、それぞれtrain_dataとtest_dataを変更する処理を実行しましたが、ここもう一度内容を確認してみましょう。(size, rows, cols, channels)というshapeになっているかどうかを確認します。

Input
```
print('学習させる前　train_data shape:', train_data.shape)
print('学習させる前　test_data shape:', test_data.shape)
```

Output
```
学習させる前　train_data shape: (60000, 28, 28, 1)
学習させる前　test_data shape: (10000, 28, 28, 1)
```

次に、学習のプロセスで、学習のグラフを描画する関数も定義しておきます。

Input
```
def plot_loss_accuracy_graph(fit_record):
    # 青い線で誤差の履歴をプロットします、検証時誤差は黒い線で
    plt.plot(fit_record.history['loss'], "-D", color="blue", label="train_loss", linewidth=2)
    plt.plot(fit_record.history['val_loss'], "-D", color="black", label="val_loss", linewidth=2)
    plt.title('LOSS')
    plt.xlabel('Epochs')
    plt.ylabel('Loss')
    plt.legend(loc='upper right')
    plt.show()

    # 緑の線で精度の履歴をプロットします、検証時精度は黒い線で
    plt.plot(fit_record.history['acc'], "-o", color="green", label="train_accuracy", linewidth=2)
    plt.plot(fit_record.history['val_acc'], "-o", color="black", label="val_accuracy", linewidth=2)
    plt.title('ACCURACY')
    plt.xlabel('Epochs')
    plt.ylabel('Accuracy')
    plt.legend(loc="lower right")
    plt.show()
```

Output

なし

　次のプログラムのように、学習(train)はfit()関数を使います。これを実行すると、学習プロセスが始まります。fit()関数は04-03節のsckit-learnを使ったレシピにも登場しました。fit()関数は、今まで定義した学習モデルに実際に学習データ、正解になる教師ラベルデータを投入して、学習させるプロセスです。プログラムの中で、一番時間のかかる処理となります。データの量、エポックの回数、ニューラルネットワークの層の数、ニューロンの数など、全部学習時間に影響します。

Input

```
print('反復学習回数：', EPOCHS)
fit_record = model.fit(train_data, train_teacher_labels,
                       batch_size=BATCH_SIZE,
                       epochs=EPOCHS,
                       verbose=1,
                       validation_data=(test_data, test_teacher_labels))
```

Output

```
反復学習回数： 10
WARNING:tensorflow:From /usr/local/lib/python3.6/dist-packages/tensorflow/python/ops/math_ops.py:3066: to_int32 (from tensorflow.python.ops.math_ops) is deprecated and will be removed in a future version.
Instructions for updating:
Use tf.cast instead.
Train on 60000 samples, validate on 10000 samples
Epoch 1/10
60000/60000 [==============================] - 10s 172us/step - loss: 0.2515 - acc: 0.9235 - val_loss: 0.0569 - val_acc: 0.9823
Epoch 2/10
60000/60000 [==============================] - 9s 143us/step - loss: 0.0895 - acc: 0.9737 - val_loss: 0.0391 - val_acc: 0.9868
Epoch 3/10
60000/60000 [==============================] - 9s 144us/step - loss: 0.0664 - acc: 0.9799 - val_loss: 0.0343 - val_acc: 0.9881
Epoch 4/10
60000/60000 [==============================] - 9s 143us/step - loss: 0.0552 - acc: 0.9830 - val_loss: 0.0324 - val_acc: 0.9889
Epoch 5/10
60000/60000 [==============================] - 9s 144us/step - los
```

```
s: 0.0469 - acc: 0.9861 - val_loss: 0.0293 - val_acc: 0.9899
Epoch 6/10
60000/60000 [==============================] - 9s 143us/step - los
s: 0.0425 - acc: 0.9879 - val_loss: 0.0287 - val_acc: 0.9905
Epoch 7/10
60000/60000 [==============================] - 9s 143us/step - los
s: 0.0375 - acc: 0.9889 - val_loss: 0.0279 - val_acc: 0.9904
Epoch 8/10
60000/60000 [==============================] - 9s 143us/step - los
s: 0.0335 - acc: 0.9895 - val_loss: 0.0296 - val_acc: 0.9909
Epoch 9/10
60000/60000 [==============================] - 9s 143us/step - los
s: 0.0328 - acc: 0.9900 - val_loss: 0.0260 - val_acc: 0.9910
Epoch 10/10
60000/60000 [==============================] - 9s 143us/step - los
s: 0.0294 - acc: 0.9913 - val_loss: 0.0287 - val_acc: 0.9911
```

Kerasを使って畳み込みニューラルネットワークモデルを用いた学習が完了しました。

■学習プロセスのグラフ

学習が終わったら、その学習の結果を見るために、グラフを表示してみましょう。グラフの表示には、先ほど定義したplot_loss_accuracy_graph()関数を使います。

Input
```
import matplotlib.pyplot as plt

plot_loss_accuracy_graph(fit_record)
```

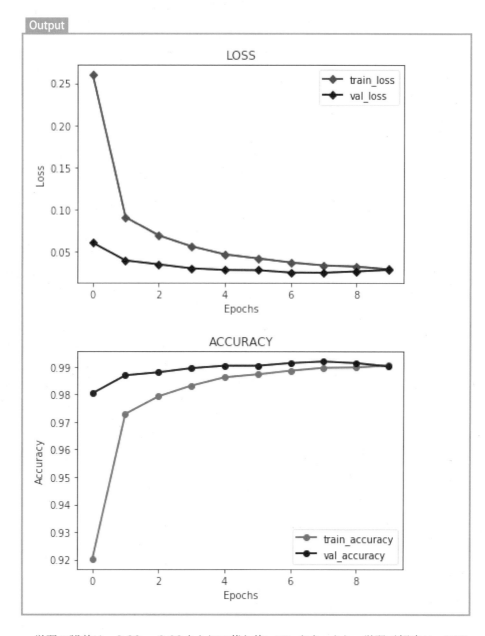

　学習の誤差は、0.02 〜 0.03 あたりで落ち着いています。また、学習正解率は、99%近辺に来ています。

　今まで、3つのレシピで、Chainer、PyTorchとKeras(TensorFlow)で同じデータセットMNISTをインプットとして学習させました。その結果を比較してみるのも興味深いものです。どういう異同があるのかを比較してみるのもいいでしょう。

■検証

続いて、検証を行います。1行でモデルの検証ができます。evaluate()メソッドにtest_dataと正解教師ラベルデータを渡すだけで、そのデータを使って、画像の誤差と正解率を計算してくれます。

Input
```
result_score = model.evaluate(test_data, test_teacher_labels, verbose=0)
```

Output

なし

検証結果を出力します。それぞれ、検証の誤差と、正解率を出力します。先ほどのグラフから、誤差が0.2〜0.3あたりで落ち着いていて、学習正解率は99%近辺と判断しましたが、結果も近い値となっています。

Input
```
print('検証誤差:', result_score[0])
print('検証正解率:', result_score[1])
```

Output
```
検証誤差: 0.028707319681548507
検証正解率: 0.9911
```

■予測

まず、検証データを一度modelに渡して、予測してもらいます。
予測の結果配列をprediction_arrayに格納します。

Input
```
prediction_array = model.predict(test_data)
```

Output

なし

次に予測の結果配列prediction_arrayの中身を見る前に、関数を2つ定義しておきます。plot_image()関数とplot_teacher_labels_graph()関数を定義します。

次のプログラムを見てください。まずは、plot_image()関数ですが、検証データセットのデータの所在（data_location：何番目）、予測した結果配列（predictions_ array)、正解教師ラベルデータ(real_teacher_labels)とデータセット(dataset)を渡して、その画像を描画する関数です。

Input

```
def plot_image(data_location, predictions_array, real_teacher_labels, dataset):
    predictions_array, real_teacher_labels, img = predictions_array[data_location], real_teacher_labels[data_location], ¥
                                                        dataset[data_location]
    plt.grid(False)
    plt.xticks([])
    plt.yticks([])
    
    plt.imshow(img)
    
    predicted_label = np.argmax(predictions_array)
    # 文字の色：予測結果と実際のラベルと一致する場合は緑、一致しない場合、赤にします
    if predicted_label == real_teacher_labels:
        color = 'green'
    else:
        color = 'red'
    # np.maxはnumpyの関数で、指定した配列の中、最大値を取り出します、ここでは、predictions_arrayの最大値を返します
    plt.xlabel("{} {:2.0f}% ({})".format(handwritten_number_names[predicted_label],
                                                100 * np.max(predictions_array),
                                                handwritten_number_names[real_teacher_labels]),
                color=color)
```

Output

なし

次にplot_teacher_labels_graph()関数ですが、検証データセットのデータの所在(data_location：何番目)、検証データセットと予測した結果配列(predictions_array)、正解教師ラベルデータ(real_teacher_labels)を渡して、予測した結果をヒストグラムで表現します。予測が正確であれば緑色に、間違いであれば赤となるようにします。

Input

```
def plot_teacher_labels_graph(data_location, predictions_array, real_teacher_labels):
    predictions_array, real_teacher_labels = predictions_array[data_location], real_teacher_labels[data_location]
    plt.grid(False)
    plt.xticks([])
    plt.yticks([])
    
    thisplot = plt.bar(range(10), predictions_array, color="#666666")
    plt.ylim([0, 1])
    predicted_label = np.argmax(predictions_array)
    
    thisplot[predicted_label].set_color('red')
    thisplot[real_teacher_labels].set_color('green')
```

Output

なし

次のプログラムで、One-hotベクトルを整数の配列に変換する関数convertOneHotVector2Integers()を定義します。

Input

```
def convertOneHotVector2Integers(one_hot_vector):
    return [np.where(r == 1)[0][0] for r in one_hot_vector]
```

Output

なし

One-hotベクトルの教師ラベルデータを整数の配列に正しく変換できるかを確認します(次のような1と0のみ構成しているベクトルです)。

```
0: [1,0,0,0,0,0,0,0,0,0]
1: [0,1,0,0,0,0,0,0,0,0]
2: [0,0,1,0,0,0,0,0,0,0]
3: [0,0,0,1,0,0,0,0,0,0]
4: [0,0,0,0,1,0,0,0,0,0]
5: [0,0,0,0,0,1,0,0,0,0]
…
9: [0,0,0,0,0,0,0,0,0,1]
```

上記のようなOne-hotベクトルから次のような整数ベクトルに変換できるかどうかを次のプログラムで確認してください。

```
[0 1 2 3 4 5 6 7 8 9]
```

Input

```
print(test_teacher_labels)
print(convertOneHotVector2Integers(test_teacher_labels))
```

Output

```
[[0. 0. 0. ... 1. 0. 0.]
 [0. 0. 1. ... 0. 0. 0.]
 [0. 1. 0. ... 0. 0. 0.]
 ...
 [0. 0. 0. ... 0. 0. 0.]
 [0. 0. 0. ... 0. 0. 0.]
 [0. 0. 0. ... 0. 0. 0.]]
[7, 2, 1, 0, 4, 1, 4, 9, 5, …
--- 以下省略 ---
```

いよいよ、検証データと検証データを全部予測したあとの結果配列を使って、検証の結果を見ていきます。

検証データがたくさんありますので、ここではその中の78番目を見ていきます（data_locationを変えてみることで、他の予測結果を見ることができます）。

Input

```
# 描画のために検証データを変換しておきます
test_data = test_data.reshape(test_data.shape[0], IMG_ROWS, IMG_COLS)

data_location = 77
plt.figure(figsize=(6, 3))
#
plt.subplot(1, 2, 1)
plot_image(data_location, prediction_array, convertOneHotVector2Integers(test_teacher_labels), test_data)
#
plt.subplot(1, 2, 2)
plot_teacher_labels_graph(data_location, prediction_array, convertOneHotVector2Integers(test_teacher_labels))
    _ = plt.xticks(range(10), handwritten_number_names, rotation=45)
```

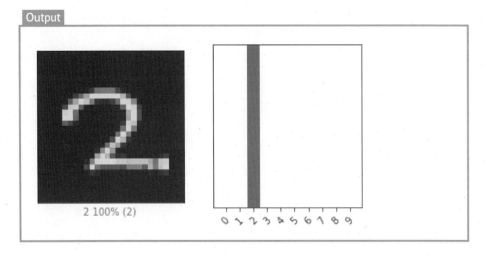

　指定したデータは手書き数字の「2」です。Outputの左下の括弧内の数字は正解ラベルです。Outputの右側にはヒストグラムが描画され、正解である2の部分に棒グラフが表示されます。
　グラフは正しい結果の場合には緑に、正確ではない結果の場合には赤に描画されます。今度は複数の結果を一緒に表示してみましょう。
　上記のプログラムは画像一つ指定して表示させました。画像を複数枚表示したいときは複数の画像が必要です。次のプログラムではループを追加しています。for i in range(NUM_IMAGES): NUM_IMAGESは事前に定義した、表示するときの行と列の数の積で、NUM_IMAGES = NUM_ROWS * NUM_COLS、つまりNUM_IMAGES=3×1=3枚になります。もっと表示する画像の数を増やしたい場合は、NUM_ROWSかNUM_COLSを増やしてみてください。

```
NUM_ROWS = 3
NUM_COLS = 1
NUM_IMAGES = NUM_ROWS * NUM_COLS
#
plt.figure(figsize=(2 * 2 * NUM_COLS + 2, 2 * NUM_ROWS + 4))
plt.subplots_adjust(wspace=0.4, hspace=0.4)
for i in range(NUM_IMAGES):
    #
    plt.subplot(NUM_ROWS, 2 * NUM_COLS, 2 * i + 1)
    plot_image(i, prediction_array, convertOneHotVector2Integers(test_teacher_labels), test_data)
    #
    plt.subplot(NUM_ROWS, 2 * NUM_COLS, 2 * i + 2)
    plot_teacher_labels_graph(i, prediction_array, convertOneHotVector2Integers(test_teacher_labels))
```

```
    _ = plt.xticks(range(10), handwritten_number_names, rotatio
n=45)
```

Output

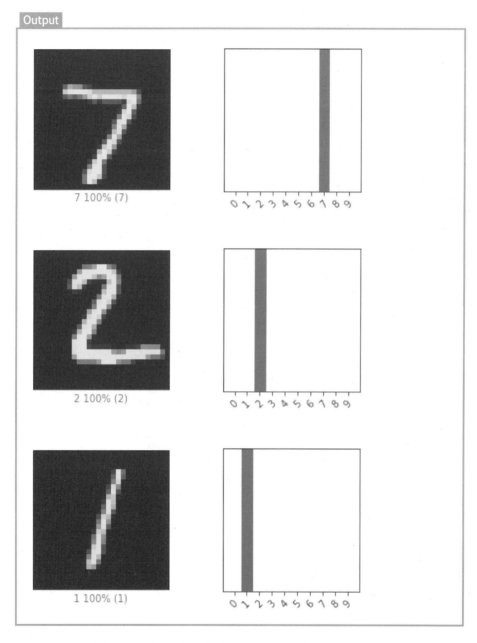

それぞれの画像と、予測、正解が表示されています。結果は一目瞭然です。表示する画像の数を増やしてみてください。そうすると、きっとその中に、不正解のものも出てきます。

続いて、データ（手書き数字の画像）を1つだけ用意して、予測していきましょう。

Input
```
# 検証データから画像を表示します
img = test_data[data_location]
print(img.shape)
```

Output
```
(28, 28)
```

Input
```
plt.imshow(img)
```

Output

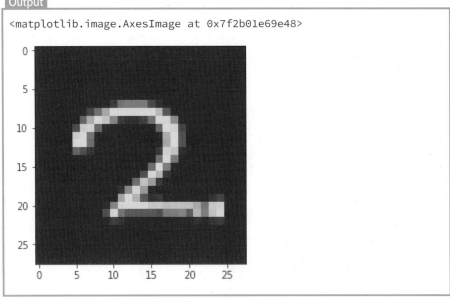

```
<matplotlib.image.AxesImage at 0x7f2b01e69e48>
```

次は、modelにデータを渡して、予測してもらいますが、model.predict()メソッドが期待しているデータは、学習時と同様にデータの配列です（学習時は、60,000、検証時は10,000でした）。今回は1枚の画像なので、学習の時の入力データフォーマットに合わせて、これを要素が1しかない配列に変換しておく必要があります。「np.expand_dims(img, 0)」で変換します。

Input
```
img = (np.expand_dims(img, 0))
img = img.reshape(1, IMG_ROWS, IMG_COLS, 1)
print(img.shape)
```

Output
```
(1, 28, 28, 1)
```

変換後のデータをモデルに渡して、予測してもらいます。model.predict()に変換後の画像ファイルを渡して、モデルに予測してもらいます。予測の結果は配列に格納されています。その中身は、それぞれのクラス（数字0～9まで）の確率です。

Input
```
predictions_result_array = model.predict(img)

print(predictions_result_array)
```

Output
```
[[5.8398939e-08 1.4993533e-07 9.9999964e-01 5.3958196e-08
  6.6011159e-12
  3.7171599e-10 2.5206635e-11 1.3978895e-07 7.5397573e-09
  9.5513109e-09]]
```

予測結果配列predictions_result_array[0]の中から、一番数値の大きいものを取り出して、それが予測の結果となります。np.argmax()を使います。predictions_result_array[0]の中のデータは一次元配列です。

Outputの3番目の9.9999964e-01が一番大きいですね。対応している手書き数字は0から始まる9までなので、3番目は数字の2です。

Input
```
number = np.argmax(predictions_result_array[0])
print('予測結果：', handwritten_number_names[number])
```

Output
```
予測結果： 2
```

数字の「2」です。

■学習済モデルの保存

ここまで学習した学習済モデル（HDF5ファイル）をRaspberry Piで使用できるようにするためにColaboratoryで学習済モデルを保存します。拡張子は「.h5」となります。HDFはHierarchical Data Formatの略で、文字通り、階層化された大量な複雑なデータセットを取り扱うファイルのフォーマットです。学習済みのモデルはまさに、レイ

ヤーごとに、大量のパラメータがあり、複雑な構成になっていますので、HDF5ファイルフォーマットが適しています。

Input
```
model.save('keras-mnist-model.h5')
```

Output
```
なし
```

■保存後ファイルの確認

lsコマンドを使って、ファイルが作成されているかどうかを確認します。

Input
```
ls
```

Output
```
keras-mnist-model.h5   sample_data/
```

「keras-mnist-model.h5」を確認できました。問題なく、学習済モデルを保存できたので、keras-mnist-model.h5をダウンロードして、Raspberry Piに移して作業します。

■学習済モデルのダウンロード

学習済ファイルのダウンロードは、04-06節のレシピを参照してください。04-06節ですでに試している場合、Google Driveにアクセスする認証の手順はランタイムを再起動していなければ求められませんので、そのまま実行できます。

これからのステップはRaspberry Piで作業していきます。

■Raspberry Piで手書き数字の認識、文字認識

Raspberry Pi側の手順を紹介してきます。04-05節のChainerのレシピと同様に、手書き数字の認識です。

機能が同じですが、サーバで使っている深層学習のフレームワーク、学習済みのモデルが異なります。動作画面は画面1のようになります。

▼画面1　Kerasプログラムで手書き文字認識画面

今回のレシピに関連するファイルは次の4つです。

static/js/app.js（共通）
app.py（共通）
templates/keras.html
keras_mnist/kerasPredict.py

共通の部分が多いので、抜粋して説明していきます。04-05節のレシピも参照しながら進めてください。では、まずサーバ側のプログラムから見ていきましょう。
サーバ側の予測プログラムは次のようになります。

```
# -*- coding: utf-8 -*-
# ----------------------------------------------------------------------
#
#
import os

import numpy as np
from keras import backend as Keras
from keras.models import load_model

# ----------------------------------------------------------------------
#
Keras.clear_session()
# 学習済みモデル
```

```python
keras_mnist_model = load_model(
    os.path.abspath(os.path.dirname(__file__)) + '/keras-mnist-model.h5')

keras_mnist_model._make_predict_function()
keras_mnist_model.summary()
print('Keras MNIST model is loaded.')


def result(input_data):
    input_data = np.expand_dims(input_data, axis=0)
    input_data = input_data.reshape(input_data.shape[0], 28, 28, 1)
    result = np.argmax(keras_mnist_model.predict(input_data))
    return int(result)
```

　プログラムは非常にシンプルになっています。04-05節のChainerの場合と違ってRaspberry Pi側のプログラムには、モデルclassの定義がなくても大丈夫です。Kerasを使った仕組みではプログラムがモデルを保存するときに、モデルの構造も一緒に保存されます。load_model()するときに、そのモデルファイルを使って、学習済の重み付けだけではなく、ニューラルネットワークの構造も再構築することができます。したがって、今回Raspberry Pi側では、ニューラルネットワークの構造を定義するclassは必要がありません。

　この方式では学習済モデルを使う「応用フェーズ」での作業が少しシンプルになります。
　他の処理は、04-05節のChainerとMNISTの手書き数字認識の処理の流れとほぼ一緒です。手書き数字のサーバへの送信や、画像の前処理も共通していますので、プログラムを確認してください。

　比較していただきたいのは、Chainerでモデルに判別してもらう前と、Kerasでモデルに判別してもらう前のデータの前処理が異なることです。これはそれぞれ、モデルにインプットするデータのフォーマットが異なるためです。

▶まとめ

　いかがでしょうか？　Kerasのプログラミングの方法はとても直感的な印象でした。また、保存されたモデルファイルから、学習済の重み付けデータだけではなく、ニューラルネットワークの構造も再構築できるというところもとてもありがたい仕組みです。
　第4章のChainerとPyTorchのレシピと同様にMNISTのデータセットを使っていることで、3つの深層学習フレームワークの使い方の比較ができます。ここで一度立ち止まって3つのフレームワークの基本的な組み立て方法を確認すると新たに理解が深まるでしょう。

05|02 中級レシピ

TensorFlow + FashionMNISTで Fashion認識

約120分

―― Colaboratory ――

前回のレシピでは、Keras/TensorFlowでMNISTのデータで学習をして、手書き文字の認識をウェブアプリケーションで実現できました。

今回のレシピでは、データのフォーマットは全く同じですが、中身がFashionMNISTという洋服などの小さいグレースケールの画像データセットを使います。TensorFlowの使い方の理解を深めましょう。

準備する環境やツール
- Colaboratory
- Keras/TensorFlow
- Fashion MNIST

このレシピの目的
- Fashion MNISTデータを触れる
- Keras/TensorFlowの使い方を深める

▶ Fashion MNISTとは

Fashion MNISTは簡単にいうとMNISTのようなフォーマットになっているデータセットですが、手書きの数字の代わりに、グレースケールのシャツ、靴などの写真になっています(MNISTの詳細については、04-05節を参照してください)。

Fashion MNISTのデータセットもMNISTと同様に、服や靴などの画像ですが、28ピクセル×28ピクセルのグレースケールの画像になっており、784次元のデータが10のクラス('T-shirt/top', 'Trouser', 'Pullover', 'Dress', 'Coat', 'Sandal', 'Shirt', 'Sneaker', 'Bag', 'Ankle boot')のデータで構成されています。Fashion(シャツや靴など)のデータが70,000個入っています。MNISTのデータセットをそのまま代替して使えます。

Kerasでは、簡単にFashion MNISTのデータを取得、利用することができます。

早速Fashion MNISTの中身を覗いてみましょう(ここではColaboratoryで実行します)。

■ TensorFlowのバージョン

必要なパッケージをインポートして、TensorFlowのバージョンを確認しましょう。

Input

```
import matplotlib.pyplot as plt
import numpy as np
# TensorFlowとKerasをインポートします
import tensorflow as tf
```

```
print(tf.__version__)
```

Output:
```
1.12.0
```

執筆時のTensorFlowのバージョンは1.12.0ですが、みなさんが確認するときにはこのバージョンが変わる可能性があります。

■Fashion MNISTデータの取得

まず、前回のレシピと同じ、Kerasを使いますので、Kerasをインポートしておきます。

Input:
```
import keras
```

Output:
```
Using TensorFlow backend.
```

続いて、KerasのデータセットからFashion MNISTのデータを取得します。

Input:
```
fashion_mnist = keras.datasets.fashion_mnist

(train_data, train_teacher_labels), (test_data, test_teacher_labels) = fashion_mnist.load_data()
```

Output:
```
省略
```

データを取得すると同時に、学習用データ(train_data)と検証用データ(test_data)、およびそれぞれの教師ラベルデータ(train_teacher_labels、test_teacher_labels)に分けて、それぞれの変数に格納します。

データはNumPyのndarrayとして返されてきます。これもとても嬉しいことです。加工や変換せずに、すぐ様々な処理をすることができます。

次のプログラムのfashion_namesはあとで、グラフを描画する時に使います。次のように定義しておきます。

Input
```
fashion_names = ['T-shirt/top', 'Trouser', 'Pullover', 'Dress', 'Coat',
                 'Sandal', 'Shirt', 'Sneaker', 'Bag', 'Ankle boot']
```

Output
なし

■データセットを見る

ここまでで、学習データも変数に格納しましたので、中身を見てみましょう。

Input
```
train_data.shape
```

Output
```
(60000, 28, 28)
```

MNISTの時と同じ、(60000, 28, 28)で、つまり、60,000個データ（画像）で、28ピクセル×28ピクセルの大きさのデータです。次のプログラムでは、lenで要素の個数を取得します。train_teacher_labels、train_teacher_labelsは一次元配列なのでlenの方がシンプルです。上記のようにshapeでもいいですが数は同じです。

Input
```
len(train_teacher_labels)
```

Output
```
60000
```

当然、同じ数になります。学習用データの教師ラベルデータの数は60,000個です。

■検証データの確認

続いて、検証用のデータの中身も見てみましょう。

Input
```
test_data.shape
```

Output
```
(10000, 28, 28)
```

学習の60,000個のデータに対して、検証データは10,000個になります。

Input
```
len(test_teacher_labels)
```

Output
```
10000
```

検証用データの教師ラベルデータの数は10,000個です。
続いて、画像データを描画してみましょう。

Input
```
plt.figure()
plt.imshow(train_data[3], cmap='inferno')
plt.colorbar()
plt.grid(False)
```

Output

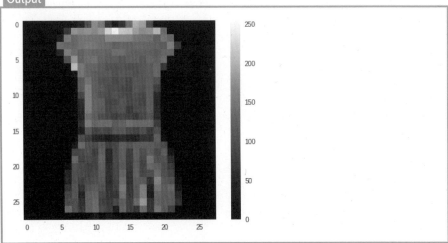

28×28ピクセルなので、解像度の低い画像ですが、なんとなく、スカートのような画像だとわかります。

■データセットの一部を描画する

次に、複数枚の画像を描画して確認しましょう。次のプログラムで16個の画像を描画してみます。

Input

```
plt.figure(figsize=(12, 12))
for i in range(16):
    plt.subplot(4, 4, i + 1)
    plt.xticks([])
    plt.yticks([])
    plt.grid(False)
    plt.imshow(train_data[i], cmap='inferno')
    plt.xlabel(fashion_names[train_teacher_labels[i]])
```

Output

スニーカーや、ハイヒール、サンダルなどの靴類が確認できます。また、セーター、Tシャツのような服も確認できました。これでFashion MNISTのデータセットの中身を把握できたので、いよいよ、学習フェーズの「調理」を始めましょう！

▶ 調理手順

Fashion MNISTのデータセットの中身を把握できたので、これからは、05-01節のレシピ同様に必要な設定をしていきます。

■設定

いつもと同様に、ミニバッチのサイズ、クラス（種類）の数、学習回数、画像のサイズなどのなど、あらかじめ設定しておきます。ここではミニバッチ学習するときのバッチサイズ、クラス（Tシャツなどの種類）の数、画像を表示するときの行と列の数を設定しておきましょう。

Input
```
BATCH_SIZE = 128
NUM_CLASSES = 10
EPOCHS = 20

IMG_ROWS, IMG_COLS = 28, 28
```

Output
```
なし
```

■学習モデルに合わせてデータ調整

Kerasから取得したデータはnumpyの配列になっていますが、データの型は「unit8」（8ビット符号付整数）になっています。学習用のモデルに渡すには、データを変換する必要があります。

まず、「unit8」（8ビット符号付整数）を「float32」（32ビット浮動小数点数）に変換します。この後、255で割って少数点数になります。astypeは配列の全ての要素のデータの型を変換します。

Input
```
train_data = train_data.astype('float32')
test_data = test_data.astype('float32')
```

Output
```
なし
```

データセットのデータはそもそも「0」と「255」の間に分布している値なので、それらのデータを「0」と「1.0」の間に分布するように変換する必要があります。

その値を255で割ることで、「0」と「1.0」の間に分布するようになります。
この処理は、学習データのみならず、検証データでも同様にしなければいけません。

Input
```
train_data /= 255
test_data /= 255
```

Output
なし

続いて、データの形状を確認します。

Input
```
print('学習データ  train_data shape:', train_data.shape)
print(train_data.shape[0], 'サンプルを学習します')
print('検証データ  test_data shape:', train_data.shape)
print(test_data.shape[0], 'サンプルを検証します')
```

Output
```
学習データ  train_data shape: (60000, 28, 28)
60000 サンプルを学習します
検証データ  test_data shape: (60000, 28, 28)
10000 サンプルを検証します
```

データの型を変換したり、数値を変換したりしましたが、当然ですが、データセット配列の形状、数は変わりません。

■学習モデルの構築

05-01節のレシピと同様に、モデルを定義します。まず必要なモジュールをインポートします。Denseは全結合レイヤーのクラスで、Flattenは入力を平滑化する役割を持ちます。Adamは最適化アルゴリズムです。

Input
```
from keras.models import Sequential
from keras.layers import Dense, Flatten
from keras.optimizers import Adam
```

Output
なし

次のプログラム中の入力層(784)、中間層(128)、出力層(10)について図で見てみましょう(図1)。

▼図1　このレシピのニューラルネットワークの入出力

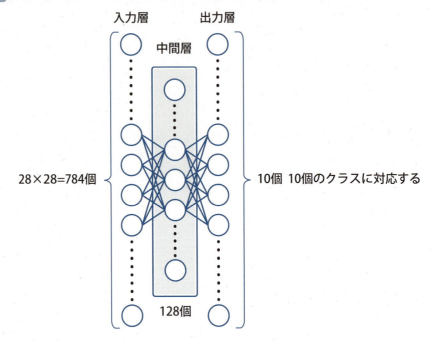

- 入力層

画像1枚は、28×28のピクセルで表現されています。この二次元の配列を784の一次元に変換します。今回定義するニューラルネットワークの入力層のニューロン(パーセプトロン)は784個です。平面のピクセルが、縦に一列に並べるイメージを想像してみてください。図1を参照してください。

- 中間層

これは全結合層(fully connected layer)となります。入力としては128個のニューロンとします。活性化関数はReLUを使います。今回のプログラムでは中間層のニューロンの数を128個にしましたが、ここは自由に設定することができます。64個でも600個でも、2,000個でも、自由です。また中間層は今回は一層ですが、必要に応じてさらに層の数を増やしても構いません。この部分は特に基準があるわけではなく、階層の数、中間層のニューロンの数などは学習の時間、学習効率、学習の結果に影響しますので、その中で最適な一番有効な組み合わせを見つけ出すのもAIエンジニアの仕事です。

・出力層

　これは最後の10個の出力となります。それぞれ10個のクラスと対応しています。それぞれのクラスの確率が出力されます。活性化関数はsoftmaxを使います。ここのニューロンの数は実際に分類したいクラスの数に合わせるのが一般的です。今回はTシャツなど10種類なので、10にしました。

Input

```
model = Sequential()

# 入力層
model.add(Flatten(input_shape=(IMG_ROWS, IMG_COLS)))
# 中間層
model.add(Dense(128, activation=tf.nn.relu))
# 出力層
model.add(Dense(10, activation=tf.nn.softmax))

model.summary()
```

Output

```
_____
Layer (type)                 Output Shape              Param #
=================================================================
flatten_1 (Flatten)          (None, 784)               0
_____
dense_1 (Dense)              (None, 128)               100480
_____
dense_2 (Dense)              (None, 10)                1290
=================================================================
Total params: 101,770
Trainable params: 101,770
Non-trainable params: 0
_____
```

　summaryのOutput Shapeの列を見ると、最初の入力層はニューロンの数が784個、中間層ニューロンの数が128個、また、出力層はニューロンが10個になっています。図1の定義通りになっています。

　05-01節のレシピと比較してみるとわかりますが、学習のニューラルネットワークの構造が違います。2つのレシピを試してみて、それぞれのニューラルネットワークの構造を改造してみましょう。例えば、中間層をもう一つ増やす、あるいは、中間層のニューロンの数を増やすなどにして改造してみてください。結果にどう影響を及ぼすかを確かめてください。

■ モデルのコンパイル

モデルの学習を始める前に、compileメソッドを用いどのような学習処理を行うか設定する必要があります。ここでいうcompileはモデルの初期設定をするイメージです。

- 最適化アルゴリズム（optimizer）
- 損失関数（loss）
- 評価関数のリスト（metrics）

詳細は05-01節を参照してください。

Input
```
model.compile(optimizer=Adam(),
              loss='sparse_categorical_crossentropy',
              metrics=['accuracy'])
```

Output
```
なし
```

次のプログラムのplot_loss_accuracy_graph()関数は学習の誤差と正解率グラフを描く関数です。詳しくは05-01節を参照してください。

Input
```
def plot_loss_accuracy_graph(fit_record):
    # 青い線で誤差の履歴をプロットします、検証時誤差は黒い線で
    plt.plot(fit_record.history['loss'], "-D", color="blue", label="train_loss", linewidth=2)
    plt.plot(fit_record.history['val_loss'], "-D", color="black", label="val_loss", linewidth=2)
    plt.title('LOSS')
    plt.xlabel('Epochs')
    plt.ylabel('Loss')
    plt.legend(loc='upper right')
    plt.show()

    # 緑の線で精度の履歴をプロットします、検証時精度は黒い線で
    plt.plot(fit_record.history['acc'], "-o", color="green", label="train_accuracy", linewidth=2)
    plt.plot(fit_record.history['val_acc'], "-o", color="black", label="val_accuracy", linewidth=2)
    plt.title('ACCURACY')
    plt.xlabel('Epochs')
```

```
    plt.ylabel('Accuracy')
    plt.legend(loc="lower right")
    plt.show()
```

Output

なし

■ 学習

いよいよ学習プロセスです。fit()メソッドに必要なデータと設定を渡すだけです。

Input

```
print('反復学習回数：', EPOCHS)
fit_record = model.fit(train_data, train_teacher_labels,
                       batch_size=BATCH_SIZE,
                       epochs=EPOCHS,
                       verbose=1,
                       validation_data=(test_data, test_teacher_lab
els))
```

Output

```
反復学習回数： 20
WARNING:tensorflow:From /usr/local/lib/python3.6/dist-packages/tens
orflow/python/ops/math_ops.py:3066: to_int32 (from tensorflow.pytho
n.ops.math_ops) is deprecated and will be removed in a future versi
on.
Instructions for updating:
Use tf.cast instead.
Train on 60000 samples, validate on 10000 samples
Epoch 1/20
60000/60000 [==============================] - 3s 48us/step - loss:
 0.5608 - acc: 0.8075 - val_loss: 0.4671 - val_acc: 0.8361
Epoch 2/20
60000/60000 [==============================] - 2s 34us/step - loss:
 0.4036 - acc: 0.8587 - val_loss: 0.4163 - val_acc: 0.8578
Epoch 3/20
60000/60000 [==============================] - 2s 35us/step - los
 --- 以下省略 ---
```

学習回数は20回ですが、ほぼ1分以内終わります。

■学習プロセスのグラフ

先に定義した関数で、学習誤差と学習の正解率グラフを描画します。

Input
```
plot_loss_accuracy_graph(fit_record)
```

Output

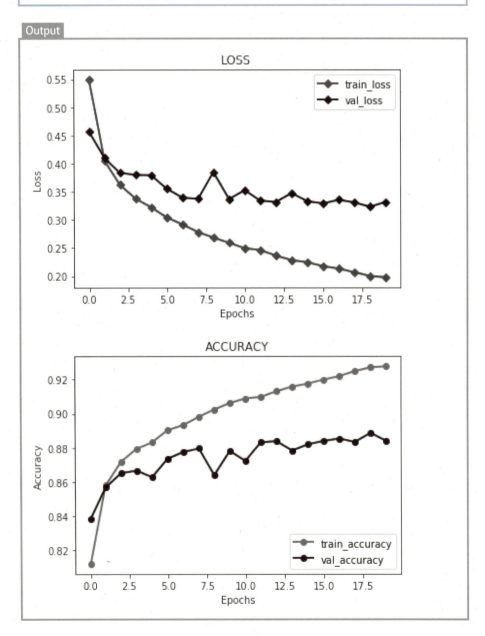

■検証

　model.evaluate()メソッドを使って、検証を行います。evaluate()メソッドにtest_dataと正解教師ラベルデータを渡すだけで、そのデータを使って、画像の誤差と正解率を計算してくれます。その結果がresult_scoreに格納されます。evaluate()を実行した結果、誤差はresult_score[0]に入っています。正解率はresult_score[1]に入っています。それぞれ、出力してみましょう。

Input
```
result_score = model.evaluate(test_data, test_teacher_labels)

print('検証誤差:', result_score[0])
print('検証正解率:', result_score[1])
```

Output
```
10000/10000 [==============================] - 1s 56us/step
検証誤差: 0.33514753844738004
検証正解率: 0.8826
```

　検証正解率が約88.3%となりました。

■予測

　次のプログラムでは5番目(data_location=4)のデータを選びました。任意にデータを選ぶこともできますので、他のデータも使って検証してみてください。
　選んだ任意のデータの形状を確認します。

Input
```
# 検証データから画像を表示します
data_location = 4
img = test_data[data_location]
print(img.shape)
```

Output
```
(28, 28)
```

　model.predict()メソッドが期待しているデータは、学習時と同様にデータの配列です(学習時は、60,000、検証時は10,000でした)。今回は1枚の任意の画像を選んでいるので、要素が1しかない配列に変換しておく必要があります。これは「np.expand_dims(img, 0)」で変換します。

Input
```
img = (np.expand_dims(img, 0))
print(img.shape)
```

Output
```
(1, 28, 28)
```

　データの形状が代わり、1枚のデータの(28, 28)から(1, 28, 28)になりました。先頭の1の意味は要素が1つしか入っていない配列だということを意味します。これで、model.predict()で正確に処理されます。そのままだと28×28のデータなのですが、「配列」になっていません。model.predictは配列しか受け付けません。そのために、配列に変換しています。ただその配列はデータが1個しか入っていません。

Input
```
predictions_result_array = model.predict(img)
print(predictions_result_array)
```

Output
```
[[1.4569540e-01 4.7004029e-08 2.4700942e-03 9.9761109e-04
4.5608971e-04
  2.2974971e-08 8.5037339e-01 5.0583530e-12 7.4235591e-06
7.6162001e-09]]
```

　この一枚の画像に対して、予測の結果配列は上のOuputの通りとなります。「10のクラス('T-shirt/top', 'Trouser', 'Pullover', 'Dress', 'Coat', 'Sandal', 'Shirt', 'Sneaker', 'Bag', 'Ankle boot')」の内の何の可能性が高いかを数値で表しています。

　次のプログラムでは、この配列の中から、np.argmax()を使って一番大きい数値を得られるようにしています。一番大きい数値を得るということは、10のクラス('T-shirt/top', 'Trouser', 'Pullover', 'Dress', 'Coat', 'Sandal', 'Shirt', 'Sneaker', 'Bag', 'Ankle boot')から、確率の高いクラス名の数値を取り出すことです。．
　その数値を使って、fashion_namesから対応する名称を取り出して、表示します。

Input
```
number = np.argmax(predictions_result_array[0])
print('予測結果：', fashion_names[number])
```

Output
```
予測結果： Shirt
```

ここでの予測結果は、Shirtとなりました。ここでは、省略しますが画像を表示して確かめてみてください。

■学習済モデルの保存

次に学習済モデル（HDF5ファイル）を保存します。拡張子は「.h5」となります。今回のレシピは特に学習済モデルを使って後続の作業がありませんが、もしこの学習済のモデルを他に移植したい場合は、次のプログラムで、ダウンロードしてください。

Input
```
model.save('keras-fashion-mnist-model.h5')
```

Output
なし

▶まとめ

20epoch学習させても、04-05節のレシピのMNIST手書きの学習精度と比べて、少し低めの学習精度0.88です（プログラム実行する度に毎回多少前後します）。
原因は何でしょうか？
クラスの数も同じ10個で、同じ28×28の画像データですが、Fashion MNISTの方が、特徴が数字よりも、より多くて複雑と言えるかもしれません。その特徴を学習するには、学習データを増やすか、ニューラルネットワークの層を増やすかという対策が考えられます。
また、このレシピと05-01節のレシピは学習のモデルの構造が違います（例えば、05-01節のレシピでは、dropoutの層が二箇所もありました）。
両レシピのmodel.summary()のところを確認すればわかりますが、このモデルの設計も学習の結果に影響します。model.summaryはプログラマーが定義したモデルをほぼそのまま、順番に入力層から出力層まで、各層の内容を表示されます。各層の内容は次となります。

- Layer(type)：層のタイプです。
- Output：出力noneの場合は、次の層の入力と同じになります。
- Shape：ニューロンの数です。
- Param：学習するためのパラメータの数です。

モデルの「形」を変えて、学習の精度と結果の変化を確認してみることで、深層学習のモデルへの理解を深めることができるでしょう。

05 03 中級レシピ

TensorFlowで花認識ウェブアプリ

約60分
+
約60分

― Colaboratory + Raspberry Pi ―

　05-01節と05-02節のレシピのMNISTの手書きデータセットとFashion MNISTを通してTensorFlowとKerasの使い方に慣れてきたでしょうか？

　今回のレシピではこれまで学習した知識を踏まえて、ウェブアプリを作成します。花の画像をアップロードして、花を認識するウェブアプリになります。

　レシピの前半では、手書きの花を認識させてみましょう。

　レシピの後半では、04-06節で紹介しました画像ファイルをアップロードする機能を使って、花の写真を認識させてみます。

　Chainerのレシピと同様に、学習はColaboratory上で実施し、学習済のモデルをRaspberry Piにコピーして、Raspberry Piでウェブアプリを実装します。

準備する環境やツール	このレシピの目的
・TensorFlow ・花のデータ ・Colaboratory	・転移学習を理解する ・手書き花認識ウェブアプリの作り方を理解する ・花写真をアップロードして認識してもらう仕組みを理解する

▶ retrain（転移学習）とは

　今回は、学習のニューラルネットワークを構築せずに、サンプルデータを利用して、既存のモデルをそのまま利用して「retrain(転移学習)」をすることで、学習済モデルを作成します。最初からモデルを構築して、パラメーターをチューニングするより、効率的ですし、必要な学習データも少し少なくて済みます。

　以降の手順はColaboratoryで行います。

■花のデータセットをダウンロードする

TensorFlowのサンプルデータを取得します。

Input

```
!curl -LO http://download.tensorflow.org/example_images/flower_photos.tgz
```

Output

```
% Total    % Received % Xferd  Average Speed   Time    Time     Time  Current
                                 Dload  Upload   Total   Spent    Left  Speed
100  218M  100  218M    0     0   106M      0  0:00:02  0:00:02 --:--:--  106M
```

■花のデータセットを解凍する

ダウンロードした圧縮データを解凍します。

Input

```
!tar xzf flower_photos.tgz
```

Output

なし

■学習（retrain）プログラムを入手する

tensorflowのサンプルコード（image_retraining.py）をダウンロードします。

Input

```
!curl -LO https://github.com/tensorflow/hub/raw/master/examples/image_retraining/retrain.py
```

Output

```
% Total    % Received % Xferd  Average Speed   Time    Time     Time  Current
                                 Dload  Upload   Total   Spent    Left  Speed
100   158    0   158    0     0    774      0 --:--:-- --:--:-- --:--:--  774
100 54688  100 54688    0     0   140k      0 --:--:-- --:--:-- --:--:--  140k
```

■フォルダの内容を確認する

ダウンロードが終わったら、フォルダを確認します。

Input
```
ls
```

Output
```
flower_photos/  flower_photos.tgz  retrain.py  sample_data/
```

　flower_photos.tgzとretrain.pyはダウンロードしたファイルです。flower_photosは解凍したフォルダで、このフォルダに、解凍された大量の花の写真が入っています。

　retrain.pyというPythonのファイルは、先ほどダウンロードした転移学習をするプログラムです。転移学習は簡単にいうと、すでに別のカテゴリーで利用したモデルをそのまま別のカテゴリーで利用して学習することです。これ以降の説明では、05-01節や05-02節で行ったような、モデルの定義作業などもなく、既存の学習のプログラムをそのまま利用して学習のプロセスに入ります。

　続いて、flower_photosの中を確認してみましょう。

Input
```
ls flower_photos
```

Output
```
daisy/  dandelion/  LICENSE.txt  roses/  sunflowers/  tulips/
```

　Outputを見ると、5種類の花のフォルダを確認できます。それぞれのフォルダにフォルダ名通りの花の写真ファイルが入っています。このフォルダ名が重要で、フォルダ名が今回の学習の教師ラベルになります。

daisy/（ヒナギク）
dandelion/（タンポポ）
roses/（バラ）
sunfolowers/（ヒマワリ）
tulips/（チューリップ）

▶調理手順

　今回のレシピの前半の学習処理まではColaboratoryで行います。

■転移学習開始

　このステップは一番時間がかかります（GPUを利用する場合、約10分）。可能な限り、GPUを使いましょう。

Colaboratoryのメニューから「編集」->「ノートブックの設定」->「ハードウェアアクセラレーター」のプルダウンメニューから、GPUを選んで設定してください。詳しい説明は、02-03節を参照してください。

Input
```
!python retrain.py --image_dir ./flower_photos
```

Output
```
INFO:tensorflow:Looking for images in 'daisy'
INFO:tensorflow:Looking for images in 'dandelion'
INFO:tensorflow:Looking for images in 'roses'
INFO:tensorflow:Looking for images in 'sunflowers'
INFO:tensorflow:Looking for images in 'tulips'
INFO:tensorflow:Using /tmp/tfhub_modules to cache modules.
INFO:tensorflow:Downloading TF-Hub Module 'https://tfhub.dev/google/imagenet/inception_v3/feature_vector/1'.
INFO:tensorflow:Downloaded
--- 以下省略 ---
```

このステップが完了すると、転移学習は終わりです。結果として2つのファイルが作成されます。次に説明します。

■学習の結果を確認する

学習の結果は /tmp のフォルダに保存されていますので、そのフォルダに移動してみましょう。

Input
```
cd /
```

Output
```
/
```

学習済のモデルはtmpフォルダに作成されていますので、tmpフォルダの一覧を見てみましょう。

Input
```
ls tmp
```

Output

```
bottleneck/                                   _retrain_checkpoint.index
checkpoint                                    _retrain_checkpoint.meta
output_graph.pb                               retrain_logs/
output_labels.txt                             tfhub_modules/
_retrain_checkpoint.data-00000-of-00001
```

Outputで表示された次の2つのファイル、

output_graph.pb
output_labels.txt

が今回の学習の結果となります。output_lables.txtは単なる花の名称のリストになっています。

この2つのファイルをこの後Raspberry Piにコピーして、花の認識ウェブアプリで使います。

■ 予測用のプログラムをダウンロードする

続いて、次のように「label_image.py」というプログラムをダウンロードします。このプログラムはTensorFlowのサンプルコードです。そのまま使ってテストをしてみましょう。

curlあるいは、wgetを使ってダウンロードしておきましょう。

Input

```
!curl -LO https://github.com/tensorflow/tensorflow/raw/master/tensorflow/examples/label_image/label_image.py
```

Output

```
% Total    % Received % Xferd  Average Speed   Time    Time     Time  Current
                                 Dload  Upload   Total   Spent    Left  Speed
100   175  100   175    0     0    883      0 --:--:-- --:--:-- --:--:--   883
100  4707  100  4707    0     0  14050      0 --:--:-- --:--:-- --:--:-- 14050
```

■テストを実施する

画像のファイルを任意に1枚決めてテストをしましょう。まず、rootの下のcontentフォルダに移動します。contentのフォルダはColaboratoryで作業するデフォルトのフォルダです。

Input
```
cd /content
```

Output
```
/content
```

例えば、バラのフォルダの下のファイルの一覧を表示してみます。

Input
```
ls flower_photos/roses
```

Output
```
10090824183_d02c613f10_m.jpg    3494252600_29f26e3ff0_n.jpg
102501987_3cdb8e5394_n.jpg      3500121696_5b6a69effb_n.jpg
10503217854_e66a804309.jpg      3526860692_4c551191b1_m.jpg
10894627425_ec76bbc757_n.jpg    353897245_5453f35a8e.jpg
110472418_87b6a3aa98_m.jpg      3550491463_3eb092054c_m.jpg
11102341464_508d558dfc_n.jpg    3554620445_082dd0bec4_n.jpg
11233672494_d8bf0a3dbf_n.jpg    3556123230_936bf084a5_n.jpg
---以下省略---
```

たくさんの画像（jpg）ファイルがここに格納されていることが確認できます。

その中の任意の画像をどんな花なのかを予測してもらいます（もちろん、私たちはその答えはわかっています。ここでは、バラのフォルダからファイルを選んでいるので「バラ」です）。

label_image.pyには5つのパラメータが必要です。

次のプログラムのInputで指定するパラメータを順に見ていくことにしましょう。

--graphは学習済のモデルファイルの場所です。ここでは、/tmp/output_graph.pbと設定します（学習済ファイルが別のディレクトリにあるようでしたら、それに合わせます）。

--labelsは学習済モデルのラベル（正解教師データ）の場所です。ここでは/tmp/output_labels.txtと設定します（ここも別のディレクトリにあるようでしたら、それに合わせます）。

--input_layerはここでは「Placeholder」と設定します。

--output_layerは「final_result」と設定します。

--imageは、予測したい画像のある場所です。ここでは、3556123230_936bf084a5_n.jpgという任意に選んだファイルの場所を設定します。「./flower_photos/roses/3556123230_936bf084a5_n.jpg」とします(注意:カレントディレクトリからのファイルへのパスを指定します。指定方法に誤りがあると、プログラムがエラーになりますので、気をつけてください)。

コマンドを実行するとOutputに実行結果が表示されます。

Outputの最後の5行に注目してください。予測の結果が表示されています。

Input

```
!python label_image.py \
--graph=/tmp/output_graph.pb --labels=/tmp/output_labels.txt \
--input_layer=Placeholder \
--output_layer=final_result \
--image=./flower_photos/roses/3556123230_936bf084a5_n.jpg
```

Output

```
2019-01-17 07:14:10.254184: I tensorflow/stream_executor/cuda/cuda_gpu_executor.cc:964] successful NUMA node read from SysFS had negative value (-1), but there must be at least one NUMA node, so returning NUMA node zero
2019-01-17 07:14:10.254614: I tensorflow/core/common_runtime/gpu/gpu_device.cc:1432] Found device 0 with properties:
name: Tesla K80 major: 3 minor: 7 memoryClockRate(GHz): 0.8235
pciBusID: 0000:00:04.0
totalMemory: 11.17GiB freeMemory: 11.10GiB
2019-01-17 07:14:10.254657: I tensorflow/core/common_runtime/gpu/gpu_device.cc:1511] Adding visible gpu devices: 0
2019-01-17 07:14:10.558301: I tensorflow/core/common_runtime/gpu/gpu_device.cc:982] Device interconnect StreamExecutor with strength 1 edge matrix:
2019-01-17 07:14:10.558434: I tensorflow/core/common_runtime/gpu/gpu_device.cc:988]      0
2019-01-17 07:14:10.558472: I tensorflow/core/common_runtime/gpu/gpu_device.cc:1001] 0:   N
2019-01-17 07:14:10.559033: W tensorflow/core/common_runtime/gpu/gpu_bfc_allocator.cc:42] Overriding allow_growth setting because the TF_FORCE_GPU_ALLOW_GROWTH environment variable is set. Original config value was 0.
2019-01-17 07:14:10.559232: I tensorflow/core/common_runtime/gpu/gpu_device.cc:1115] Created TensorFlow device (/job:localhost/replica:0/task:0/device:GPU:0 with 10758 MB memory) -> physical GPU (devi
```

```
ce: 0, name: Tesla K80, pci bus id: 0000:00:04.0, compute capabilit
y: 3.7)
2019-01-17 07:14:10.587484: I tensorflow/core/common_runtime/gpu/gp
u_device.cc:1511] Adding visible gpu devices: 0
2019-01-17 07:14:10.587556: I tensorflow/core/common_runtime/gpu/gp
u_device.cc:982] Device interconnect StreamExecutor with strength 1
edge matrix:
2019-01-17 07:14:10.587585: I tensorflow/core/common_runtime/gpu/gp
u_device.cc:988]      0
2019-01-17 07:14:10.587608: I tensorflow/core/common_runtime/gpu/gp
u_device.cc:1001] 0:   N
2019-01-17 07:14:10.587859: I tensorflow/core/common_runtime/gpu/gp
u_device.cc:1115] Created TensorFlow device (/job:localhost/replic
a:0/task:0/device:GPU:0 with 10758 MB memory) -> physical GPU (devi
ce: 0, name: Tesla K80, pci bus id: 0000:00:04.0, compute capabilit
y: 3.7)
roses 0.9416593
daisy 0.04434164
dandelion 0.006807862
tulips 0.0041018818
sunflowers 0.003089309
```

rosesの予測の可能性が0.94で一番大きい数値になっています。バラだと判定します。

■アップロードした花の写真でテストする

ここまでのテストでは、テスト用の写真も学習の過程でも使った写真データです。次に別の任意の花の写真（自分が撮った写真など）をColaboratoryにアップロードして、正確に認識してくれるかどうかをテストしてみましょう。

次のようにファイルのアップロードをします。

Input
```
from google.colab import files
uploaded=files.upload()
```

Output

なし

Inputに上記の内容を入力し、実行すると、Outputに［ファイル選択］というボタンが表示されますので、クリックして、事前に用意した花の写真を選択してアップロードしましょう。

次のプログラムの--imageに、みなさんが用意した写真のパスを指定して、プログラムを実行してみてください。テストで実行したときと同様に、プログラムで画像の予測を行うことができます。

Input
```
!python label_image.py \
--graph=/tmp/output_graph.pb --labels=/tmp/output_labels.txt \
--input_layer=Placeholder \
--output_layer=final_result \
--image="ここは読者がアップロードした写真のpath"
```

Output
```
省略
```

アップロードした写真で問題なく、予測されたでしょうか？ 筆者はかなり高い精度で花の認識ができています（もちろん今回の学習した5種類の中）。

これで、学習済のモデルの「動作確認」も完了です。この学習済モデルをColaboratoryからRaspberry Piにコピーしましょう。

■学習済のファイルをダウンロードする

次のプログラムで、下記のファイルをダウンロードしましょう。

output_graph.pb
output_labels.txt

Input
```
from google.colab import files
files.download('/tmp/output_graph.pb')
```

Output
```
なし
```

Input
```
from google.colab import files
files.download('/tmp/output_labels.txt')
```

Output
```
なし
```

今回は、学習済みモデルは2つのファイルとなります。

■Raspberry Piで手書き入力の部分を用意する

ここから、Raspberry Pi側で作業します。先ほどダウンロードしたファイルをRaspberry Piにコピーします。コピーの方法は04-05節を参照してください。

このレシピの関連のプログラムは下記となります。

static/js/app.js（共通）
app.py（共通）
templates/flower_upload.html
tensorflow_flower/flowerPredict.py

全体のフォルダの構造については、前のレシピの説明を参照してください。共通部分以外に今回は2つのファイルがあります。

共通部分の処理は、ブラウザから、手書きのデータをサーバに渡して、認識してもらう処理になりますが、この部分は04-06節、05-01節の内容を参考してください。ここでは簡単に説明します。

ウェブアプリフォルダappの配下に、flowerというフォルダを作成します。

先ほどColaboratoryからダウンロードした2つのファイル（output_graph.pbとoutput_labels.txt両方が必要です）をこのflowerフォルダの配下に配置します。

続いて、花を予測するプログラムlabel_image.pyもこのフォルダに配置します。

このプログラムは、ほぼそのままですが、今回のウェブアプリに合わせて、少しだけ改造しますので、それについて説明します。

まず、名前をflowerPredict.pyにします（もちろん、ここのファイル名は、自由に変えてしまっても構いません）。

「if __name__ == "__main__":」のところを関数に改造します。抜き出して見てみましょう。本書のソースコードにレシピごとにファイルを用意してありますので、対応するソースコードを参照しながら、進めてください。

本書用のダウンロードファイルを使用する場合には改造は不要です。

```
def load_graph(model_file):
    graph = tf.Graph()
    graph_def = tf.GraphDef()

    with open(model_file, 'rb') as f:
        graph_def.ParseFromString(f.read())
    with graph.as_default():
        tf.import_graph_def(graph_def)

    return graph
```

```
def load_labels(label_file):
    label = []
    proto_as_ascii_lines = tf.gfile.GFile(label_file).readlines()
    for l in proto_as_ascii_lines:
        label.append(l.rstrip())
    return label


# 学習済モデルをロードします
model_file = os.path.abspath(os.path.dirname(__file__)) + '/output_graph.pb'
label_file = os.path.abspath(os.path.dirname(__file__)) + '/output_labels.txt'
graph = load_graph(model_file)
labels = load_labels(label_file)
print('TensorFlow Flower model is loaded.')
---以下は省略--
```

次は、app.pyファイルに、「TensorFlow 花 手書き認識」と「TensorFlow 花 写真アップロード認識」の処理を作成します。本書用のダウンロードプログラムではすでに作成してあります。

追加する処理は次の3つの関数です。

```
@app.route('/flower', methods=['GET', 'POST'])
def flower():
    if request.method == 'POST':
        result = getAnswerFromFlower(request)
        return jsonify({'result': result})
    else:
        return render_template('flower.html')


# -----------------------------------------------------------------------------
# 判定結果を取得します
#
def getAnswerFromFlower(req):
    image = prepareFlowerImage(req)
    result = flowerPredict.result(image)
    return result


# -----------------------------------------------------------------------------
#
#
def prepareFlowerImage(req):
    #
    image_string = regexp.search(r'base64,(.*)', req.form['image']).group(1)
    nparray = np.fromstring(base64.b64decode(image_string), np.uint8)
    image_src = cv2.imdecode(nparray, cv2.IMREAD_COLOR)
```

```
    cv2.imwrite('images/flower.jpg', image_src)
    return image_src
```

3つの関数を見ていきましょう。

def flower()は、ルートの設定となります。

def prepareFlowerImage()では、ブラウザから受け取った手書きの花のデータを変換して、指定のフォルダ（サーバサイドのimagesフォルダ）とファイル名（flower.jpg）に保存しておきます。

def getAnswerFromFlower()は、イメージを予測してもらう関数です。

詳細の処理は、Chainerのレシピ04-05節と類似しているので、そちらを参照してください。

また写真をアップロードして判定する処理のプログラムは下記となります。

```
@app.route('/flowerupload', methods=['GET', 'POST'])
def upload_file_flower():
    return upload_and_save_file(request, 'flower_upload.html', 'flower.jpg')
```

プログラムが示す通り、アップロードしたファイルは一旦サーバサイドで「flower.jpg」ファイルとして保存しておきます。その後の判定プロセスで、この「flower.jpg」を参照します。次回のアップロードの前には削除されます。

アプリの起動の詳細などについては、04-06節のレシピを参照してください。アプリの起動後にプルダウンメニューから、「TensorFlow 花 写真アップロード認識」を選んで画面を遷移させてください（画面1）。

▼画面1　花の写真をアップロードする画面

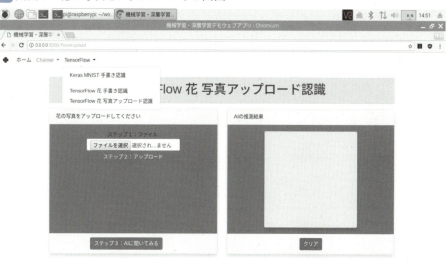

第2部

　筆者がバラの画像を用意して、アップロードして判別させてみたところバラが認識されました。

　また、おまけの遊び機能ですが、04-06節のレシピ同様に、花の手書き画像を判別させることもできます。プルダウンメニューから、「TensorFlow 花 手書き認識」を選んで画面を遷移させてください（画面2）。

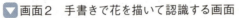
画面2　手書きで花を描いて認識する画面

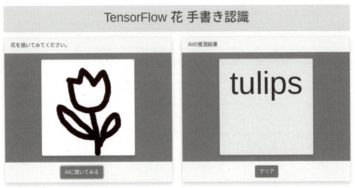

▶ まとめ

　手書きの花を認識してもらうおまけのあそび機能ですが、手書きの判別の精度は低くなります。それは、単純な線と白黒のデータのみですので、花の特徴は学習段階の鮮明なカラーの花の写真とのデータの量が違うため、認識の精度が低くなると思われます。興味のある方は、手書きの部分を改造して、色を変えるようにしたり、線の太さを選べるようにしたりすると、より「花」らしい特徴を学習済モデルに渡せるかもしれません。

中級レシピ

TensorFlowでペットボトルと空き缶分別

約60分

―― Colaboratory + Raspberry Pi ――

　05-03節では、花のデータをダウンロードして、転移学習で5種類の花を分類できるモデルを作成しました。それをRaspberry Pi上のウェブアプリとし、アップロードした花の写真を認識する機能まで作成しました。

　今回のレシピでは、実際にデータの収集から行ってみます。いわゆる機械学習や深層学習の一番時間を費やす部分がこのデータの収集です。インターネット上から、データを収集するオープンソースのツールも多数存在しています。

　今回は、ペットボトルと空き缶だけの分類のプログラムを紹介していきます。05-03節のレシピと共通する部分が多くありますので、05-03節のレシピも参照しながら試してみましょう。

準備する環境やツール
- Colaboratory
- Raspberry Pi

このレシピの目的
- 画像データの収集方法
- 画像データのクレンジング
- 画像データの水増し

▶ データの収集をする

　このレシピは、ペットボトルと空き缶の分類をすることを目的としています。そのため、ペットボトルと空き缶の画像データが必要です。

　ペットボトルと空き缶の画像は、グーグルの画像検索を利用して取得します。しかし、画像を1枚ずつ保存していくのはとても時間がかかりますので、ここでは、「google_images_download」というPythonのライブラリを利用します。このライブラリを使うことで、指定のキーワードで、その検索結果となる画像を一括に大量に自動ダウンロードすることが可能です。

　早速pipコマンドでインストールしましょう。

Input

```
!pip install google_images_download
```

Output

```
Collecting google_images_download
  Downloading https://files.pythonhosted.org/packages/43/51/49ebfd3a02945974b1d93e34bb96a1f9530a0dde9c2bc022b30fd658edd6/google_images_download-2.5.0.tar.gz
```

```
Collecting selenium (from google_images_download)
  Downloading https://files.pythonhosted.org/packages/80/d6/4294f
0b4bce4de0abf13e17190289f9d0613b0a44e5dd6a7f5ca98459853/selenium-
3.141.0-py2.py3-none-any.whl (904kB)
    100% |████████████████████████████████| 911kB 12.1MB/s
Requirement already satisfied: urllib3 in /usr/local/lib/python3.6/
dist-packages (from selenium->google_images_download) (1.22)
Building wheels for collected packages: google-images-download
  Running setup.py bdist_wheel for google-images-download ... done
  Stored in directory: /root/.cache/pip/wheels/d2/23/84/3cec6d566b8
8bef64ad727a7e805f6544b8af4a8f121f9691c
Successfully built google-images-download
Installing collected packages: selenium, google-images-download
Successfully installed google-images-download-2.5.0 selenium-3.141.0
```

「google_images_download」のインストール完了後、今回のレシピのpythonプログラムから、利用できるようになります。

■ペットボトルの画像を用意する

「google_images_download」を使ってまずペットボトルの画像をダウンロードしましょう。今回のキーワードは「ペットボトル」なので、「--keywords "ペットボトル"」というフォーマットで、キーワードを設定します。「-f "jpg"」で、ファイルのフォーマットを指定します。ここでは「jpg」という拡張子のファイルだけ検索してダウンロードすることにします。また、ダウンロードするファイル数の上限を指定するlimitというオプションもありますが、指定がなければ、デフォルトでは100枚までダウンロードします。ここでは、指定せずに100枚までダウンロードします。

次のコマンドを実行すると、ファイルのダウンロードが始まります。

Input
```
!googleimagesdownload --keywords "ペットボトル" -f "jpg"
```

Output
```
Item no.: 1 --> Item name = ペットボトル
Evaluating...
Starting Download...
Completed Image ====> 1. 105679807.jpg
Completed Image ====> 2. 31ccodwnaal.jpg
Completed Image ====> 3. aseptic_img_01.jpg
Completed Image ====> 4. l_sbf0380-1.jpg
Completed Image ====> 5. 31nqthjtefl.jpg
--- 以下省略 ---
```

■空き缶の画像を用意する

同様に、「空き缶」の方もキーワードとファイルjpg形式指定でダウンロードします。

Input
```
!googleimagesdownload --keywords "空き缶" -f "jpg"
```

Output
```
Item no.: 1 --> Item name = 空き缶
Evaluating...
Starting Download...
Completed Image ====> 1. 961844_27500714.jpg
Completed Image ====> 2. eyes0823.jpg
Completed Image ====> 3. dfd22fe66e892b508b4bdc29b2706b53_s.jpg
Completed Image ====> 4. 28053000126.jpg
--- 以下省略 ---
```

　ファイルをダウンロードする際に、何らかの理由で、ダウンロードが失敗するファイルがあります。ダウンロードできないファイルをスキップして別のファイルのダウンロードを継続しても問題はありません。結果として100個ファイルにならない場合がありますが、ここでの100個のファイルは目安なので、100個のファイルにならなくても後続の処理に影響がありません。また、空き缶とペットボトルの画像の数が一致しなくても問題はありません。

　ダウンロードしたファイルは、自動的に作成された、/downloads/[キーワード]/というフォルダの配下に配置されます。

　ここで、ダウンロードされた画像ファイルを確認してみましょう。

Input
```
ls
```

Output
```
downloads/   sample_data/
```

　downloadsフォルダに移動します。

Input
```
cd downloads/
```

Output
```
/content/downloads
```

次のようにlsコマンドを実行すると、「ペットボトル」と「空き缶」という名前のフォルダがそれぞれ作られていることを確認できます。

Input
```
ls
```

Output
```
ペットボトル/   空き缶/
```

■ペットボトル写真の処理

これから、まずペットボトルの写真を処理していきます。不要なファイルを消したり、水増しで、画像を増やしたりしていきます。

Input
```
cd ペットボトル/
```

Output
```
/content/downloads/ペットボトル
```

ペットボトルのフォルダに移動して、ファイルの一覧をします。

Input
```
ls
```

Output
```
'10. carbonated_b_03.jpg'
'1. 105679807.jpg'
'11. 20180718asuk11.jpg'
'12. %e3%83%9a%e3%83%83%e3%83%88%e3%83%9c%e3%83%88%e3%83%ab%e3%81%a
e%e5%86%99%e7%9c%9f.jpg'
'13. pet.jpg'
--- 以下省略 ---
```

任意の写真を表示して確認してみましょう。次のプログラムの、'xxxxxxxx.jpg'のシングルクォーテーションで囲まれたファイル名の部分は、上記Outputでも同様にシングルクォーテーションで囲まれた部分になります。上記のOutputの最初の部分を見ると、'10. carbonated_b_03.jpg'とありますが、このシングルクォーテーションに囲まれた部分をシングルクォーテーションごと指定します。

Input

```
from IPython.display import Image, display_jpeg

display_jpeg(Image('xxxxxxxx.jpg'))
```

Output

```
※画像は省略しています
```

ここではOutputを省略していますが、ペットボトルの画像が表示されます。

■ペットボトル画像を確認するために表示する

100枚（実際にダウンロードした画像の数によります）までペットボトルの画像を全部表示してみましょう。Outputでは画像を省略していますが、100枚であれば画像の番号と画像が、5列、20行分の画像が表示されます。

Input

```
from os import listdir
import matplotlib.pyplot as plt
import cv2

path = "/content/downloads/ペットボトル/"
imagesList = listdir(path)
print(cv2.__version__)

fig = plt.figure(figsize=(20, 100))
columns = 5
rows = 20

i = 1
for file in imagesList:
    img_bgr = cv2.imread(path + file)
    img_rgb = cv2.cvtColor(img_bgr, cv2.COLOR_BGR2RGB)
    fig.add_subplot(rows, columns, i)
    plt.title(i)
    plt.imshow(img_rgb)
    plt.axis('off')
    if i < 99:
        i = i + 1
plt.show()
```

Output

```
3.4.3

1          2          3          4          5
画像       画像       画像       画像       画像
6          7          8          9          10
画像       画像       画像       画像       画像

※画像は省略しています
```

■意図しない写真ファイルを削除する（クレンジング処理）

　意図しない画像があると、学習の結果に影響してしまいますので、不要な画像の番号をメモして、次のプログラムを使って、削除します（例えば、番号10、18、96の写真がペットボトルではない場合は、それぞれ、xxを10、yyを18、zzを96に書き換えて、プログラムを実行すれば、指定した画像が削除されます）。xx、yy、zzのまま実行しないでください。個数が4個以上の場合は適宜for文の下に次の2行を追加してください。

```
    if i == ファイル番号:
        os.remove(path + file)
```

Input

```python
import os

path = "/content/downloads/ペットボトル/"
imagesList = listdir(path)

i = 1
for file in imagesList:
    if i == xx:
        os.remove(path + file)
    if i == yy:
        os.remove(path + file)
    if i == zz:
        os.remove(path + file)


    i = i + 1
```

Output

なし

削除後、再度写真の一覧を表示してチェックをします。必要があれば、上記のプログラムを実行して不要な写真がなくなるまで繰り返し処理してください。

■ペットボトル画像の水増し

ペットボトル画像の水増しをしてみましょう。contentフォルダに戻ります。

Input
```
cd /content
```

Output
```
/content
```

次のコマンドで水増し画像フォルダを用意します（ペットボトルの英語はpetbottleではありません。ここでは便宜上こういうネーミングにさせていただきました。ペットボトルは英語で「plastic bottle」という表現が良く使われています）。

Input
```
!mkdir fake_petbottle_images
```

Output
```
なし
```

次のコマンドでfake_petbottle_imagesのフォルダが作成されたことを確認できます。

Input
```
ls /content
```

Output
```
downloads/   fake_petbottle_images/   sample_data/
```

続いて、水増しのプログラムですが、プログラムの詳細解説は04-01節のOpenCVのレシピを参照してください。画像変換処理で画像を増やしています。

Input
```
import os

import cv2
```

```python
def make_image(input_img):
    # 画像のサイズ
    img_size = input_img.shape
    filter_one = np.ones((3, 3))

    # 回転用
    # mat1=cv2.getRotationMatrix2D(tuple(np.array(img_rgb.shape[:2])/2),23,1)
    # mat2=cv2.getRotationMatrix2D(tuple(np.array(img_rgb.shape[:2])/2),144,0.8)

    # 水増しのメソッドに使う関数です
    fake_method_array = np.array([
        lambda x: cv2.threshold(x, 100, 255, cv2.THRESH_TOZERO)[1],
        lambda x: cv2.GaussianBlur(x, (5, 5), 0),
        lambda x: cv2.resize(cv2.resize(
            x, (img_size[1] // 5, img_size[0] // 5)
        ), (img_size[1], img_size[0])),
        lambda x: cv2.erode(x, filter_one),
        lambda x: cv2.flip(x, 1),
    ])

    # 画像変換処理を実行します
    images = []

    for method in fake_method_array:
        faked_img = method(input_img)
        images.append(faked_img)

    return images


path = "/content/downloads/ペットボトル/"
imagesList = listdir(path)
i = 1
for file in imagesList:
    target_img = cv2.imread(path + file)
    fake_images = make_image(target_img)
    if not os.path.exists("fake_petbottle_images"):
        os.mkdir("fake_petbottle_images")
    for number, img in enumerate(fake_images):
        # まず保存先のディレクトリ "fake_petbottle_images/" を指定して番号を付けて保存します
```

```
        cv2.imwrite("fake_petbottle_images/" + str(i) + str(number) 
+ ".jpg", img)

    i = i + 1
```

Output

なし

次のコマンドで実行の結果を見てみましょう。

Input

```
ls /content/fake_petbottle_images
```

Output

```
100.jpg  184.jpg  273.jpg  362.jpg  451.jpg  541.jpg  631.jpg  721.
jpg  811.jpg
101.jpg  190.jpg  274.jpg  363.jpg  452.jpg  542.jpg  632.jpg  722.
jpg  812.jpg
--- 以下省略 ---
```

Outputを見るとファイルが増えたことを確認できます。

■水増ししたペットボトルの画像を確認する

上記のプログラムで指定した保存先と同じフォルダを次のようにpathで指定していることを確認してください。

```
path = "/content/fake_petbottle_images/"
```

Input

```
from os import listdir
import matplotlib.pyplot as plt
import cv2

path = "/content/fake_petbottle_images/"
imagesList = listdir(path)
print(cv2.__version__)

fig = plt.figure(figsize=(20, 100))
columns = 5
rows = 20
```

```
i = 1
for file in imagesList:
    img_bgr = cv2.imread(path + file)
    img_rgb = cv2.cvtColor(img_bgr, cv2.COLOR_BGR2RGB)
    fig.add_subplot(rows, columns, i)
    plt.title(i)
    plt.imshow(img_rgb)
    plt.axis('off')
    if i < 99:
        i = i + 1
plt.show()
```

Output

```
3.4.3
画面省略
```

これで学習用のペットボトルのデータを500枚前後用意できました（ダウンロードしたファイルの数とクレンジング処理で数が変わります）。

続いて、同じような手順で、空き缶のデータも準備します。

▶ 調理手順

ここからの調理手順は05-03節のレシピとほぼ同じなので、前のレシピも参考しながら実行してください。前回と違うのは、学習用のデータは花ではなく、このレシピで用意した画像が空き缶とペットボトルなので、そのフォルダが違います。

■学習プログラムをダウンロードする

contentフォルダに移動します。

Input

```
cd /content
```

Output

```
/content
```

retrain.pyプログラムをダウンロードしておきます。retrain.pyというPythonのファイルは、先ほどダウンロードした転移学習をするプログラムです。転移学習は簡単にいうと、すでに別のカテゴリーで利用したモデルをそのまま別のカテゴリーで利用して学習されることです。この後の作業では05-01節のレシピのように、モデルの定義作業なども

なく、既存の学習のプログラムをそのまま利用して学習のプロセスに入ります。

Input
```
!curl -LO https://github.com/tensorflow/hub/raw/master/examples/image_retraining/retrain.py
```

Output
```
  % Total    % Received % Xferd  Average Speed   Time    Time     Time  Current
                                 Dload  Upload   Total   Spent    Left  Speed
100   158  100   158    0     0    192      0 --:--:-- --:--:-- --:--:--   192
100 54688  100 54688    0     0  45421      0  0:00:01  0:00:01 --:--:--  2061k
```

次のコマンドを実行すると、retrain.pyがダウンロードされたことが確認できます。

Input
```
ls
```

Output
```
ownloads/   fake_can_images/   fake_petbottle_images/   retrain.py   sample_data/
```

■用意したデータをtarget_folderにコピーする

　retrain.pyを実行する前にフォルダを用意します。まず、学習対象フォルダ「target_folder」を作成しておきます。

Input
```
!mkdir target_folder
```

Output
```
なし
```

■ペットボトルのデータをコピーする

　続いて、水増しで増やした後のペットボトルデータをtarget_folder/petbottleにコピーします。ここのtarget_folderの配下のpetbottleというフォルダそのものが教師ラベルになります。

Input
```
cp -a ./fake_petbottle_images/. ./target_folder/petbottle
```

Output
なし

■空き缶のデータをコピーする

同様に、水増ししたデータをtarge_folder/canにコピーします。

Input
```
cp -a ./fake_can_images/. ./target_folder/can
```

Output
なし

ここまででデータの用意ができました。

■転移学習開始

05-03節のレシピと同様で、retrain.pyを実行しますが、フォルダだけが違います。

この学習も10〜20分時間がかかります。ここでの学習で、学習済みモデルが作成されます。

Input
```
!python retrain.py --image_dir /content/target_folder
```

Output
```
INFO:tensorflow:Looking for images in 'can'
INFO:tensorflow:Looking for images in 'petbottle'
INFO:tensorflow:Using /tmp/tfhub_modules to cache modules.
INFO:tensorflow:Downloading TF-Hub Module 'https://tfhub.dev/google/imagenet/inception_v3/feature_vector/1'.
INFO:tensorflow:Downloaded https://tfhub.dev/google/imagenet/inception_v3/feature_vector/1, Total size: 86.32MB
INFO:tensorflow:Downloaded TF-Hub Module 'https://tfhub.dev/google/imagenet/inception_v3/feature_vector/1'.

---省略---
Instructions for updating:
```

```
Use tf.gfile.GFile.
INFO:tensorflow:Creating bottleneck at /tmp/bottleneck/can/170.jpg_
https~tfhub.dev~google~imagenet~inception_v3~feature_vector~1.txt
--- 以下省略 ---
```

これで、学習済モデルができました。

■予測するプログラムをダウンロードする

次に予測プログラムlabel_image.pyをダウンロードします。

Input
```
!curl -LO https://github.com/tensorflow/tensorflow/raw/master/tenso
rflow/examples/label_image/label_image.py
```

Output
```
  % Total    % Received % Xferd  Average Speed   Time    Time     T
ime  Current
                                 Dload  Upload   Total   Spent    L
eft  Speed
100   175  100   175    0     0    211      0 --:--:-- --:--:-- --
:--:--   211
100  4707  100  4707    0     0   4128      0  0:00:01  0:00:01 --
:--:--  4128
```

次のプログラムを実行すると、label_image.pyがダウンロードされたことが確認できます。

Input
```
ls
```

Output
```
downloads/         fake_petbottle_images/  retrain.py      target_fold
er/
fake_can_images/   label_image.py          sample_data/
```

■学習済モデルを使う

学習済モデルを作成されたので、target_folder/petbottleフォルダから任意の画像を使って予測してもらいます（私たちは正解がわかっています）。ここでは290.jpgというファイルを選びましたが、みなさんの環境に合わせてここを適宜書き換えてください。

Input

```
!python label_image.py \
--graph=/tmp/output_graph.pb --labels=/tmp/output_labels.txt \
--input_layer=Placeholder \
--output_layer=final_result \
--image=./target_folder/petbottle/290.jpg
```

Output

```
2019-01-05 07:26:10.824034: I tensorflow/stream_executor/cuda/cuda_gpu_executor.cc:964] successful NUMA node read from SysFS had negative value (-1), but there must be at least one NUMA node, so returning NUMA node zero
2019-01-05 07:26:10.824662: I tensorflow/core/common_runtime/gpu/gpu_device.cc:1432] Found device 0 with properties:
name: Tesla K80 major: 3 minor: 7 memoryClockRate(GHz): 0.8235
pciBusID: 0000:00:04.0
totalMemory: 11.17GiB freeMemory: 11.10GiB
2019-01-05 07:26:10.824706: I tensorflow/core/common_runtime/gpu/gpu_device.cc:1511] Adding visible gpu devices: 0
2019-01-05 07:26:11.122854: I tensorflow/core/common_runtime/gpu/gpu_device.cc:982] Device interconnect StreamExecutor with strength 1 edge matrix:

---省略---
2019-01-05 07:26:11.141733: I tensorflow/core/common_runtime/gpu/gpu_device.cc:1115] Created TensorFlow device (/job:localhost/replica:0/task:0/device:GPU:0 with 10758 MB memory) -> physical GPU (device: 0, name: Tesla K80, pci bus id: 0000:00:04.0, compute capability: 3.7)
petbottle 0.9999691
can 3.0870364e-05
```

Outputの結果がpetbottleが0.9999691になっているのに対してcanは3.0870364e-05になっていますので、明らかに、ペットボトルの確率が高いので、この画像はペットボトルです。予測の結果は正しいです。

みなさんが用意した写真をアップロードして、ペットボトルか空き缶かを判定することもできます。詳しくは05-03節のレシピを参考にしてください。

■学習済のモデルファイルをダウンロードする

こちらも05-03節のレシピと同じ操作となりますので、前のレシピを参照して実施してください。

これで、ペットボトルと空き缶の分別できる学習済みモデルを手に入れました。

この学習済みのモデルを使って、Raspberry Piなどの小型デバイスでサーボやモーターと連動させたら、人工知能搭載のゴミ分別処理機械作ることもできるでしょう。

筆者がRaspberry Piで試したところ、ペットボトルは問題なく検出できました。

参考用のコードは本書のデータフォルダのpythonフォルダの配下にある05-04フォルダにあります。

起動用のapp.pyはほぼ04-02節のレシピの顔検出と同じ構成で、そちらも参照しながら、app.pyの処理フローを確認してください。app.pyで取り出した、frameのデータをgarbageDetector.pyに渡して、garbageDetector.pyで学習済みのモデルでペットボトルか空き缶の判別をします。

次の画面1は、Raspberry Piで上記のプログラムを実行時の様子です。ペットボトルが認識されています。

▼画面1　ペットボトルを検出時

プラスチックのフィルムを外したペットボトルでも試してみましょう（画面2）。

▼画面2　透明のペットボトルを検出時

どちらも、非常に高い精度で検出できましたね。
　写真の背景に棚など、様々な干渉があるにも関わらず、透明のペットボトルが検出されます。また、映像として非常に不鮮明なものでも問題なく検出できます（画面3）。

▼画面3　背景の干渉にも強いペットボトルの検出

ただし、これは全く最適化していないプログラムで、1つのフレームの処理で約10〜20秒かかります。このままですと実用が難しいです。興味のある読者はぜひ、配布しているソースコードを改良してみてください。またTensorFlowのLiteなどの使用でパフォーマンスの向上につながると思いまます。

これ以上、もっと早く検出する方法はないのでしょうか？　早速次のレシピで、物体検出とRaspberry Piの処理スピードを上げる方法について紹介していきます。

▶ まとめ

今回のレシピは大部分の操作を05-03節の操作を踏襲しています。自分で手作業でデータを集めて、自分でクレンジングするところは手間がかかりました。機械学習もそうですが深層学習でデータを用意する段階の大変さを少し体験いただけたでしょうか？

逆に言えば、意図する処理のためのデータをしっかり用意すれば、深層学習のところでは比較的に手法は定着していますし、精度の高い学習済みモデルの作成が可能です。

このレシピの発展形として、一つは電子工作と連動して、認識した結果によってRaspberry Pi側でサーボなどと連動して、人工知能搭載のゴミの分別機械が作れそうです。

もう一つの発展系としては、空き缶とペットボトルに留まらず、別のカテゴリーの画像（例えば、成熟したりんごと成熟していないりんご）を用意すれば、別の用途の分類器を作成することができます。作成する手順と発想は同じです。ぜひ試してみてください。

05 05 中級レシピ

YOLOで物体検出

約30分

― Colaboratory ―

　これまでのレシピでは、1枚の写真見せて、その画像が「何」であるかを分類してきました。

　例えば、05-04節のレシピでは、Raspberry PiでTensorFlowを用いた学習済のモデルを利用して、ペットボトルと空き缶のどっちかを分類するものでした。ペットボトルと空き缶が画面上のどこにあるのは問題ではありませんでした。

　このレシピでは物体検出を体験します。**物体検出**（object detection）は、画像の中から物体の位置を特定する方法です。

　このレシピでは、YOLOという物体検出アルゴリズムを紹介・解説していきます。今回のレシピはColaboratory上で実施します。

準備する環境やツール	このレシピの目的
・Colaboratory ・YOLO 3	・物体検出の基本を理解します ・YOLOという物体検出アルゴリズムを体験します

▶ 物体検出とは

　物体検出は、深層学習の重要な応用の1つです。画像の中から物体の位置を特定する方法です。代表的なものには、歩行者の検出、顔の検出などがあります。自動運転を支える技術としても物体検出技術も必要です。

　現在、一般的な物体検出は人間の識別能力を超える性能に達成しています。1つの画面に1つではなく、複数の物体を同時に検出することも可能です。この分野にも畳み込みニューラルネットワークが使われています。

　物体検出という課題を解決するために、いくつかの手法が開発されてきました。次に挙げるものがそれら手法になりますが、今回は、YOLOを代表として、物体検出のレシピを紹介していきたいと思います。

- R-CNN
- Fast R-CNN
- Faster R-CNN
- You Only Look Once(YOLO)
- Single Shot Multibox Detector(SSD)

■YOLOとは

YOLO（https://pjreddie.com/darknet/yolo/）はYou Look Only Onceの略です。R-CNNやFast-CNNは畳み込みニューラルネットワークを使って、物体検出しますが、入力画像を細分化して位置を少しずつずらしながら、物体かどうかを判定して出力する方式になっていますが、YOLOの場合は、画像を全体一回のみ入力して、物体の位置を算出しています。

YOLOは現時点ではv2、v3までのバージョンが存在します。また、Tiny YOLOというサイズの小さなバージョンも開発されています。今回体験するのは、YOLO3（執筆時の最新版）で、より高速化、高精度を実現している一番早い物体検出アルゴリズムとされています。

▶ 調理手順

まず、必要なパッケージをインストールする必要があります。

■daskのインストール

daskパッケージをインポートします。daskは並列計算のためのPythonライブラリです。YOLOが利用するため、必要です。

Input

```
!pip install dask -upgrade
```

Output

```
Collecting dask
  Downloading https://files.pythonhosted.org/packages/7c/2b/cf9e54
77bec3bd3b4687719876ea38e9d8c9dc9d3526365c74e836e6a650/dask-1.1.1-
py2.py3-none-any.whl (701kB)
    100% |████████████████████████████████| 706kB 22.2MB/s
featuretools 0.4.1 has requirement pandas>=0.23.0, but you'll have
pandas 0.22.0 which is incompatible.
Installing collected packages: dask
  Found existing installation: dask 0.20.2
    Uninstalling dask-0.20.2:
      Successfully uninstalled dask-0.20.2
Successfully installed dask-1.1.1
```

読者の環境によりますが、「featuretools 0.4.1 has requirement pandas>=0.23.0, but you'll have pandas 0.22.0 which is incompatible.」というメッセージがありますが、これは特に気にしなくても良いです。

■CPythonのインストール

コンパイル時に必要なので、インストールしておきましょう。CPythonはC言語で書いたPython言語の一つの実装です。YOLOのパッケージをコンパイルする必要があるため、ここではインストールしておきましょう。

読者の環境にもよりますが、「Requirement already satisfied: Cython in /usr/local/lib/python3.6/dist-packages (0.29.6)」というメッセージが出る場合があります。その時は、このステップをスキップしても問題ありません。

Input
```
!pip install Cython
```

Output
```
省略
```

■darknetのclone

続いて、これからコンパイルするYOLOのソースコードをダウンロードしましょう。

Input
```
!git clone https://github.com/pjreddie/darknet
```

Output
```
Cloning into 'darknet'...
remote: Enumerating objects: 5901, done.
remote: Total 5901 (delta 0), reused 0 (delta 0), pack-reused 5901
Receiving objects: 100% (5901/5901), 6.15 MiB | 4.75 MiB/s, done.
Resolving deltas: 100% (3938/3938), done.
```

■作業の場所を移動する

ダウンロードしたdarknetのフォルダの配下に移動します。

Input
```
cd darknet/
```

Output
```
/content/darknet
```

■YOLOをコンパイルする

　YOLOを実行するために、コンパイルする必要があります。04-02節では、Raspberry PiでOpenCVのコンパイルを実施しましたが、その中のmakeコマンドが再度登場します。Colaboratoryではコンパイルがすぐ終わります。

Input

```
!make
```

Output

```
mkdir -p obj
mkdir -p backup
mkdir -p results
gcc -Iinclude/ -Isrc/ -Wall -Wno-unused-result -Wno-unknown-pragmas
-Wfatal-errors -fPIC -Ofast -c ./src/gemm.c -o obj/gemm.o

--- 省略 ---

gcc -Iinclude/ -Isrc/ -Wall -Wno-unused-result -Wno-unknown-pragmas
-Wfatal-errors -fPIC -Ofast -c ./examples/darknet.c -o obj/darknet.o
gcc -Iinclude/ -Isrc/ -Wall -Wno-unused-result -Wno-unknown-pragmas
-Wfatal-errors -fPIC -Ofast obj/captcha.o obj/lsd.o obj/super.o obj/art.o obj/tag.o obj/cifar.o obj/go.o obj/rnn.o obj/segmenter.o obj/regressor.o obj/classifier.o obj/coco.o obj/yolo.o obj/detector.o obj/nightmare.o obj/instance-segmenter.o obj/darknet.o libdarknet.a -o darknet -lm -pthread  libdarknet.a
```

■YOLO3のモデルをダウンロードする

　コンパイルが完了後、物体認識に必要な「重み付け」(学習済モデル)ファイルをダウンロードします。このyolo3.weightsはいわゆる学習済モデルです。YOLO3のアルゴリズムで学習済です。20種類のものを認識できるようです。

Input

```
!wget https://pjreddie.com/media/files/yolov3.weights
```

Output

```
--2019-01-08 08:42:43--  https://pjreddie.com/media/files/yolov3.weights
Resolving pjreddie.com (pjreddie.com)... 128.208.3.39
Connecting to pjreddie.com (pjreddie.com)|128.208.3.39|:443... conn
```

```
ected.
HTTP request sent, awaiting response... 200 OK
Length: 248007048 (237M) [application/octet-stream]
Saving to: 'yolov3.weights'

yolov3.weights      100%[]  236.52M  23.0MB/s    in 11s

2019-01-08 08:42:55 (21.4 MB/s) - 'yolov3.weights' saved
[248007048/248007048]
```

■物体検出を試してみよう

まずdataフォルダにある「dog.jpg」写真を見てみましょう。

Input

```
import matplotlib.pyplot as plt
from PIL import Image

# 画像の読み込み
im = Image.open("data/dog.jpg")
#
plt.imshow(im)
# 表示
plt.show()
```

Output

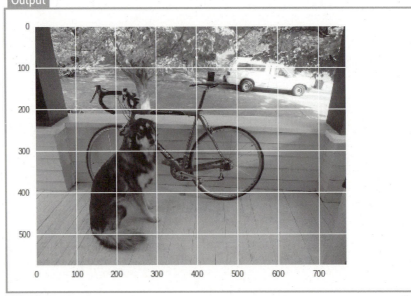

犬と自転車が写っている写真です。
この画像をYOLO3に渡して、物体認識してもらいます。

Input

```
! ./darknet detect cfg/yolov3.cfg yolov3.weights data/dog.jpg
```

Output

```
layer     filters    size              input                output
    0 conv     32  3 x 3 / 1   608 x 608 x   3   ->   608 x 608 x  32  0.639 BFLOPs
    1 conv     64  3 x 3 / 2   608 x 608 x  32   ->   304 x 304 x  64  3.407 BFLOPs
    2 conv     32  1 x 1 / 1   304 x 304 x  64   ->   304 x 304 x  32  0.379 BFLOPs
    3 conv     64  3 x 3 / 1   304 x 304 x  32   ->   304 x 304 x  64  3.407 BFLOPs
    4 res    1              304 x 304 x  64   ->   304 x 304 x  64

---省略---
  100 conv    256  3 x 3 / 1    76 x  76 x 128   ->    76 x  76 x 256  3.407 BFLOPs
  101 conv    128  1 x 1 / 1    76 x  76 x 256   ->    76 x  76 x 128  0.379 BFLOPs
  102 conv    256  3 x 3 / 1    76 x  76 x 128   ->    76 x  76 x 256  3.407 BFLOPs
  103 conv    128  1 x 1 / 1    76 x  76 x 256   ->    76 x  76 x 128  0.379 BFLOPs
  104 conv    256  3 x 3 / 1    76 x  76 x 128   ->    76 x  76 x 256  3.407 BFLOPs
  105 conv    255  1 x 1 / 1    76 x  76 x 256   ->    76 x  76 x 255  0.754 BFLOPs
  106 yolo
Loading weights from yolov3.weights...Done!
data/dog.jpg: Predicted in 19.928651 seconds.
dog: 100%
truck: 92%
bicycle: 99%
```

結果を見ると、dog(犬)：100%、truck(トラック)：92%、bicycle(自転車)：99%と表示しています。

実行した結果として、上記で検出された物体にその物体がどのように検出されたかを示

す長方形のフレームとラベルが付いた画像ファイルが作成されています。それを表示してみましょう。

Input

```
from PIL import Image
import matplotlib.pyplot as plt

# 画像の読み込み
im = Image.open("predictions.jpg")
#
plt.imshow(im)
plt.grid(False)
# 表示
plt.show()
```

Output

　画像前方にある、犬と自転車だけではなく、後ろにトラック（自動車）もちゃんと認識しています。その上、画像にある物体の位置もそれぞれ違う色の長方形で囲まれています。

■もう1枚テストする

　今度は、みなさんの写真をアップロードして、テストしてみてください。写真のアップロードは次のプログラムを実行して、ColaboratoryのNotebookを実行する仮想環境にアップロードしてください。

Input

```
from google.colab import files
files.upload()
```

Output

プログラムを実装すると「ファイル選択」というボタンが表示され、クリックしてファイルをアップロードしてください。

ファイルアップロードしたら、ファイルはルートの直下にありますので、次のプログラムのファイルのパスを確認してください。筆者の場合は、test.jpgファイルをアップロードしたので、次のプログラムの通りになります。

このプログラムを実行します。

Input

```
! ./darknet detect cfg/yolov3.cfg yolov3.weights test.jpg
```

Output

```
layer     filters    size              input                output
    0 conv     32  3 x 3 / 1   608 x 608 x   3   ->   608 x 608 x  32  0.639 BFLOPs
    1 conv     64  3 x 3 / 2   608 x 608 x  32   ->   304 x 304 x  64  3.407 BFLOPs
    2 conv     32  1 x 1 / 1   304 x 304 x  64   ->   304 x 304 x  32  0.379 BFLOPs
    3 conv     64  3 x 3 / 1   304 x 304 x  32   ->   304 x 304 x  64  3.407 BFLOPs
    4 res    1                 304 x 304 x  64   ->   304 x 304 x  64

---省略---
test03.jpg: Predicted in 19.444533 seconds.
laptop: 65%
pottedplant: 54%
chair: 95%
chair: 92%
chair: 89%
chair: 84%
chair: 83%
chair: 81%
chair: 72%
chair: 61%
chair: 57%
```

```
chair:  55%
chair:  52%
person: 99%
person: 99%
person: 99%
person: 98%
person: 98%
person: 95%
person: 92%
person: 92%
person: 92%
person: 89%
person: 89%
person: 85%
person: 82%
person: 82%
person: 74%
person: 57%
person: 55%
person: 55%
person: 53%
person: 53%
```

プログラムを実行した結果、laptop(ラップトップ)、pottedplant(観葉植物)、chair(椅子)、person(人)を検出しています。結果画像を表示してみましょう。

結果画像は、自動的にpredictions.jpgという名称になります。上記のプログラムを複数実行する場合、predictions.jpgは上書きされます。

Input

```
from PIL import Image
import matplotlib.pyplot as plt

# 画像の読み込み
im = Image.open("predictions.jpg")
#
plt.imshow(im)
plt.grid(False)
# 表示
plt.show()
```

　こちらも正確に、検出されたlaptop(ラップトップ)、pottedplant(観葉植物)、chair(椅子)、person(人)が違う色の線で囲まれています。大きめなchairの長方形のフレームもありましたが、誤差の範囲だと考えます。

　他のファイルもアップロードの手順から、繰り返して、複数回テストすることが可能です。

　別の写真を使って次のような認識の結果も表示されました(画面1)。

▼画面1　YOLOを使って複数オブジェクトを認識する例

　奥の方のcar（車）と手前の人の方にかけているhandbag（カバン）も認識しているのが、とても印象的です。また、大きめなpersonの長方形のフレームもありましたが、誤差の範囲だと考えます。読者のみなさんも自分が撮った写真をColaboratoryにアップロードして、物体認識をさせてみましょう。

まとめ

　Tiny YOLOv3というYOLO 3の軽量版があり、少しパフォーマンスの高速化が期待できますが、通常のYOLO 3はRaspberry Piでは、物体検出は十数分もかかる場合があります。
　そのため今回本書では、YOLOのアルゴリズムを使ってColaboratory上のみ、動作の確認をするレシピになっています。
　深層学習の重要な応用の1つ「物体認識」の中で、速さで有名なYOLO3のアルゴリズムでも、GPUを利用せずにRaspberry Piでプログラムを実行するのは負荷が大きすぎます。
　Raspberry Piで実行した場合、通常のYOLO 3で物体認識するまで十数分かかるとなると、実用はちょっと現実的ではないかもしれません。この問題を解決するために、次の2つのレシピを参考してください。

05 06 上級レシピ

ハードウェアの拡張による人物検出

約60分

――― Raspberry Pi ＋ Intel Movidius ―――

05-05節では物体認識の基本を紹介し、ColaboratoryでYOLO 3を使って物体認識を体験しました。

今回のレシピは、Raspberry Piで実施します。

05-05節でわかったのは、物体認識は、Raspberry Pi単体だと負荷が大きすぎるということです。

今回は、Intelの製品Movidius NCS（Movidius Neural Compute Stick）を使うことで効率的な物体認識を体験してみます。

Raspberry PiのUSBにMovidius NCSをさせば、人工知能が簡単に体験できるというのはとても興味深いところでもあります。実際にビデオを流しながら、ビデオから取得した画像データから、物体を検出して、ビデオの中にあるものをキーワードで表示します。

Movidius NCSはTensorFlowとOpenCVも使います。

準備する環境やツール
- Movidius NCS
- Raspberry Pi 3B/3B+
- OS用のmicroSDカード（32GBをお勧めします）
- Raspberry Piカメラモジュールまたは USBウェブカメラ

このレシピの目的
- Movidius NCSの使い方
- ハードウェアを拡張することでRaspberry Piの処理能力を増強することを確認する

▶ Movidius NCSとは

Movidius NCS（写真1）はIntelが開発販売しているVPU（Vision Processing Unit）を利用しています。Movidius NCSはTensorFlowのようなディープラーニングのニューラルネットワークの展開、実行をVPU上で実行することができます。

▼写真1　Movidius NCS（Movidius Neural Compute Stick）

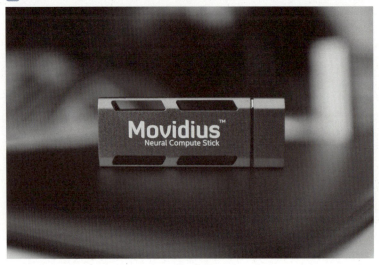

　本書執筆中にMovidius NCSの後継版Intel Neural Compute Stick 2（NCS 2）が発売されています。NCS 2は、性能が向上し、8倍高速化したそうです。NCS 2もRaspberry Piで動作することが可能ですので、興味のある方は試してみてください。
　Movidius NCSはAmazonなどのECサイトあるいは電子部品の小売店から購入できます。

調理手順

　Movidius NCSを動かすためにはいくつか準備が必要です。まず、ソフトウェアの準備をします。

■システムを最新の状態にする

まずRaspberry Piのシステムを最新の状態にします。

```
$ sudo apt-get update Enter
$ sudo apt-get upgrade Enter
```

　OS用のmicroSDカードの容量は16GBでも問題ありませんが、筆者は32GBのmicroSDカードを使っています。予算があれば32GBをお勧めします。

■swapfileサイズを大きくする

　04-02節でOpenCVをコンパイルする際と同様にswapfileのサイズを増やしておき

ます。ncsdkをインストールをする前に次のコマンドを実行してswapfileのサイズを増やしてください。

```
$ sudo nano /etc/dphys-swapfile Enter
```

上記のコマンドで、dphys-swapfileが開きます。
CONF_SWAPSIZEを見つけて、次のように設定してください。

```
CONF_SWAPSIZE=2048
```

Ctrl + x で編集画面を閉じます。保存しますかと尋ねられますので、y + Enter で答えて、保存した上で画面が閉じます。
次のコマンドを実行して、新しい設定を有効にします。

```
$ sudo /etc/init.d/dphys-swapfile restart Enter
```

続いて、次のコマンドを実行して、設定が反映されているかどうかを確認します。

```
$ free -m Enter
```

画面上でswapsizeを確認しましょう。2047になっているはずです。この部分の設定はOpenCVをコンパイルするときと同じなので、詳細は04-02節を参照してください。
　ここでswapfile sizeを設定せずに、CONF_SWAPSIZ=100のままでmake installをした場合、インストール作業がフリーズしたりして、エラーになったりします。うまくインストールできない場合がありますので、このステップは必ず実施してください。

■ncsdkのインストール

執筆時にはncsdkはv2.xもリリースされていますが、今回のレシピで利用するのはncsdkの1.xのバージョンです。Raspberry Piではncsdkの2.xは正常に動作しない可能性があります。
　まず、インストールと作業用のフォルダを作りましょう。作業用の名前は何でも良いですが、ここでは「workspace」というフォルダ名で作業を進めます。まだ作成していない場合は、次のコマンドで作成してください。

```
$ mkdir workspace Enter
```

次はこの作成したworkspaceに移動して作業をします。これから行うTensorFlowとOpenCVのインストール作業もこのフォルダで行います。

```
$ cd workspace Enter
```

続いて、GitHubから ncsdkのソースコードをcloneします。

```
$ git clone http://github.com/Movidius/ncsdk [Enter]
```

ncsdkのリポジトリのcloneが完了したら、次のコマンドでncsdkのフォルダに移動し、コンパイルを始めます（画面1）。

```
$ cd ncsdk [Enter]
$ make install [Enter]
```

Raspberry Pi 3Bの場合、約2、3時間がかかる場合があります。Raspberry Pi 3B+の方では、1時間程度で完了できます。

▼画面1　ncsdkのインストール画面

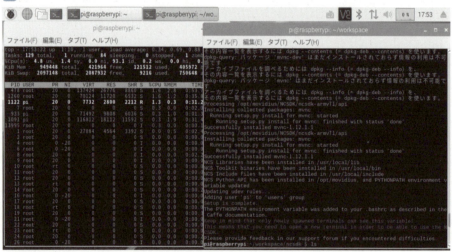

make install完了後、そのままのTerminalでは、インストールしたモジュールのpathが有効になっていませんので、サンプルコードの実行ができません。

以降のコマンドの入力は、必ず新しい別のTerminalのウィンドウを開いて実行してください（新しいTerminalのウィンドウを開くことで、path設定が初期化され、上記でインストールした内容が反映されるからです）。

■TensorFlowのインストール

最近では、TensorFlowがRaspberry Piも対応するようになりましたのでpipを利用して簡単にインストールすることができます。次のコマンドを実行してTensorFlowをインストールします。

```
$ sudo pip3 install tensorflow [Enter]
```

■OpenCVのインストール

OpenCVのインストールは、04-02節のレシピを参照してインストールしてください。すでにインストール済みの場合は、このステップはスキップして問題ありません。

■サンプルコードの実行

このレシピで使うサンプルコードは次のURLからcloneします。

https://github.com/movidius/ncappzoo

先ほど説明したように、バージョンv2.x系ではなく、v1.x系を使ってください。cloneする前に、カレントディレクトリがworkspaceフォルダであることを確認してください。

次のコマンドを実行して、ncappzooのソースコードをcloneします。

```
$ git clone https://github.com/movidius/ncappzoo.git [Enter]
```

cloneが完了したら、workspace/ncappzoo/apps/にたくさんのサンプルコードが入っています。その中のsecurity-camフォルダに入って、次のコマンドを実行してください。

実行前にウェブカメラを接続した状態にしてから実行してください。

```
$ python3 security-cam.py [Enter]
```

PiCameraを使った場合は、次のコマンドを実行します。

```
$ python3 security-picam.py [Enter]
```

上記のコマンドで、サンプルコードが実行されます。

画面2のように、カメラの画面が開いて、人物を検出することができました。筆者は操作の便宜上、Raspberry Piに接続したカメラで、iPad上に表示させた自分の写真のスクリーンショットを撮りました。みなさんはそのままカメラを自分に向けば、「person」として検出されるはずです。

▼画面2　security-cam.py /security-picam.pyを実行した結果

　Movidiusを使っているため、ビデオの画面もスムーズで、人物の検出がとても早いです。応用には十分なスピードでした。言うまでもないですが、ここの人物検出メカニズムは、TensorFlowをベースにした深層学習のモデルを利用してMovidius NCSの上で実行しています。実際に自分の映像を映して試してみてください。両手を広げたりすると、その幅に合わせて人物全体として正確に認識されます。

▶まとめ

　Raspberry Pi単体では、物体認識はやや処理能力が足りない感じがします。ところが、Movidius NCSを使ってRaspberry Piのハードウェアの処理能力を拡張することで、ニューラルネットワークの実行の部分をMovidius NCSで実行することになり、Raspberry Piでスムーズな物体認識を行うことができました。

　次は、さらに性能が少し低めのRaspberry Pi Zero WHを使用しているGoogleのAIY Vision Kitを使った1つのレシピを紹介したいと思います。Raspberry Pi Zero WHは、Raspberry Pi 3B+よりもさらに性能が低めなので大丈夫か、という疑問をお持ちかもしれませんが、次回のレシピでその全貌を明らかにしてきます。

05 07 上級レシピ

Google AIY Vision Kitで笑顔認識

約60分

―――――― Google AIY Vision Kit ――――――

　Google社がAIYのプロジェクトでGoogle AIY Vision Kitをリリースしています。Google AIY Vision Kitには05-06節で登場したMovidius NCSと同じ画像処理チップVPUが搭載しています。Raspberry Pi Zero WHの本体も含まれて、5,000円程度で購入できます。興味のある方はこのレシピを参考して、顔検出、物体検出など、いろいろ実験してみてください。

準備する環境やツール	このレシピの目的
• Google AIY Vision Kit(Raspberry Pi Zero WHが含まれる)	• Google AIY Vision Kitに触れる • ハードウェアを拡張することでRaspberry Piの処理能力拡張を確認する

▶ Google AIY Vision Kitの組み立て

　Google AIY Vision Kitを組み立てることから、簡単なサンプルコードを実行するまで、説明していきます。

　Google AIY Vision Kitに付属しているサンプルコードをRaspberry Pi Zero WH上で実行します。

　一番の特徴は、何と言ってもVision Bonnetです(写真1)。Vision BonnetにはIntelのMovidius MA2450という低電力駆動のVPUが搭載されていて、ニューラルネットワークが直接にそのチップの上で展開、動作します。

▼写真1　Google AIY Vision Kitに同梱されているVision Bonnetボード

　Google Vision Kitと一緒に提供されているソフトウェアは3つのニューラルネットワークを使うTensorFlowベースのVisionアプリケーションがあります。

- MobileNetsをベースにした日常的なオブジェクトを1,000個近く認識できます。
- 顔認識、複数の顔も同時に認識できます。表情の認識もできます。この後で試しますが、笑顔と悲しい顔の認識ができます。
- 人と猫、犬を認識できるアプリケーションです。

　他に、Vision Kit用のモデルをコンパイルするツールも提供されています。
　必要があれば、TensorFlowを利用して、モデルの学習と再学習をクラウドやワークステーションで実施することができます。
　これは、立派な深層学習のエッジデバイスと言えるでしょう。

■まずGoogle AIY Vision Kitの中身を見てみよう

　Google AIY Vision Kitのパッケージは次の写真2の通りです。早速開けて中身を確認していきましょう。

▼写真2　Google AIY Vision Kitパッケージ

　Google AIY Vision Kitを組み立てに必要な部品が入っています（写真3）。筐体になるダンボールも入って、部品を収納する本体となります。

▼写真3　Google AIY Vision Kit パッケージの中身

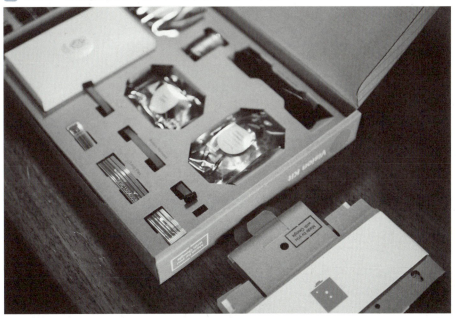

心臓部になるRaspberry Pi Zero WHとRaspberry Pi Camera2も付属しています（写真4）。

▼写真4　Google AIY Vision Kitの主要部品

■Google AIY Vision Kitを組み立てる

組み立て方法はGoolge Vision Kitのホームページで詳細に記述されています。それを参照して、特に問題なく組み立てることができるでしょう。

https://aiyprojects.withgoogle.com/vision/#assembly-guide

次の写真5の通りに、Raspberry Pi Zero WHとVision Bonnetを組み立てます。絶妙な力加減が必要です。

Vision Bonnetの方の基盤が薄くて、「すぐ折れるのではないか」と心配するほどです。慎重に組み立てましょう。

▼写真5　Raspberry Pi Zero WHとVision Bonnet合体

組み立てが完成すると、写真6のようにコンパクトな箱に全てが収まります。

▼写真6　組み立て完了後のGoogle AIY Vision Kit

▶ 調理手順

まず、通電して、初めての起動をしてみます。

■Google AIT Vision Kitの最初の起動

電源は、手軽な方がいいので、モバイルバッテリーで接続します。Raspberry Pi Zero WHですと、数時間は問題なく駆動できます。スマホなどのモバイルバッテリーであれば、どれも問題なく使えるはずです（もちろん普通に電源を繋げても問題ありません）。

付属しているmicroSDカードも挿入して、電源を接続すると、奥の方にあるLEDが点灯します（写真7）。付属しているmicroSDカードはすでにRaspbianが入っていて、必要なコマンドとソースコードもまとめて入っています。OSの用意やソースコードのダウンロードは不要です。

最初の起動は多少時間がかかりますが、だいたい数分以内で終わります。

▼写真7　起動時のLEDの点灯が確認できる

ディスプレイに接続したい方は、写真8のようなmicro HDMIとHDMIのアダプターも用意した方が良いでしょう。

▼写真8　micro HDMI-HDMI変換アダプター

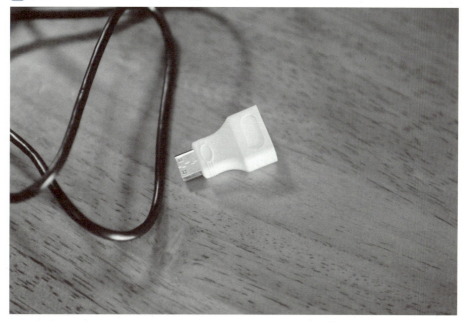

　電源を入れて、起動のプロセスが完了したら、AIY Vision Kitのデフォルトのプログラムが起動します。そのままカメラ目線で笑顔にしてみてください。そうするとAIY Vision Kitが反応してくれます。
　カメラが笑顔を認識する際にLEDの付いているボタンが青から徐々に、ピンク、黄色に変化していきます（写真9）。紙面ではわかりにくいですが。
　問題なく動作すれば、ちゃんと人間の顔とその表情を認識します。

▼写真9　笑顔の時のLED

逆に悲しい顔をすると、LEDボタンが青色に変化していきます（写真10）。

▼写真10　悲しい顔の時のLED

笑顔になっているときに、ボタンを押せば、写真も撮れます。次の写真11のように、後で、撮影した写真をファイルブラウザで確認できます。

▼写真11　カメラから撮影した写真

実際、人の笑顔を検出したら、自動にシャッターを押すサンプルコードがあります。興味のある方は、そちらも合わせて確認してみてください。

特に面倒な設定もなく、すぐに「深層学習」の顔認識、笑顔検出プログラムが動作しました。思ったより、すぐ簡単に始められる「AI」デバイスだと思います。とにかく試したいと思う方には良い選択肢の一つだと思います。

このサンプルプログラムも、Raspberry PiでPythonのプログラムとして提供されていますので、プログラムを修正して、様々な拡張をして実験できます。

まとめ

今回は、Google AIY Vision Kitを組み立てて、サンプルコードを実行してみました。Raspberry Pi Zero WHという小さいコンピューターで、性能も決して優れているものとは言えないものにも関わらず、GoogleのVision Bonnetと組み合わせることで、こんなに簡単に、すぐに「AI」の体験ができるのは正直結構意外でした。

AIYプロジェクトで提供されているツールをうまく組み合わせて実装すれば、

- 動物と植物の認識アプリ
- 猫や、犬は今庭にいるかいないかの判定

- 車庫の車があるかないかの監視
- お客さんが自分のサービスで笑顔になっているかどうかのチェック
- 不法侵入の検出

などの応用が考えられます。

また、Google Vision Kitサイトに、学習済のモデルのダウンロードも可能です。

https://aiyprojects.withgoogle.com/models/

05-06節のレシピはIntelのMovidius NCSですが、実は中は同じIntelのMovidius Myriad VPUチップが搭載しています。ですので、これまでのレシピでTensorFlowを使って取得した学習済のモデルでも、Movidius NCSとGoogle Vision Kitに移植して動作させることができるはずです。興味のある読者はぜひ試してみてください。スピードがRaspberry PiのCPUよりは格段に早くなるはずです。

05 08 上級レシピ

人工知能Cloud APIを利用してキャプション作成

約15分

――― Colaboratory ＋ Microsoft Azure ＋ Raspberry Pi ―――

　いよいよ最後のレシピとなります。今までは、Raspberry Piで様々な機械学習のレシピを試してきました。学習の部分は、どうしても大量の演算計算パワーを有するコンピューターが必要になりますが、学習済のモデルがあれば、Raspberry Pi上で利用することができます。また、Movidius NCSのようなVPU搭載しているモジュールを利用すれば、Raspberry Piは現場でもエッジデバイスとして十分活用できることも確認できたかと思います。

　最近は人工知能関連のクラウドのAPIも大分成熟してきましたので、Raspberry Piなどのエッジデバイスにモデルも待たず、演算パワーの必要な検出、分類作業をクラウドに任せることができます。いわば頭脳をクラウドに置き、クラウドと連携することで、Raspberry Pi側が画像認識、分類などを実施できるというかたちにすることで、さらに様々な応用が簡単に実現できます。この節では、この構成で、どんなことができるかを一つ簡単なレシピを通して見ていきたいと思います。具体的には、Microsoft社のAzureクラウドサービスのComputer VisionのAPIを使って、画像の中身を認識してもらった上に画像のキャプションを作ってもらいます。

準備する環境やツール
- Microsoft Azureのアカウント
- Raspberry Pi 或いはPC

このレシピの目的
- 人工知能関連のクラウドのAPIの使い方に触れる

▶ クラウド上のAPIを利用して分類、検出

　このレシピは今までのレシピと違って、大量のデータを用いて学習することはしません。学習済みのモデルも持たず、クラウド上のAPIを利用することで、分類、検出したい対象データだけをクラウドのAPIに渡して、受け取った結果に応じて必要な操作をするという流れになります（図1）。まず、簡略化するためにRaspberry PiからCloud APIを呼び出す処理をColaboratoryで行います。原理は同じです。

▼図1　このレシピの処理の概念図

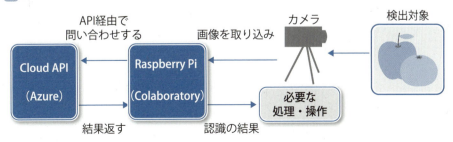

■Azureアカウントの取得

今回はMicrosoft AzureのAPIを利用します。Microsoft Azureのアカウントを取得しておいてください。無料のプランもありますので、すぐ始められます。継続して使う予定の方は、有料のアカウントを取得しても良いでしょう。もちろんAzureのみならず、類似しているサービスも他のサービスプロバイダー（Google Cloud PlatformやAmazon Web Serviceなど）から提供されていますので、興味のある方はそれらも確認してみてください。では、早速始めましょう。

また、これから説明するのはAzureが提供している「Cognitive Services」を利用しますが、さらにその中の画像を認識（Vision）し、画像のキャプションを作成する機能を使います。Cognitive Servicesには「Vision」、「Decision」（決定）、「Speech」（スピーチ）、「language」（言語）、「Search」（検索）がありますが、今回は「Vision」を使っています。

■Computer Visionプロジェクトの作成

Microsoft Azureにログインしたら、ダッシュボードから、一番上にある検索欄で「cognitive」と入力して、「Cognitive Services」を探してください。

「Cognitive Services」を特定したら、［追加］のボタンを押して、新しいプロジェクトを作成してください。あるいは、画面1の一番上に「Virtual Machine」で始まるアイコンの行がありますが、その一番右側にある「Cognitive Services」のアイコンを探してください。「Cognitive Services」のアイコンをクリックして移動してください。

▼画面1　Azureのポータル画面ダッシュボード

画面2の「cognitive serviceの作成」ボタンをクリックして、次のページに遷移します。

▼画面2　Cognitive Serviceを新規作成画面

　Marketplaceに移動して、検索欄に、「Computer Vision」を入力すると、候補が1つ表示されます。候補の「Computer Vision」をクリックします（画面3）。

▼画面3　Computer Visionサービスを検索する画面

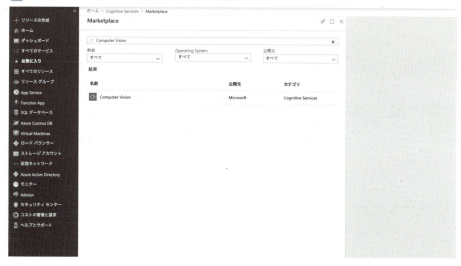

　続いてComputer Visionサービスの詳細ページが表示されます（画面4）。一番下にある、[作成]ボタンをクリックしてください。

▼**画面4** Computer Visionサービスの作成確認画面

［作成］ボタンをクリックすると、詳細入力画面に遷移します。ここでは、プロジェクトの名前(Name)を入力します。筆者は「raspberrypi」としました。

他の項目も適宜入力していきます(画面5)。「Resource group」が未作成の場合は、下にある「新規作成」リンクをクリックして、画面遷移せずに「Resource group」を作成できます。筆者は従量課金のサブスクリプションを使っていますが、初めてAzureのアカウントを作成した方は、一ヶ月の無料のサブスクリプションを選べます。無料のサブスクリプション期間が過ぎると、全ての機能が停止され使えなくなります。執筆時は、無料期間が過ぎてから、自動的に料金の発生はしませんが、利用契約等の変更も考えられますので、このレシピで紹介したサービスを使わない時は、利用の停止、解約など、みなさんの責任で確認した上で試してください。

最後に、「作成」ボタンをクリックして完了させます。

▼画面5　Computer Vision作成詳細入力画面

しばらくしたら、画面の右上に「展開が成功しました」というメッセージが表示され、準備が完了します（画面6）。

▼画面6　Computer Visionサービスが作成成功した画面

Cognitive Servicesの一覧に移動すると、先ほど「名前」として入力した「raspberrypi」というComputer Visionサービスが用意されています。「raspberypi」をクリックします（画面7）。

▼画面7　作成した後のCognitive Services一覧画面

「raspberrypi」の詳細画面が表示されたら「Overview」をクリックします（画面8）。

▼画面8　Computer Vision(raspberrypi)のQuick Start画面

　この画面では、Endpointのurlを確認しておきましょう。このEndpointはAPIを利用するときに、プログラムがクラウドの機能を呼び出すためのurlとなります。

　筆者の場合は「https://japaneast.api.cognitive.microsoft.com/」となっています。この後ろに「vision/v2.0/」を追加して、今回のプログラムに使います（注意：末尾の「/」が忘れがちですが、必須です。「/」がないと、エラーになって、正常に動作しません）。無料でプランを取得したEndpointのurlは筆者の上のurlと異なる場合があります。確認してみなさんが取得したEndpointの正しいurlを使ってください。

また、有料版の場合は作成時のユーザの国、地域によってEndpointのurlが変わることがあります。筆者は日本からアカウントを作成しているため「https://japaneast.api.cognitive.microsoft.com/」となっています。日本からの利用は同じEndpointのurlになると思いますが、念のため、各自確認してください（画面9）。

▼画面9　Overview画面でEndpointのurlを確認する

次に「raspberrypi」のプロジェクトの「keys」というタブで、「subscription_key」を確認しておいてください（画面10）。このsubscription_keyはプログラムの中で使用します。

key1とkey2がありますが、どちらも使えます。

▼画面10　APIキーを確認する画面

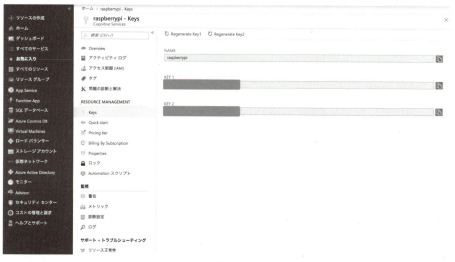

これで、準備ができました。次は、調理の手順に入りましょう。

▶ 調理手順

このレシピは動作確認をColaboratoryで簡単に行えます。Raspberry Piでも実行できます。Raspberry Piで実行するプログラムは本書のソースコードに含まれています。workspace/book-ml/python/05-08の配下にあります。

■必要なパッケージをインポートする

必要なパッケージをインポートします。今回は、画像をプログラムの中で扱うので、バイナリー形式でファイルを取り扱う時に使うパッケージBytesIOをインポートして使います。jsonもjsonファイルを取り扱うためのパッケージです。

Input
```
from io import BytesIO
import json
import requests
```

Output
```
なし
```

■初期設定

「subscription_key」は、上のステップで確認したkey1かkey2を記入してください。また、「vision_base_url」も無料プランか、有料プランかによって、変わることもあります。使っているリージョンを確認したうえ、ここに設定してください。

筆者は日本のリージョンを使っていますので、「japaneast.api」で始まるurlとなります。

Input
```
subscription_key = "xxxxxxxxx"
assert subscription_key
vision_base_url = "https://japaneast.api.cognitive.microsoft.com/vision/v2.0/"
```

Output
```
なし
```

■画像のキャプションを取得する関数

　画像のurlを渡して、その画像のキャプションを表示する処理を1つの関数getImageCaption()にまとめました。ここでは、Azureが提供しているAPIを正しく呼び出しするための必要な設定を行います。画像を解析用のAPIのurl(analyze_url = vision_base_url + "analyze")、HTTPリクエストのヘッダー (headers = {'Ocp-Apim-Subscription-Key': subscription_key}) の設定、パラメータ (params = {'visualFeatures': 'Categories,Description,Color'}) などが必要です。詳しくは次のプログラムを参照してください。

　この関数に渡したパラメータは画像のurl(data = {'url': image_url}) です。APIの呼び出しをすることで、画像データがAzureのサーバに転送され、Azureのサーバ側で画像を解析します。その後、解析した結果だけ、jsonというファイルフォーマットで(今回の実行環境であるColaboratoryの方に) 返ってきます。

　返ってきたjsonデータから、必要なデータ (analysis["description"]["captions"][0]["text"]) を取り出してテキストとして返します。

Input

```python
def getImageCaption(image_url):
    analyze_url = vision_base_url + "analyze"
    headers = {'Ocp-Apim-Subscription-Key': subscription_key}
    params = {'visualFeatures': 'Categories,Description,Color'}
    data = {'url': image_url}
    response = requests.post(analyze_url, headers=headers, params=params, json=data)
    response.raise_for_status()
    analysis = response.json()
    image_caption = analysis["description"]["captions"][0]["text"].capitalize()
    return image_caption
```

Output

なし

■写真の指定

　このレシピは、AzureのAPIを呼び出すことで画像をAzureのサーバに送信して、その画像に写っているものを解析した上、画像のキャプションを生成してもらう内容となります。

　画像はなんでも構いません。ここでは弊社の技術ブログの記事の中の写真を使います。

Input
```
image_url = "https://kokensha.xyz/wp-content/uploads/2018/05/IMG_5338_small-768x576.png"
```

Output

なし

■結果の表示

getImageCaption()を使って、結果のキャプション文字列を取得してprintします。

Input
```
print(getImageCaption(image_url))
```

Output
```
A group of people on a city street
```

結果は「A group of people on a city street」となります。

■画像を表示する

どんな画像なのかを表示させてみましょう。

Input
```
from PIL import Image
import matplotlib.pyplot as plt

image = Image.open(BytesIO(requests.get(image_url).content))
plt.imshow(image)
plt.axis("off")
plt.show()
```

Output

　これは筆者が秋葉原でRaspberry Pi Zeroを買いに行った時に撮った秋葉原の街頭の写真です。
　「A group of people on a city street」という結果で、group of people：人たち、city：都市、都会、street：ストリート、街頭というポイントをちゃんと押さえています。
　せっかくなので、もう一枚見てみましょう。

Input

```
image_url = "https://kokensha.xyz/wp-content/uploads/2018/04/IM
G_1237_small.jpg"
```

Output

```
A close up of a device on a table
```

　「A close up of a device on a table」テーブルの上に置かれる電子部品等のクローズアップ写真だというキャプションを得られました。実際の写真はこちらです (写真1)。

▼写真1　テスト用の画像

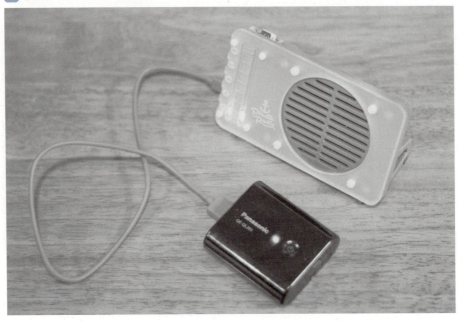

　これは、筆者がRaspberry Pi Zero WHを使って組み立てたインターネットラジオです。

　認識が正確といっても良いでしょう。

▶まとめ

　10行前後のプログラムで、結構「高度」な機能が実現できました。これを実現するために、Raspberry Piに特別なソフトウェア（TensorFlowやNumPy、OpenCVなど）のインストールも不要ですし、インターネットに接続しているのであれば、結果が瞬時に返ってきます。大量な処理や、機械学習・深層学習などのプロセス自体も不要で、その上早いレスポンスと正確な認識ができます。「頭脳」の部分をRaspberry Piの外に配置するという方法も応用によってはオプションの1つです。

　上記は、Colaboratoryで実行しましたが、Raspberry Piでも問題なく実行できます。プログラムは、本書のデータフォルダの配下にpythonフォルダの05-08/cloudapi.pyを参照してください。内容は上記と同じです。いろんな写真を使って、体験してみてください。

第3部

Pythonとオブジェクト指向・
Pythonでできるウェブサーバ

Pythonとオブジェクト指向

　オブジェクト指向という考え方は、ソフトウェアが大規模になるにつれ生まれてきたソフトウェアエンジニアリングの新しい手法です。ソフトウェアエンジニアリングの歴史の中での一大イベントです。
　Pythonのみならず、様々な言語がオブジェクト指向プログラミング対応になっています。オブジェクト指向プログラミングへの理解は必須と言えるでしょう。
　第4章、第5章のレシピの中でもオブジェクト指向プログラミングの概念やプログラムが登場します。ぜひこの章でオブジェクト指向プログラミングの考え方を理解しておきましょう。特にこれからITの世界でキャリアを築いていく予定の方は、オブジェクト指向プログラミングの特徴や基本概念と考え方を押えた方が良いでしょう。
　プログラムはColaboratoryで確認しましょう。

06 01 オブジェクト指向プログラミングとは

> オブジェクト指向プログラミング（OOP：Object Oriented Programming）という言葉を耳にしたことがありませんか？
> オブジェクト指向プログラミングは様々なプログラミング言語でできるようになっています。
> 最初からオブジェクト指向プログラミングを念頭に置いて設計されている言語もあれば、そのプログラミング言語の進化の途中で、オブジェクト指向プログラミングができるように言語仕様を拡張した言語もあります。

▶ なぜオブジェクト指向プログラミングなのか

オブジェクト指向プログラミングは誕生の理由の1つとしては、1960年代の「**ソフトウェア危機(software crisis)**」が背景にあります。

ソフトウェアの規模がどんどん大きくなっていく中で、従来のプログラミング手法では対応が追いつかなくなったのです。

考えてみてください。10行のプログラムでしたら、「この機能を直したい」という時に、ほぼ何も考えず、すぐに直せます。心理的な負担もほぼなく、コストもほぼなくて、すぐできてしまいます。ここはなんらかの手法も概念もほぼ必要がなく、むしろあったら、非効率的になって邪魔になります。

これに対してもし10行ではなく、10億行の巨大金融システムのプログラムでしたら、どうでしょうか？　「この機能を直したい」という時に、まず、この機能は具体的にどういう機能なのかを調査することから初めて、仕様書、ドキュメントを確認して（もちろん、それらの文書もちゃんと整備、メンテナンスされている前提で）、経験者にヒアリングして、検証環境、本番環境の現状の調査、影響範囲の洗い出し、修正箇所の特定、テストケースの作成（修正して、他の機能が動かなくなったら大事件ですね）をします。10億行のとてつもない大規模のプログラムですから、一箇所を変更したら、いろんなところで動かなくなる可能性があります。ここまで書いたら、だんだん考えたくもなくなってきます。つまり、大規模になればなるほど、手法や、概念などがものすごく重要になります。10人のグループであれば、約束だけでいいかもしれませんが、10億人になれば、体系化した法律、法令がないと社会が秩序を維持できないのと似ているかもしれません。

そこでソフトウェアの再利用、部品化、メンテナンスのしやすさ、拡張性といったようなことを意識した仕組みの開発や、ソフトウェア開発工程の体系化「**ソフトウェア工学(software engineering)**」が誕生して、その流れの中で、オブジェクト指向プログラミングの手法や思想もだんだん成熟してきたのです。

1990年代以降、オブジェクト指向の代名詞と言っていいほどのJava言語が登場しました。それをきっかけに1990年代後半からオブジェクト指向は広く普及するようになりました。

　「**Write once, run anywhere（プログラムを一度書けば、どこでも実行できる）**」というJavaのスローガンが示唆したように、多数のプラットフォームに対応できて、当時では革新的なプログラミング言語でした。余談ですが、筆者も東北大学の大学院時代、Java言語とオブジェクト指向プログラミングに魅了されて、研究で使用する言語は完全にJavaで、Javaの信者でした。

　2019年現在、主要なプログラミング言語は、ほぼオブジェクト指向プログラミング言語になっています。例えば、Java、Ruby、PHP、JavaScript、Swiftなどです。

　Pythonも1990年に、最初のオブジェクト指向プログラミングができるスクリプト言語になっています。それぞれ、言語仕様の差異があるものの、オブジェクト指向プログラミングの概念としては共通しています。

　今の時代で、プログラミングをすれば、ほぼ確実にと言っても良いほど、「オブジェクト指向プログラミング：OOP」という言葉に出会います。第4章、第5章の機械学習も深層学習のフレームワークはやはりオブジェクト指向のプログラムになります。

　このように、ソフトウェアが大規模になっていく中で、考案されたプログラミングの手法ですので、ある程度、規模のあるソフトウェアの開発がでないと、オブジェクト指向プログラミングのメリット、有用性を感じることが難しいでしょう。ある程度大規模のソフトウェアを開発する経験がないと、オブジェクト指向プログラミングのありがたさを理解しにくいというのもまた事実です。

　読者のみなさんも、オブジェクト指向の説明がわからなくても、諦めずに、場数を増やしながら、理解を深めていただきたいです。

　さて、一緒にPythonのオブジェクト指向プログラミングの基本を見ていきましょう。

▶ オブジェクトとは

　オブジェクト指向プログラミングというのは、従来の「**手続き型プログラミング (procedural programming)**」と対照的で、よく比較されます。2つはどのように違うのでしょうか？

　手続き型プログラミングは、非常に単純化して言えば、1行ずつ、プログラムを書いて、実行時は1行ずつ実行していくだけです。プログラムは、1万行になっても、1,000万行になっても、ファイルひとつでも、1,000本のファイルに分割しても、基本は、1行ずつ実行していくようなイメージです。処理のデータ構造やルーチン単位で考えたり、プログラムを分割したりすることはありますが、それ以上のモジュール性はありません。プログラムの再利用性も低いです（図1）。

▼図1　手続き型とオブジェクト指向プログラミングの考え方

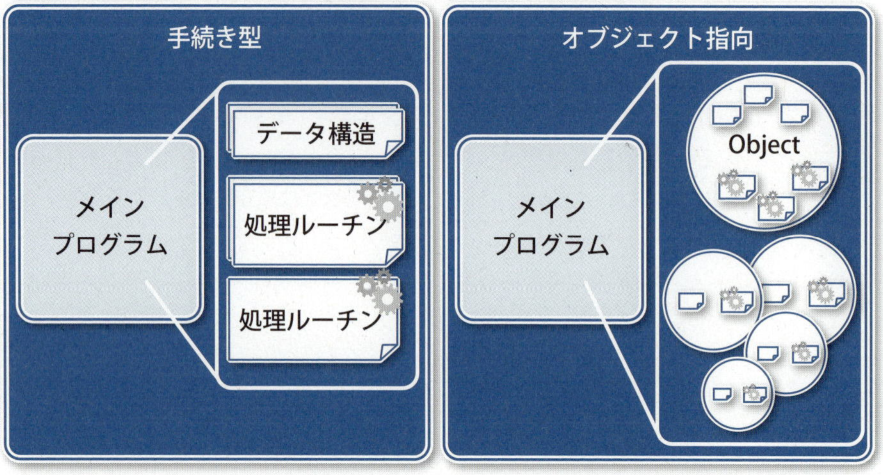

　オブジェクト指向プログラミングでも、もちろん実行時も1行ずつプログラムを実行していくのですが（機械語レベルでは特に差異はありません）、決定的な違いは、プログラムを作成するときです。
　オブジェクト指向プログラミングの言葉の中にあるように、「オブジェクト」の概念が何と言っても一番の特徴です。
　オブジェクト指向プログラミングでは、クラスの中では、やはり1行ずつ処理を考えたり、書いたりしますが、より抽象的な視点として、「オブジェクト」というレベルで考えます。実際にPythonプログラミングの中でも全部オブジェクトです。NumPyやPandas、Matplotlibなども様々な処理ができるオブジェクトの集合です。

　オブジェクト指向でプログラミングするといって、1行ずつプログラムを組んでいくというよりは、「オブジェクト」をどう設計して、「オブジェクト」をどうやって組んでいくかという作業になります。同様に、メンテナンスをするときにもこの「オブジェクト」単位で考え実施することになります。
　オブジェクト指向プログラミングでは、従来のプログラミングの「文字列」、「整数」、「配列」などの型を持っていますが、それに加えて、「オブジェクト」という「型」もあるという考え方もできます。
　「文字列」や「整数」などの型は定義済みでは利用するのは非常に簡単ですが、「オブジェクト」は自分で定義する必要があります。
　もちろん、第三者のパッケージから提供されたオブジェクトを利用した時は、そのパッケージを開発する人がすでに定義しているので、そのままその「オブジェクト」の「型」を利用することができます。
　例えば、第4章で詳しく紹介したOpenCVのパッケージがありますが、それをimportした上で、OpenCVの中の様々な「オブジェクト」をそれぞれの「型」として使うことができます。

第三者のパッケージではなく、自分が「オブジェクト」を作ることも当然できます。

「オブジェクト」を作るということは、「オブジェクト」を定義することです。ロボットを作るためには、まず設計図を作った方が良いのと同じです。何故ならば、実際の物理的な部品を製作する前に理論上の検証もできますし、完成すれば、この設計図からロボットを「量産」することもできるからです。

そのロボットの設計図、つまり「オブジェクト」を定義するものはオブジェクト指向プログラミングでは「**クラス（class）**」と言います。

▶ クラスとは

クラスは「オブジェクト」の「設計図」で、その「オブジェクト」としての「型」のようなものです。ただ、「整数」、「文字列」などの「型」よりは少し複雑な構成になります。まさにロボットのように、複雑です。

ロボットは、様々な「属性」を持っています。例えば、ロボットの名前、ロボットの製造年月日、ロボットに搭載しているセンサーの数、ロボットの今の状態、ロボットのバッテリー残量など様々です。

また、ロボットはいろんなことができます。「動作する」ことができます。例えば、ロボットがものを運ぶ、ロボットが時間を教える、ロボットが挨拶をするなどです。最近ですと、食材を与えれば、ロボットが料理を作る、ロボットがカクテルを作るなど様々な動作ができます。何か入力して（あるいは入力がなしでも）ロボットが何かの動作をして、ある結果を出す（例えば、美味しいチャーハン）といった具合です。

06 02

クラスを実際に作ってみよう

これから紹介するオブジェクト指向プログラミングには、様々なキーワードがあります。プログラミングの記述方法については Python 特有の書き方があるものの、他の言語も共通の概念とキーワードを使う場合がほとんどです。ここでは 06-01 節の「ロボット」を例題として、実際にクラスを作成しながらオブジェクト指向プログラミングに入門してみましょう。

▶ ロボットのクラスを作ってみよう

早速ロボットのクラスを作ってみましょう。ロボットの名前（ロボット1号）を命名して、そのロボットは自身の名前を喋ったり、伝えた名前に挨拶をしたりできるというシンプルなロボットだとします。

Input

```python
class Robot:
    # コンストラクタ
    def __init__(self, robot_name, life):
        self.name = robot_name
        self.life = life

    # 挨拶するメソッド
    def sayHello(self, guest_name):
        print('Hello, ' + guest_name)

    # ロボットの名前を喋るメソッド
    def sayRobotName(self):
        print('My name is, ' + self.name)


my_robot = Robot('ロボット1号', 100)
# ロボットの名前を喋る
my_robot.sayRobotName()
# ロボットが挨拶する
my_robot.sayHello('Kawashima')
```

Output
```
My name is, ロボット1号
Hello, Kawashima
```

早速このロボットを定義するクラスの中身をみてみましょう。

▶ クラスの定義

```
class Robot:
```

上記のようにクラスの定義は非常に簡単です。Robot という class をこれから定義していきますよという意味です。

▶ コンストラクタ（constructor）

次の部分を**コンストラクタ**と言います。コンストラクタは、クラスを作成する時に、自動的に呼び出される特殊な関数です。Pythonでは、コンストラクタを __init__ にする約束となっています。コンストラクタの第一引数に **self** という自分自身を代表する特殊な変数を必ず、設定しなければいけません。

Input
```python
def __init__(self, robot_name, life):
    self.name = robot_name
    self.life = life
```

Output
```
なし
```

▶ メソッド（method）

メソッドは、ロボットの実行できることです。一般的に言えば、クラスができる処理です。関数と同じですが、クラスの関数を**メソッド**と言う、というように理解すれば良いです（メソッドを「**シグネチャー（signature）**」という言語もあります）。

このロボットのクラスには、2つメソッドがありました。次のメソッドは、ゲストの名前を入れて、挨拶（print）するだけのメソッドです。

```python
def sayHello(self, guest_name):
```

次のメソッドは、ロボット自身の名前を言う（print）だけのメソッドです。

```
def sayRobotName(self):
```

メソッドの定義時にも、第一引数には必ずselfを設定してあげなければいけません。selfは定義の時だけ、メソッドを使うときは必要ありません。それ以外のメソッドの作り方は関数と同じです。

▶ 属性（property）

属性というのは、上記のロボットの名前や、バッテリー残量などのロボットというクラスが持っている属性です。クラスの変数のことを属性というというように理解するのが良いかもしれません。ここでは、nameとlife（バッテリ残量だとします）という2つの属性があります。属性を定義するときは、属性の前にself.をつける約束となっています。クラスの中で、属性を使いたい時もself.nameのように使ってください。

▶ インスタンス（instance）

続けて先ほどのプログラムを見ていきましょう。クラスの定義が終わった後で、実際にロボットのクラス（設計図）を使って、ロボットを作りました。次の1行です。

```
my_robot=Robot('ロボット1号',100)
```

my_robotという変数に、新しいロボットを作って代入しました。my_robotを作った時は、Robotという設計図を使いました（Robotというテンプレートを使いましたとイメージすると理解しやすいかもしれません）。Robotの設計図に必要な初期設定をしてあげれば、ロボットは設計通りに作られます（ここでは、ロボットの名前：'ロボット1号'と100という初期のバッテリー残量を設定しました）。

ロボットが、クラス（設計図）から実際のメモリ上に実体のあるロボットになることを**インスタンス化（instantiate）**と言います。作られたロボットはもう設計図ではなく、実体のあるインスタンスになります。ここで実体と言ってもコンピュータのメモリ上に生成されたという意味です。

▶ メソッドの呼び出し

インスタンスになったオブジェクトは、そのオブジェクトのメソッドが使えるようになります。
次のように、オブジェクトのメソッドの呼び出しをします。メソッドの呼び出しはドット「.」を使ってオブジェクト「ドット」メソッド名という形で行います。

```
my_robot.sayRobotName()
my_robot.sayHello('Kawashima')
```

ここでは、selfは必要ありません。my_robotというインスタンスが、自分のメソッド（関数）を実行することになります。

設計図は一枚でも、インスタンスはいくらでも作れます（コンピュータのメモリの容量が枯渇するまで）。ここではロボットをひとつ作りましたが、もちろん必要な分だけ作ることができます。

実はここにオブジェクト指向プログラミングの重要な設計思想が入っています。

まず、設計図を作る人と設計図を利用する人を分けることができるようになります。

次に、ロボットの設計ができない人でも、設計図があればロボットを作れるということです。

大規模のソフトウェア開発のなかで、オブジェクト指向プログラミングを導入することで、オブジェクト単位での、責任の分離ができるようになり、オブジェクト単位の品質保証、メンテナンス、テストなどもできるようになります。

私たちが使いたい設計図は予め全部網羅的に誰かが作ってくれているとは限らないですが、、既存の設計図を利用せずに、何でも自分でゼロから作るのであれば、オブジェクト指向プログラミングのメリットはほぼなくなります。

こういう場合に登場する概念が**クラスの継承**です。

▶ クラスの継承

ロボットの話に戻りましょう。例えば、誰かが、すでに非常に高品質な汎用的なロボットのクラス（Robot）を作ってくれていたとします。ただ、そのクラスに、タコ焼きを作る機能がありません。自分はどうしてもタコ焼きができるロボットが欲しいです。そのときは、ゼロからロボットを設計するのではなく、可能な限り、Robotクラスを活用したいのです。

オブジェクト指向プログラミングでは、それを**継承**することができます。早速「タコ焼きができるロボット」を作りましょう。

Input
```
class TakoRobot(Robot):
    def __init__(self, robot_name, life):
        # 親のコンストラクタを呼び出しするので、selfは要らない
        super().__init__(robot_name, life)

    def do_takoyaki(self):
        print('タコ焼きを作りました。')


my_tako_robot = TakoRobot('タコ焼きできるロボット', 100)
```

```
# ロボットの名前を喋る
my_tako_robot.sayRobotName()
# ロボットが挨拶する
my_tako_robot.sayHello('Kawashima')
#
my_tako_robot.do_takoyaki()
```

Output

```
My name is, タコ焼きできるロボット
Hello, Kawashima
タコ焼きを作りました。
```

▶ 親クラス（parent class）

最初に、新しいロボットを定義しますが、Robotを継承します。次のように記述します。

```
class TakoRobot(Robot):
```

TakoRobotというロボットをRobotの機能などを全部継承した上で、新しい設計図を作っていきますという宣言です。
　ここで、Robotを引数のように渡して、継承を意味します（class TakoRobot extends Robotというように記述する言語もあります）。
　続いて、TakoRobotのコンストラクタを定義しますが、先ほどと違って、親クラスを継承した上でのコンストラクタになりますので、少し処理が違います。

```
def __init__(self, robot_name, life):
    # 親のコンストラクタを呼び出しするので、selfは要らない
    super().__init__(robot_name, life)
```

TakoRobotで、ロボットの名前や、バッテリー残量の初期値設定は行わずに、親クラスに渡して、親クラスに依頼します。何故ならば、それはすでに親クラスでできることだからです。**super()**は、親クラスを指定することになります。

▶ 拡張（メソッドの追加）

TakoRobotには新しいメソッドがありました。

```
def do_takoyaki(self):
    print('タコ焼きを作りました。')
```

これは、親クラスRobotにないメソッドです。こういう形で親クラスの「いいところ」を継承した上で、機能を「拡張」することができます。
　また、親クラスにあるメソッドを「改良」することもできます。

▶ メソッドのオーバーライド（method override）

親クラスになかったメソッドは追加すれば良いですが、もし同じメソッド名（シグネチャー）を使いたい場合は、親クラスのメソッドをオーバーライドすることが可能です。

どのような場合に同じメソッド名を使いたいでしょうか？　想像してみてください、例えば、do_takoyaki()というメソッドの内部の処理を変えたいとき、別のメソッド名に変更すると、このメソッドを呼び出している箇所を全部修正しなければならなくなります。数カ所ならいいですが、もし大規模なシステムで、数万箇所があるとしたら、どうしますか？　数百、数千ファイルに分散している数万箇所のメソッド名を全部修正しますか？　一箇所でも漏れたら、システムの不具合になります。それより、メソッド名の意味合いなどは変わらないで、内部の処理だけ、入れ替えて刷新したいときは、そのクラスを継承して、メソッドのオーバーライドをするのが早くて、安全です。その上、メンテナンス性も抜群で、意味的にも人間にとって理解しやすいです。

早速例を見てみましょう。仮に、今までTakoRobotを使っていましたが、5月になって、キャンペーンで新しい風味のタコ焼きを提供したいとしましょう。クラスTokoRobotは別の開発者で、修正依頼はできません。仮に依頼できるとしても、他のところで他の開発者がTakoRobotを使っているかもしれませんし、その開発者たちは、五月の新しい風味のタコ焼きを作らなくていいし、逆に五月の新しい風味になったら困るかもしれません。

そこで、自分たちで五月の新しい風味のタコ焼きを作る機能を拡張したロボットを作れば良いことになります。何故ならば、TakoRobotの設計図がもうすでにあるからです。そうです、TakoRobotを拡張して、新しいクラスを作るのです。

Input

```python
class MayTakoRobot(TakoRobot):
    def __init__(self, robot_name, life):
        # 親のコンストラクタを呼び出しするので、selfは要らない
        super().__init__(robot_name, life)

    def do_takoyaki(self):
        print('五月の新しい風味のタコ焼きを作りました。')


my_tako_robot = MayTakoRobot('タコ焼きできるロボット', 100)
# ロボットの名前を喋る
my_tako_robot.sayRobotName()
# ロボットが挨拶する
my_tako_robot.sayHello('Kawashima')
```

```
#
my_tako_robot.do_takoyaki()
```

Output
```
My name is, タコ焼きできるロボット
Hello, Kawashima
五月の新しい風味のタコ焼きを作りました。
```

五月のロボットはTakoRobotoを継承した上で、MayTakoRobotを作ります。

```
class MayTakoRobot(TakoRobot):
```

そうすると、継承するだけで、MayTakoRobotにもdo_takoyaki()メソッドを持つようになります。便利ですね。

次は、注目です。同じ名前でメソッドをもう一回作っているのではないですか！
メソッド名が全く同じで、内部の処理が違います（内部の処理というのは、ただ違うメッセージを表示するだけですが）。これがメソッドの**オーバーライド**です。オーバーライドは、上書きの意味もあります。つもりそのメソッドの名称はそのままですが、挙動を変え、その結果、動作の結果も変わるということになります（ここでは違うメッセージになります）。

```
def do_takoyaki(self):
    print('五月の新しい風味のタコ焼きを作りました。')
```

こうすることで、この1行だけ修正すれば、TakoRobotからMayTakoRobotを作ることができます。その上、後続のプログラムはそのままで、新しいメソッドを実行します。

```
my_tako_robot=TakoRobot('タコ焼きできるロボット',100)
my_tako_robot=MayTakoRobot('タコ焼きできるロボット',100)
```

ここでは簡単な例でしたが、より複雑な大規模なシステムで、この価値を実感できます。

また、このように、同じdo_takoyaki()というメソッドなのに、クラスによって、振る舞いが違うというのはオブジェクト指向プログラミングでは、**ポリモーフィズム**（**polymorphism**）と言います。

もうちょっと考えましょう。do_takoyaki()というメソッドが変わらなくても、TakoRobot、MayTakoRobot、NewFumiTakoRobot、TakoRobot002など、たくさんのタコ焼きロボットを作っておくことで、必要に応じて、数種類の中で、最低限のプログラムの修正で、提供するサービスを入れ替えることができますね。これはキャンペーンの多い会社のソフトウェアの開発者にとってはとても嬉しいことです。「タコ焼きの種

類変えて」、「はい、できました」ということができます。

　そこで、共通しているdo_takoyaki()は、抽象的に考えれば、これは一種の**インタフェース（interface）**でもあります。
　do_takoyaki()のような入れ替えする予定のあるもの、つまりインタフェースをあらかじめ、定義しておけば、あとは、do_takoyaki()を使う人とdo-takoyaki()を作る人が別の場所と別の時間で、別々で開発、メンテナンスしても問題が起きないようになります。共通のインタフェースを導入定義することによって、責任の所在を明確にすることができますし、処理の内容がより明文化することもができます。

　本書では、Pythonを使って、機械学習や深層学習のレシピを試していただくのが目的ですので、Pythonの基本や、Pythonのオブジェクト指向プログラミングについて簡単に説明しました。実際には、Python言語も、オブジェクト指向プログラミングも、とても奥の深いトピックです。本書では、ほんの一部しか触れていませんが、興味のある方は、それぞれの専門書籍等で知識を深めてください。

▶まとめ

　いかがでしょうか？　意外と、直感的でしょう。最初は抵抗があるかもしれません。抽象的な概念が多く、なかなかイメージが掴めないかもしれませんが、作成したプログラムを実際に動かして、理解が深まれば、オブジェクト指向プログラミングの方がわかりやすくなってきます。諦めずに、プログラミングする数を増やして、オブジェクト指向プログラミングに慣れましょう。

第7章

Pythonでできるウェブサーバ

　Pythonでできるウェブサーバのフレームワークがいくつかがあります。Django、Flask、Bottleなどが挙げられます。
　ここでは、Pythonで簡単なウェブサーバの作り方を紹介します。ここで課題をシンプルにするために、Flaskというウェブアプリケーションフレームワークを用いて、サンプルコードを紹介します。

07-01
Flaskアプリケーション開発の準備

FlaskはPython用の、軽量なウェブアプリケーションフレームワークです。Flaskで簡単なウェブアプリーションの作り方を見ていきましょう。

▶ Flaskウェブアプリケーションフレームワーク

ウェブアプリケーションフレームワークというと、次に挙げたように様々な言語で、ウェブアプリケーションの開発を楽にするフレームワークが用意されています。

- Java：Spring、Play
- PHP：Laravel、Symphony、CakePHP、Slim、Lumen
- Node.js：express、Koa、Hapi
- Ruby：Ruby On Rails
- Python：Flask、Django

今回は、Python言語のFlaskを使って話を進めていきます。

▶ Flaskのインストール

これからの操作はRaspberry Piで実施します（PCでも同じように動作します）。

まず、Flaskのインストールです。pipのない環境は02-01節の説明を参考にしてインストールしてください。

04-05節を試してみた方はすでに環境構築が終わっています。この場合、Flaskもすでにインストールされています。

アプリケーションの設置

好きな場所にフォルダを作り、app.pyファイルを作成していきます。
本書のダウンロードファイルにプログラムを用意しています。プログラムはpython/07-02/app.pyにあります。

▶ フォルダの作成とapp.pyの設置

筆者はホームディレクトリの配下のworkspaceにflaskwebというフォルダを作りました。

エディタでapp.pyを開いて次の内容を入力して保存します。プログラムはpython/07-02/app.pyにあります。

```python
# -*- coding: utf-8 -*-
import flask

app = flask.Flask(__name__)


#
@app.route('/')
def index():
    return "Hello, World!"


if __name__ == '__main__':
    app.run(debug=False, host='0.0.0.0', port=5000)
```

これで、簡単なPythonウェブアプリケーションを作成できました。
このウェブアプリケーションはWebページ上「Hello World!」を表示するだけです。早速起動してみましょう。

▶ ウェブアプリケーションを立ち上げる

ターミナルを開き、app.pyファイルがあるディレクトリに移動します。次のコマンドを実行すると画面1が表示されます。

```
$ python3 app.py Enter
```

▼画面1　ウェブアプリケーションを立ちあげる

プログラムを実行すると次のようなメッセージが表示されています。

```
* Running on http://0.0.0.0:5000/ (Press CTRL+C to quit)
```

ブラウザを開いて、URL欄に「http://localhost:5000」を入力してください。そうすると、画面2のようなWebページが表示されます。

▼画面2　Flaskウェブアプリケーションの Hello World

Flaskを利用することでとても簡単にウェブアプリケーションを作成できました。
　本書で提供するソースコードも一部のレシピではウェブアプリケーションの形にして、プログラムの動作を解説しています。

▶まとめ

いかがでしょうか、PythonのHello Worldアプリケーションでしたが、簡単に作成できました。Flaskのようなウェブアプリケーションフレームワークのおかげで、簡単にウェブアプリケーションの作成が可能になります。

もちろん、本格的なウェブアプリケーションには、UI/UX、バリデーション、セキュリティ、ログイン管理、ユーザ管理、データベース管理、管理者機能、パフォーマンス監視、ログ、バックアップなど様々な機能と工夫が必要です。

堅牢性とパフォーマンス性能両方が兼備するウェブアプリケーションの開発は厳密な要件定義や設計が必要ですし、運用する経験も不可欠でしょう。

今回の例で、ほんの入門のところを少ししか紹介していませんが、ウェブアプリケーションの開発もとても奥深くて、ぜひ他の専門書籍を参考してウェブアプリケーションの開発スキルを高めてください。

おわりに

　機械学習、深層学習の世界は、とても奥深い世界で、本書のメインコンテンツの16個のレシピは、ほんの機械学習、深層学習の入り口に一歩を踏み込んだだけにすぎません。

　しかし、この16個のレシピを通して、機械学習と深層学習について、初歩的な知識や概念を習得できると考えています。数多くの機械学習、深層学習のライブラリやフレームワークの中から、代表的なTensorFlow、Keras、PyTorch、Chainer、scikit-learnなどを紹介しました。どれも、進化の途中で、これからの進化にも注目していきたい興味深いツールです。どの道具を使うのではなく、どんな課題を解決するか、どんな価値を提供するかでツールを使い分けることがとても重要です。

　第4章、第5章では、いくつか実際に学習済モデルをRaspberry Piに移して、Raspberry Piで画像の分類や認識させることを実現しました。学習のフェーズでは、GPUが用意されているコンピュータで、あるいはクラウドで実行しています。学習済のモデルをRaspberry Piで運用するといった手法も紹介しました。今のところはRaspberry Piで大量な演算をこなすデータの学習フェーズには向いていませんが、現場の末端デバイスとしては可能性を秘めていると思います。

　第5章の2つのレシピで示したように、Movidius NCSやGoogle AIY Vision KitのVision Bonnetのような外部ハードウェアの追加により劇的にニューラルネットワークの処理速度、パフォーマンスの向上を体験できました。このようなディープラーニング専用のGPUやニューラルネットワーク専用の半導体チップの開発競争も始まっています。人工知能の領域でハードウェアによるイノベーションも今後加速していくでしょう。

　第5章の最後のレシピのように、インターネットに接続してしまえば、どんな性能のデバイスでもクラウドで提供されているAIのAPIを利用することができます。通信できることが前提になりますが、人工知能のパワフルな機能を簡単に任意の端末に持たせることができます。クラウド上にある「賢い頭脳」を「共有」することも可能です。

　機械学習や深層学習はAIの新しい道標として、とてもワクワクする未来を見せてくれています。単なる画像処理や物体認識などにとどまらず、様々な分野で未知の世界への扉を開こうとしています。

　本書が読者のみなさんにとって、そのワクワクする機械学習・深層学習への旅の入門書になれば、それ以上嬉しいことはありません。

索引

▶記号・数字

_ 100
: 108, 109
。 444
.... 83
+ = ... 106
.add() 333
.append 106
__call__() 249
/etc 183
--graph 371
.h5 .... 347, 365
--image 372
__init__ 443
__init__() 249
--input_layer 371
--labels 371
--output_layer 372
1-of-k 表現 330
2 値化 167
8 ビット符号付整数 329
32 ビット浮動小数点数 329

▶A

activation function 43
AdaGrad 49
Adam 49, 282, 357
adapt_data_to_convolution2d_format 関数 278
AE 51
AI 20
alpha 142
Anaconda 65
and 109
AND 演算 171
anomaly detection 31
append() 115
arange 129
arange() メソッド 133
arctan 136
array() 123

Artificial Intelligence 20
astype 329, 356
astype() メソッド 130
Atom 64
Auto-Encoder 51

▶B

back propagation 49
batch learning 27
BGR 157
BytesIO 430

▶C

c. 142
Chainer
    ... 46, 49, 120, 242, 267, 270
chainer.Chain 249
chainer.dataset.concat_examples 252
chainer.datasets.get_mnist() 244
chainer.functions 248
chainer.links 248
chainer.links.Convolution2D 314
chainer.optimizers.SGD 314
chainer.print_runtime_info() メソッド 244
chain rule 49
CIFAR-10 309
CIFAR-10 のデータセット 34
CIFAR-100 309
class 441
classification 29
classification_report() メソッド 238
classifier 26
clone 259
clustering 30
cmap 142, 229
CNN 51, 52, 57, 280
CNTK 322, 323
Code 83

compile メソッド 335, 360
Computer Vision 51
Conv2D 333
convert_test_data() 関数 ... 287
Convolution2D 275
Convolutional Neural Network 51
convolution layer 51
cos 136
cost function 46
CPython 398
cross entropy error 46
CuPy 120, 271
curl 367, 370
cv2.COLOR_RGB2LAB 166, 167
cv2.cvtColor 158
cv2.cvtColor() 158
cv2.dilate() 171, 172
cv2.erode() 172, 173
cv2.erode() メソッド 173
cv2.fastNlMeansDenoisingColored() 170
cv2.fastNlMeansDenoisingColored メソッド 170
cv2.findContours() 173
cv2.GaussianBlur() 169
cv2.GaussianBlur メソッド .. 169
cv2.getRotationMatrix2D ... 165
cv2.getRotationMatrix2D() . 165
cv2.getRotationMatrix2D(tuple) 166
cv2.imread() 156
cv2.imwrite() 160
cv2.resize() 163, 164
cv2.resize() メソッド .. 163, 164
cv2.threshold() 関数 167
cv2.warpAffine() ... 165, 166
cv2.warpAffine() 関数 164

D
- darknet 398
- dask パッケージ 397
- datasets.load_digits() メソッド
   225
- datasets.split_dataset_random
   278
- decision tree 30
- Deep Q-Network 51
- del 107
- Dense 333, 357
- dimension reduction 31
- dot() 123, 124
- dot() 関数 123
- dphys-swapfile ... 183, 191, 409
- DQN 51
- Dropout 333
- drop out layer 58
- dtype 128

E
- edgecolors 142
- else 108
- evaluate() メソッド ... 340, 363
- Expand filesystem 180

F
- Fashion MNIST 351
- Fast-CNN 397
- feature map 56
- feed forward network 45
- filter 53
- fit() 201
- fit() 関数 337
- fit() メソッド 361
- Flask 259, 452
- Flask フレームワーク 242
- Flatten 333, 357
- float 101
- float32 329
- formal neuron 42
- forward propagation 48
- for 文 110
- for ループ 134

G
- GAN 51
- Generative Adversarial Networks
   51
- get_mninst() 257
- git コマンド 259
- google_images_download .. 379
- gradient descent 46

H
- Haar-Like 特徴分類器 199
- HDF 347
- HDF5 ファイル 347, 365
- Hierarchical Data Format ... 347
- HSV データ 159

I
- if 文 108
- image_retraining.py 367
- import 116
- imread(ファイル名) メソッド
   156
- input layer 51
- instance 444
- instance-based learning 27
- instantiate 444
- int 101
- interface 449
- items() 115
- itemsize 128
- iterators 251

J
- json 430
- json ファイル 430
- Jupyter Notebook 80

K
- Keras
   ... 46, 49, 322, 325, 351, 352
- Keras.image_data_format() . 327

fully connected layer
- fully connected layer
   .... 51, 60, 358

keras
- keras.layers 333
- keras.losses.categorical_
   crossentropy 335
- keras-mnist-model.h5 348
- keras.optimizers.Adadelta() . 335
- keras.utils.to_categorical ... 330

L
- LAB 166
- label_image.py 370
- Layer 365
- lbpcascade_frontalface.xml
   199
- ldconfig 188
- learn rate 252
- len() 113
- linewidths 142
- Link クラス 250
- list 101
- list comprehension 134
- list 型 103
- load_model() 350
- logistic regression 30
- loss 335, 360
- ls コマンド
   ...... 155, 160, 176, 189, 348

M
- make 187
- make install 188
- make コマンド 399
- Markdown 83
- Markdown 形式ご 80
- Matplotlib 131, 154
- matplotlib.pyplot.imshow .. 228
- matrix() 126, 127
- matrix メソッド 126
- max pooling 58
- MaxPooling2D 333
- mean squared error 46
- metrics 335, 360
- Mixed National Institute of
   Standards and Technology
   database 243

MLP.... 44, 249, 266, 280, 303
mlxtend................ 220
MNIST........35, 243, 322, 327
mnist.load_data() メソッド . 327
mnistPredict.result()...... 264
model-based learning....... 27
model.fit() メソッド... 215, 241
model.predict()........... 347
model.predict() メソッド... 241
model.summary 365
model.summary()......... 365
Movidius NCS............ 407
Multi-Layer Perceptron..... 44
MultiprocessIterator....... 281

N

Natural Language Processing
.... 20
ndarray............ 130, 352
ndim.................. 127
np.arange()............. 133
np.arctan()............. 137
np.argmax().........347, 364
np.array().............. 133
np.cos()................ 136
NPL.................... 20
np.linspace()............ 135
np.linspace() メソッド..... 135
np.polyfit()............. 134
np.sin()................ 135
NumPy............ 120, 352

O

Object Oriented Programming
.... 438
One-hot ベクトル
..........330, 331, 342
ones()................. 126
online learning........... 27
OOP.............. 438, 439
OpenCV........ 152, 179, 411
Open Source Computer Vision
Library................ 152
optimization 49

optimizer
.......49, 282, 314, 335, 360
optimizers.SGD........... 252
or.................... 109
OR 演算................ 171
Output................ 365
output layer 51
over fitting 58

P

pandas................ 206
Pandas................ 205
Param................. 365
parent class.............. 446
PCA............ 31, 211, 232
pip............ 74, 179, 410
pip3................ 74, 76
pip コマンド............ 299
plasma................ 229
plot_decision_regions メソッド
.... 220
plot_loss_accuracy_graph() 関数
.... 338
plt.figure(figsize=(横のサイズ、
縦のサイズ))........ 140
plt.grid()............... 138
plt.imshow()............ 157
plt.plot()............... 131
plt.scatter().......... 141, 210
plt.scatter3D()........... 147
plt.show().............. 157
plt.title()............... 137
plt.xlabel()............. 137
plt.xticks().............. 139
plt.ylabel()............. 137
polyfit() メソッド......... 134
polymorphism........... 448
pooling layer 51
predict()............... 201
print()................. 156
procedural programming... 439
property 444
PyCharm............... 64
PyDrive................ 289

PyPa.................. 75
Python................. 64
PyTorch............ 46, 49

R

random forest............ 30
range()............... 112
Range() 関数............ 112
Raspberry Pi..... 242, 248, 259
Raspberry Pi Camera...... 183
raspi-config............. 193
raspistill............... 195
R-CNN................. 397
Rectified Linear Unit....... 46
Recurrent Neural Network... 51
regression 29
reinforcement learning...... 27
ReLU 46, 358
ReLU Layer 57
ReLU 活性化関数.......... 57
ReLU 関数.............. 40
ReLU 層................ 57
reshape............ 124, 237
reshape().............. 125
reshape() メソッド........ 327
result()................ 266
retrain................ 366
RNN................... 51

S

s.................... 142
scikit-learn.......... 34, 200
SDG............... 49, 282
self................... 443
self................... 444
semi supervised learning 27
Sequential Model......... 332
serializers.save_npz()...... 256
serializers モジュール..... 256
setup メソッド........... 252
SGD.................. 304
Shape................. 365
signature............... 443
sin................... 135

size 128		
softmax 359		
softmax 関数 334		
software crisis 438		
software engineering 438		
so ファイル 188, 189		
stochastic gradient descent 282		
Stochastic Gradient Descent 49, 304		
str 101		
str() 115		
str() メソッド 103		
sudo apt-get update . . . 183, 408		
sudo apt-get upgrade . . 183, 408		
sudo rpi-update 183		
super() 446		
supervised learning 27		
Support Vector Machine 30, 214		
SVM 30, 200, 214		
swapfile size 408		
swapfile サイズ 183, 191		

▶T

TensorFlow . . . 46, 49, 322, 323, ... 324, 325, 366, 410
Theano 322, 323
the curse of dimensionality . . 34
THRESH_BINARY 168
torchivision 300
torch.nn.functional.conv2d 314
torch.nn パッケージ 303
torch.optim.SGD() 314
trainer 282
train_test_split() 218
train_test_split() メソッド . . 218
transform 310
transforms.Normalize() 310
transforms.ToTensor() 310
tuple 101, 245, 274
type() 115
type() メソッド 101

▶U

unit8 329
unsupervised learning 27
unzip コマンド 186
updater 282

▶V

vanishing gradient 46
Vision Processing Unit 407
visualization 31
Visual Studio Code 64
VPU 407

▶W

w 42, 43
weight 42
wget 370
wget コマンド 154, 186
while 254
while 文 114

▶X

x 軸のラベル 137

▶Y

YOLO 396, 397
y 軸のラベル 137

▶Z

zeros() 125
zip() 235

▶あ行

アフィン変換 164
アヤメのデータセット 34
アルゴリズム 30, 31
アンダースコア 100
アンパック 245
閾値処理 167
異常検知 31
インスタンス 444
インスタンス化 444
インスタンスベース学習 27
インストール 179
インタフェース 449
ウェブアプリケーションフレームワーク 259
エージェント 32
エポック 48
応用フェーズ 38
オートエンコーダ 51
オーバーフィッティング 58
オーバーライド 448
大文字 100
オブジェクト 439, 440
オブジェクト指向プログラミング 438, 439
オブジェクトの関数 115
オプティマイザ 49
重み付け 42, 43
重みパラメータ 46
親クラス 446
音声認識 20
オンライン学習 27

▶か行

カーネル 171
回帰 29, 214
回帰係数 215
回転 152
顔認識 198
過学習 34, 58
学習 43
学習アルゴリズム 37
学習済のモデル 57
学習済モデル 255
学習データ . . . 33, 218, 272, 327
学習データを増やす 152
学習フェーズ 35, 37
学習用教師ラベル 331
学習用データ 278, 352
学習率 49, 252
拡大 163
拡張子 347, 365
確率勾配降下法 49, 282, 304
掛け算 121, 122
可視化 31
カスケード分類器 199

画像データの水増し 174
画像認識 20, 40
画像のアップロード 155
画像の回転 164
画像のサイズ変更 152
画像ファイルを保存 160
画像分類 40
型 101
活性化関数
　.... 40, 43, 48, 334, 358, 359
カラーマップ 142, 229
関数 115
キーワード 100
機械学習 23, 26, 28, 33, 200
機械学習（教師あり）...... 35
機械学習フレームワーク.... 200
逆伝播 48
キャスト 102
強化学習 27, 32
教師 28
教師あり学習 27, 30
教師なし学習 27, 30, 31
教師ラベルデータ 352
組み込み関数 115
クラス 29, 440, 441
クラスタリング 30
クラスの継承 445
クラスの定義 443
グラフのグリッド 138
グラフのサイズ 140
グラフのタイトル 137
グラフの目盛り 139
グレースケールデータに.... 160
グレースケール変換 152
クロスエントロピー 304
訓練データ 33, 218
形式ニューロン 42
継承 445
決定木 30
検証データ 218, 272, 327
検証・評価フェーズ 38
検証用教師ラベル 331
検証用データ 278, 352
高階関数 233

交差エントロピー 40
交差エントロピー誤差...... 46
交差検証 218
構造的要素 171
勾配降下法 46, 47, 252
勾配消失 46
誤差逆伝播法 48, 49
誤差をフィードバック...... 43
コスト関数 304
小文字のアルファベット.... 100
コンストラクタ 443, 446
混同行列 239
コンパイル... 153, 179, 187, 399
コンピュータビジョン.... 40, 51
コンフュージョンマトリックス
　.................... 239

▶さ行
最大値プーリング 58
最適化 282
最適化アルゴリズム
　...... 49, 282, 335, 357, 360
最適化手法 304
サポートベクターマシン.... 200
サポートベクトルマシン..... 30
三次元配列 104
三次元散布図............ 147
散布図 141, 210, 216
シーケンシャルモデル 332
シグネチャー 443
シグモイド関数 46
次元 34
次元削減 31, 232
次元の呪い 34
二乗和誤差 46
辞書データ 115
システムを更新 182
自然言語処理............. 20
四則演算 121
周期関数 135
収縮 171
収縮処理 171
縮小 164
主成分分析 209, 211, 232

出力層 44, 48, 51, 359
順伝播型ネットワーク...... 45
順伝播 48
条件式 108
条件分岐 107
小数型 101
除算 122
人工知能 20
人工ニューラルネットワーク
　................... 24, 43
人工ニューロン 41
深層学習 24, 33, 40, 41, 50
深層強化学習............. 51
シンボリックリンク....... 190
数字 100
ストライド 55
スパムメールのフィルタ..... 26
全ての要素がゼロの配列 ... 125
スライス 105
スライス処理 206
正規化 330
正規化処理 330
正弦波 135
整数 440
整数型 101
生体ニューロン 41
生物学ニューロン 40, 41
線形分離可能 44
全結合層 51, 60, 358
全結合レイヤー 357
相関ルール学習 31
ソースコード 153, 179
属性 444
ソフトウェア危機 438
ソフトウェア工学 438
ソフトマックス関数... 49, 60
損失関数 ..40, 46, 282, 335, 360

▶た行
多クラス分類 50
多次元配列 104, 328
足し算 121
多層パーセプトロン 40, 44
畳み込み 56

461

畳み込み層 51, 53
畳み込みニューラルネットワーク
. . . . . 51, 57, 60, 280, 313, 396
タプル 101, 245
中間層 44, 48, 358
超平面 217, 221, 235
ディープラーニング 33, 40
データセット 23, 47
データの正規化 310
データの特徴量 34
デープラーニング 50
手書き数字データセット 35
手書き数字のデータセット . . . 34
敵対生成ネットワーク 51
テストデータ 272
手続き型プログラミング 439
転移学習 366, 368
テンソル 328
点の色 142
点のサイズ 142
点の周囲の線の色 142
点の透明度 142
点を描画するときの線の太さ
. . . . 142
特徴マップ 54, 56
特徴量 29
ドット 444
ドット積 123
トリミング 161
ドロップアウト 34
ドロップアウト層
. . . . 34, 58, 333, 334

な行

二次元の畳み込みレイヤー . . 333
二次元配列 104
ニューラルネットワーク
. . . . 24, 44, 46, 303
ニューラルネットワークの最適化
. . . . 49
入力層 44, 48, 51, 358
入力を平滑化する 357
ニューロン 41
ノイズ 170

ノイズ除去 152
ノイズの除去 170
脳神経細胞 40

は行

パーセプトロン 40, 42
配列 440
配列の形状変換 124
配列を作成 129
バックエンドエンジン 322
バッチ学習 27
バッチサイズ 48
半教師あり学習 27
反復子 251, 281, 301, 316
ピクセル 157
評価・応用フェーズ 35
評価関数のリスト 335, 360
フィードフォワードニューラル
ネットワーク 303
フィードフォワードネットワー
ク 45
フィルタ 53
プーリング 58
プーリング処理 57
プーリング層 51, 58, 333
ブール演算子 109
物体検出 40, 396, 397
物体検出アルゴリズム 397
分類 29, 214
分類器 23, 26, 198, 217
ベクトルの内積 123
別名 116
変数 100
変数の型 102
報酬 32
膨張 171
膨張処理 171
ぼかし 152, 169
ポリモーフィズム 448

ま行

マルチレイヤーパーセプトロン
. . . . 249, 266, 280, 303
未初期化の配列 126

ミニバッチ 47
ミニバッチ学習 47
メソッド 115, 443, 444
メソッドのオーバーライド . . 447
文字列 101, 440
文字列の連結 101
モデル 23
モデルベース学習 27
モルフォロジー変換 171

や行

予約語 100

ら行

乱数 279
ランダムフォレスト 30
リカレントニューラルネットワー
ク 51
リサイズ 163, 275
リスト 103, 105
リスト型 101, 115
リスト内包表記 134
輪郭抽出 152, 173
ルールベース 22
連鎖律 49
ロジスティック回帰 30
論理演算 42

わ行

割り算 121

▼ 著者略歴
川島　賢（かわしま　けん）
東北大学大学院情報科学研究科応用情報科学修士、株式会社虹賢舎代表取締役

2004年　宮城大学事業構想学部卒業後、仙台のソフトウェア制作会社に入社。人工知能、マルチエージェントプラットフォームの研究開発に従事。マルチエージェントプラットフォーム自動発見システム開発、心電図の無線伝送システムを一人で開発。他もECサイトなどの多数の開発に携わる、在職中修士号取得。
2008年　アクセンチュア株式会社入社。アウトソーシングコンサルタントとして業界最高のビジネス現場を経験する。挫折も成長もものすごいスピードで駆け抜ける。海外を含め多拠点、多国籍チームのプロジェクトマネジメントや、基幹システム、在庫生産管理、人事管理、顧客管理など多数のシステムの管理、開発、保守運用業務を経験。
2014年　アクセンチュア卒業
2015年　株式会社虹賢舎創立
現在は、多岐にわたる技術領域に及ぶ多数の中小企業の業務IT化コンサルティング、情報システム、ウェブサービス、スマホアプリの企画、開発を携わっている。またベンチャー企業の技術顧問、相談役、プログラミングインストラクターやセミナー講師などとして幅広く活動している。
技術のブログも運営し、電子工作、IoTから、機械学習、深層学習まで、幅広く精力的に情報を発信している。

URL
　　https://kokensha.xyz

今すぐ試したい！ 機械学習・
深層学習（ディープラーニング）
画像認識プログラミングレシピ

発行日	2019年　6月26日	第1版第1刷
	2021年　5月　1日	第1版第4刷

著者　川島　賢

発行者　斉藤　和邦
発行所　株式会社　秀和システム
〒135-0016
東京都江東区東陽2-4-2　新宮ビル2F
Tel 03-6264-3105（販売）　Fax 03-6264-3094

印刷所　図書印刷株式会社

©2019 Ken Kawashima　　　　　　　Printed in Japan
ISBN978-4-7980-5683-8　C3055

定価はカバーに表示してあります。
乱丁本・落丁本はお取りかえいたします。
本書に関するご質問については、ご質問の内容と住所、氏名、
電話番号を明記のうえ、当社編集部宛FAXまたは書面にてお
送りください。お電話によるご質問は受け付けておりません
のであらかじめご了承ください。